ZHINENG PEIDIANWANG
YUNWEI GUANLI

智能配电网运维管理

李超英　王瑞琪　宋海涛　李宝贤　编著

中国电力出版社
CHINA ELECTRIC POWER PRESS

内 容 提 要

本书是一本关于智能配电网运维管理的著作，较为全面地介绍了智能配电网运维管理的理论及其关键技术，对智能配电网主要设备的运维管理进行了系统地论述，涉及面较为广泛，内容新颖、前沿，既有理论分析，也有工程实例，既涵盖了国外的研究成果，也聚集了国内的最新发展。全书共分为七章，分别是智能配电网概论、智能配电网调控管理、智能变电站运维管理、智能配电线路运维管理、分布式发电运维管理、智能配电网运维管理实例研究以及智能配电网发展展望。

本书既可作为电网企业从事配电网管理工作员工的职业技能培训教材使用，也可供相关专业大专院校师生学习参考。

图书在版编目（CIP）数据

智能配电网运维管理 / 李超英等编著. —北京：中国电力出版社，2016.1
ISBN 978-7-5123-8767-6

Ⅰ. ①智… Ⅱ. ①李… Ⅲ. ①智能控制–配电系统–管理 Ⅳ. ①TM727

中国版本图书馆 CIP 数据核字（2016）第 029878 号

中国电力出版社出版、发行
（北京市东城区北京站西街 19 号 100005 http://www.cepp.sgcc.com.cn）
北京九天众诚印刷有限公司印刷
各地新华书店经售

*

2016 年 1 月第一版 2016 年 1 月北京第一次印刷
710 毫米×980 毫米 16 开本 16 印张 272 千字
印数 00001—11000 册 定价 55.00 元

敬 告 读 者

本书封底贴有防伪标签，刮开涂层可查询真伪
本书如有印装质量问题，我社发行部负责退换

版权专有 翻印必究

前　言

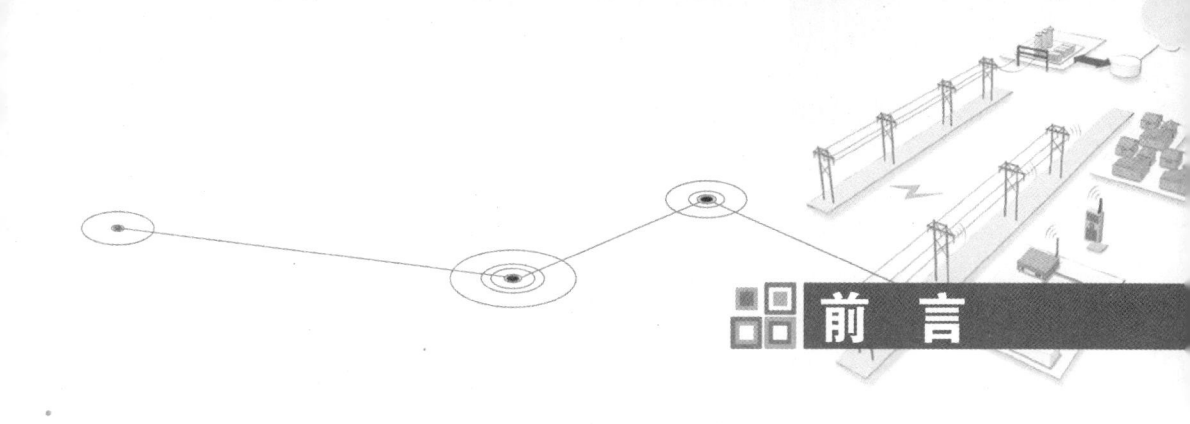

随着智能电网的快速发展，智能配电网的运行维护管理已经摆在电网企业面前。如何尽快掌握智能配电网的运行维护管理，确保电网更加安全、可靠、便捷、高效地服务于国民经济发展和人民群众生活需要，已成为电网企业和相关专业高等院校亟待研究解决的重要课题。

本书在系统分析国内外智能配电网的发展状况，并深入研究我国智能配电网发展水平的基础上，总结归纳出了更加科学的智能配电网运维管理理论体系。第一章主要论述智能配电网的概念以及国内外智能配电网的发展状况；第二章介绍了智能配电网调控系统的运行方式以及运维管理策略；第三章对智能配电网的重要载体——智能变电站及其运维管理进行了讨论；第四章介绍了智能配电线路及其设备的运维管理；第五章系统论述了分布式电源接入智能配电网的运行维护管理体系；第六章重点阐述了智能配电网运维管理体系在实践中的应用成效；第七章对智能配电网运维管理的前景做了科学的分析与展望。

本书的侧重点，就是配电网智能状态下的运行维护与管理。从理论和实践两个方面，系统科学地阐述了智能配电网的运行特点、维护重点、管理要点，奠定了智能配电网在运行维护管理方面的理论基础。本书既可作为电网企业从事配电网管理工作员工的职业技能培训教材，也可供相关专业大专院校师生学习参考。

本书在编写过程中，得到了国网山东电科院等相关单位领导的支持以及山东大学田崇翼、严毅博士的协助，同时也参考了一些专家学者的著述，在此一并表示感谢。由于编写时间紧，且智能配电网运维管理涉及范围广、知识发展更新快，书中难免有误刊之处，敬请广大读者指正为盼。

李超英
2015年12月于济南

目 录

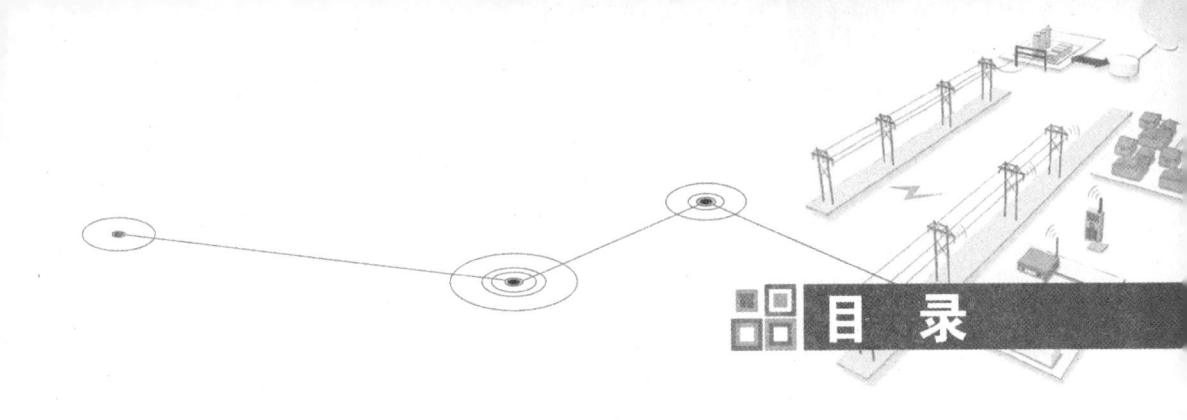

前言

第一章 智能配电网概论 ··· 1
第一节 智能配电网的基本理论 ··· 1
第二节 智能配电网运维管理的意义 ··································· 5
第三节 国内外智能配电网发展状况 ··································· 7

第二章 智能配电网调控管理 ·· 20
第一节 智能配电网调控的功能与体系架构 ························· 20
第二节 智能配电网调控技术支撑系统 ································ 24
第三节 智能配电网通信技术与信息平台 ···························· 30
第四节 智能配电网调控运维管理 ····································· 40

第三章 智能变电站运维管理 ·· 63
第一节 智能变电站概述 ·· 63
第二节 智能变电站一次设备运维管理 ······························· 66
第三节 智能变电站二次系统运维管理 ······························· 87
第四节 智能变电站运行管理与设备维护 ···························· 110

第四章 智能配电线路运维管理 ··· 119
第一节 架空配电线路运维管理 ······································· 119
第二节 电缆线路运维管理 ··· 141
第三节 智能环网柜运维管理 ·· 146
第四节 智能箱式变电站运维管理 ···································· 158

第五章 分布式发电运维管理 ·· 167
第一节 分布式光伏接入智能配电网运维管理 ····················· 167
第二节 风电接入智能配电网运维管理 ······························ 178

第三节　电动汽车充电站接入智能配电网运维管理……………………191
第六章　智能配电网运维管理实例研究………………………………………208
　　第一节　小电流接地故障定位方法在智能配电网中的应用…………208
　　第二节　提高配电自动化设备遥控成功率的实例研究………………215
　　第三节　10kV开关柜内电缆终端在线监测装置设计…………………221
　　第四节　风电场运维管理实例研究……………………………………223
　　第五节　电动汽车引导充电对电网负荷的影响研究…………………238
第七章　智能配电网发展展望…………………………………………………242
　　第一节　智能配电网未来发展方向……………………………………242
　　第二节　智能配电网大数据管理………………………………………243
　　第三节　智能配电网一体化管理………………………………………245
参考文献……………………………………………………………………………248

第一章

智能配电网概论

智能电网，就是电网的智能化，它是建立在集成、高速双向通信网络的基础上，通过先进的传感和测量技术、先进的设备技术、先进的控制方法以及先进的决策支持系统技术的应用，实现电网可靠、安全、经济、高效、环境友好和使用安全的目标，其主要特征包括自愈、激励用户、抵御攻击、提供满足21世纪用户需求的电能质量、容许各种不同发电形式的接入、启动电力市场以及资产的优化高效运行。

智能配电网在智能电网的大背景下，作为智能电网中的重要一环，对智能电网的建设起着至关重要的作用。智能配电网，是配电网自动化发展的高级形态，由电力设备和通信设备组成。智能配电网是一个全新的配电网自动化系统，也是传统配电网系统的革新升级。智能配电网既满足了分布式能源与储能设备等新能源新设备的接入需求，也满足了用户与电网互动式用电的需求，从而实现了配电网的精细化管理，使整个智能电网满足对建设与运行的灵活性、可靠性和经济性的高层次要求。

第一节 智能配电网的基本理论

智能配电网是以配电网高级自动化技术为基础，通过融合应用先进的测量和传感技术、控制技术、计算机和网络技术、信息与通信等技术，利用智能化的开关设备、变电设备、配电终端设备，在坚强物理电网的基础上，借助双向通信网络、各种集成功能应用及可视化软件支持，并允许可再生能源大量接入和微电网运行，鼓励各类不同电力用户积极参与电网互动，以实现配电网在正常运行状态下完善的检测、保护、控制、优化和非正常运行状态下的自愈控制，最终为电力用户提供安全、可靠、优质、经济、环保的电力供应。

一、主要功能特征

与传统的配电网相比，智能配电网具有以下功能特征：

（1）自愈能力。自愈是指智能配电网能够及时检测出已发生或正在发生的故障并进行相应的纠正性操作，使其不影响对用户的正常供电或将其影响降至最小。自愈主要是解决"供电不间断"问题，是对供电可靠性概念的发展，其内涵要大于供电可靠性。例如，目前的供电可靠性管理不计一些持续时间较短的断电，但这些短时中断供电往往会导致一些敏感度高的高科技设备损坏，或导致重要的连续性生产企业的生产流程中断，从而造成因停电带来的重大损失。

（2）更高的安全性。智能配电网能够很好地抵御战争攻击、恐怖袭击与自然灾害的破坏，避免出现大面积停电；并且能够将外部破坏限制在一定范围内，保障重要用户的正常供电。

（3）更高的电能质量。智能配电网能够实时监测并控制电能质量，使电压有效值和波形符合用户要求，保证用户设备的正常运行。

（4）支持分布式电源（Distributed Generator，DG）的大量接入。这是智能配电网区别于传统配电网的重要特征。智能配电网不再像传统配电网，被动地硬性限制分布式电源的接入位置与容量，而是积极地接入分布式电源并发挥其作用。通过保护控制的自适应以及系统接口的标准化，支持分布式电源"即插即用"。通过分布式电源的优化调度，实现对各种能源的优化利用。

（5）支持与用户互动。与用户互动也是智能配电网区别于传统配电网的重要特征之一。主要体现在两个方面：一是应用智能电能表，实行分时电价、动态实时电价，让用户自行选择用电时段，在节省电费的同时，为降低电网高峰负荷做贡献；二是允许并积极创造条件，让拥有分布式电源（包括电动汽车）的用户在用电高峰时向电网送电。

（6）对配电网及其设备进行可视化管理。智能配电网全面采集配电网及其设备的实时运行数据以及电能质量扰动、故障停电等数据，为运行人员提供高清晰度的图形界面，使其能够全面掌握配电网及其设备的运行状态，克服目前配电网因"盲管"造成的反应速度慢、效率低下等问题。对配电网运行状态进行在线诊断与风险分析，为运行人员进行调度决策提供技术支持。

（7）更高的资产利用率。智能配电网能够实时监测电网设备温度、压力、绝缘水平、安全裕度等，在保证安全的前提下增加传输功率，提高系统容量利用率；通过优化潮流分布，减少线损，进一步提高运行效率；能够在线监测并诊断设备的运行状态，实施状态检修，以延长设备使用寿命。

（8）配电管理与用电管理的信息化。智能配电网将配电网实时运行与离线管理数据高度融合、深度集成，实现设备管理、检修管理、停电管理以及用电管理的信息一体化。

二、主要技术内容

智能配电网是集传感测量、计算机、通信、信息、自动控制等领域新技术在配电系统中应用的总和，是从提高电网整体性能、节省总体成本出发，将各种新技术与传统的配电技术进行有机融合，使配电网的结构以及保护与运行控制方式发生革命性的变化。安全可靠、经济高效、灵活互动、绿色环保是智能配电网的发展目标，要支撑和实现智能配电网发展目标需要有以下几大关键技术。

1. 高级配电自动化技术

美国电力科学研究院（EPRI）对于高级配电自动化的定义是：配电网革命性的管理与控制方法，实现配电网的全面控制与自动化并对分布式电源进行集成，使系统的性能得到优化。高级配电自动化技术是对传统配电自动化技术的继承与发展，与传统配电自动化技术相比，其主要特点如下：

（1）支持分布式电源的大量接入并将其与配电网进行有机地集成。

（2）实现柔性交流配电（DFACTS）设备的协调控制。

（3）满足有源配电网的监控需要。

（4）提供实时仿真分析与辅助决策，有效支持高级应用软件。

（5）支持分布智能控制技术。

（6）具有良好的开放性与可扩展性。

（7）各种自动化系统之间无缝集成，信息高度共享，功能深度融合。

高级配电自动化技术功能图如图1-1所示。

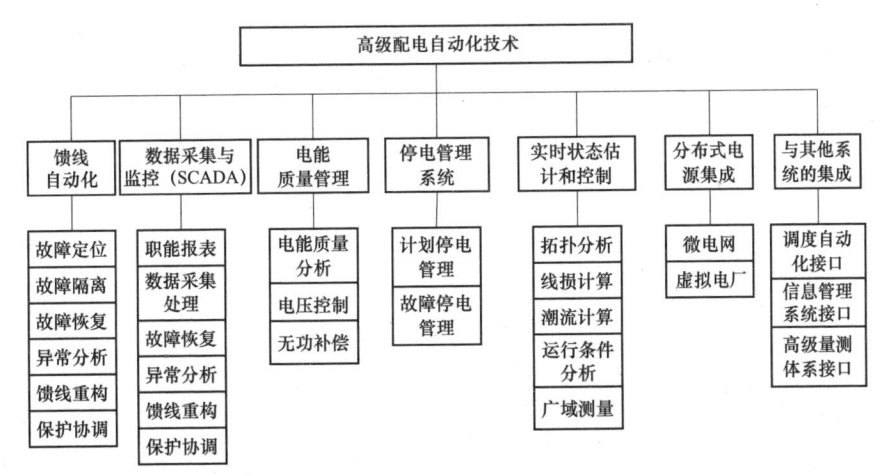

图1-1 高级配电自动化技术功能图

2. 自愈控制技术

自愈控制技术的目标是：正常运行时，通过配电网运行优化和预防矫正控制，避免故障发生；故障发生时，通过紧急恢复控制和检修维护控制，使得故障后不失去负荷或失去尽可能少的负荷。这项技术能够让配电网具有自我预防、自我修复和自我控制的能力。随着分布式电源和电动汽车充换电设施的接入，以及配电网规模的不断扩大，配电网复杂程度的不断加大，传统配电网已经无法适应如此复杂的情况，而只有会自学习、自适应，才能满足智能配电网的要求，实现事故前风险消除和自我免疫。

3. 分布式电源与微电网技术

未来的配电网将接纳大量的分布式电源。分布式电源具有间歇性，它们的大规模接入，会给配电网带来一系列问题，如电能质量问题、孤岛效应问题、可靠性与稳定性问题以及配电网适应性问题，这也促使配电网的现有技术发生了深刻变化。同时，客户终端能源结构与服务需求也发生了深刻变化，智能配电网能够提升并网分析能力，增强间歇电源可控性，实现灵活、可靠接入，提高配电网供蓄能力，从而实现间歇能源从被动消纳到主动调配的变化，达到全网最优协调。其关键技术有接入电网的数学模型与仿真技术、接入配电网的协调控制技术、含分布式电源与储能系统的配电网优化运行技术等。

4. 智能配电调控技术

智能配电调控技术是对现有的能量管理系统（EMS）、配电管理系统（DMS）、SCADA 等技术的再升级和结合。其实现功能包括：可视化互操作平台，预测功能，快速安全稳定分析功能，智能保护整定，预警报警与事故处理等。

5. 信息与通信技术

建立高速、双向、集成的通信系统是实现智能电网的基础，智能电网的数据获取、保护和控制都需要这样的通信系统的支持。IP 通信网覆盖配电网所有节点（控制中心、变电站、分段开关、用户端口等），采用光纤、无线与载波等组网技术，支持各种配电终端与系统"上网"。

智能配电网通信系统须满足适应苛刻的运行条件、通信速率高、高覆盖、在线路出现故障时能保证正常通信、双向通信、经济、操作维护方便等要求。智能配电网信息与通信技术构成示意图如图 1–2 所示。

6. 智能配电网能效管理技术

智能配电网能效管理是指通过对客户的用电设备、微电网接入设备等进行

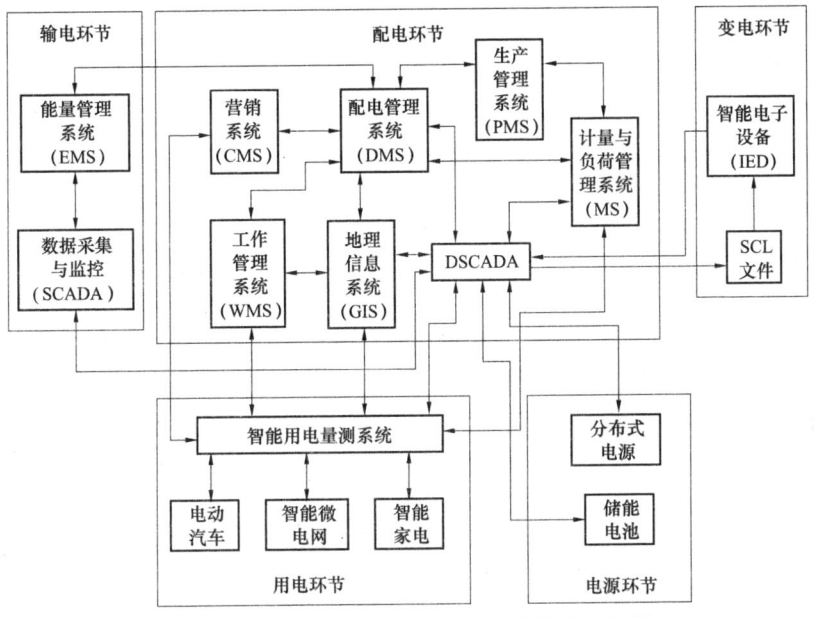

图 1-2　智能配电网通信与信息系统构成示意图
DSCADA—配电网数据采集与监控；SCL—变电站配置描述语言

统一管理和用电信息采集，科学调控用电负荷，达到节能减排的目的。能效管理技术能有效地平抑负荷曲线，减少电网投资，达到节能降损的目的。

7. 智能配电网互动化服务技术

智能配电网互动化服务技术是利用智能量测、高效控制、高速通信、合理储能等技术，实现电网与客户能量流、信息流、业务流的实时互动，具体包括需求侧管理、智能用电小区管理等。

第二节　智能配电网运维管理的意义

智能配电网涵盖各种先进的自动化技术、通信技术、信息技术以及现代管理理念和手段。随着智能化设备在智能配电网中的广泛应用，智能配电网的运维管理也应当与时俱进，跟上智能配电网发展的脚步。目前，智能配电网运维管理尚无完整准确的定义。笔者认为，智能配电网运维管理的概念主要包含两个方面，一是运用配电系统自动化等理论对智能配电网及其智能设备进行智能化运维管理，使智能设备充分发挥其作用，提高智能配电网的运行效率与稳定性；二是制定先进且符合我国国情的智能配电网运维管理制度。

相对于传统配电网，智能配电网运维管理有以下两点不同：

（1）对分布式能源的运维管理。分布式能源中，分布式发电和分布式储能以及其所发展出的微电网，对配电网的负荷潮流、故障电流流动方向都产生了广泛的影响。传统配电网中不存在电源，只是从输变电网中获取电能传送到用电侧，其结构一般为简单辐射性网络，一旦配电线路发生故障，则整条线路的用户停电。分布式能源的出现解决了这一问题，在配电线路出现故障的情况下，由分布式发电系统提供电能，或者由分布式储能系统短时提供电能，保障了用户的可靠用电。

（2）提高智能配电网的自愈性能。自愈是智能配电网的重要特点，也是提高智能配电网供电可靠性的关键。在当前的电网运行中，因管理和计划检修因素导致的停电次数与时间都大幅缩短，而故障情况并非计划内停电，往往难以做到快速解决问题并恢复供电。自愈性能是指电网自动恢复故障停电的能力，当配电线路出现故障时，继电保护会首先跳闸切除故障，继而启动重合闸。如果故障为瞬时性故障，则重合成功，恢复供电；如果故障为永久性故障，则重合不成功，需要由人员确定故障性质与位置，并决定采取进一步的措施。对于永久性故障，重合会导致系统承受较大冲击，而分布式能源的引入，会在故障点产生潜供电流，降低了重合闸的成功率。智能配电网条件下，采用智能重合闸可以自行分辨故障性质为瞬时性还是永久性，这样就避免了永久性故障条件下盲目重合所带来的冲击。同时，在传输路径出现故障无法恢复时，可通过灵活的网络拓扑和分布式电源来提高供电可靠性。

智能配电网的运维管理，需要结合电网运行的实际情况，尤其是网络拓扑状况，在采用新技术的同时提高运维管理水平，以用户满意和电网效益为目标，才能实现智能配电网规划设计与建设的初衷。随着我国配电网建设的发展，将产生越来越明显的经济效益与社会效益，因此智能配电网的运维管理有着十分重大的意义：

（1）实现配电网的最优运行，达到经济高效。智能配电网应用先进的监控技术，对运行状况进行实时监控并优化管理，降低系统容载比并提高其负荷率，使系统容量能够获得充分利用，从而可以延缓或减少电网一次设备的投资，产生显著的经济效益和社会效益。

（2）提供优质可靠的电能，保障现代社会经济的发展。智能配电网在保证供电可靠性的同时，还能够为用户提供满足其特定需求的电能质量的电能。不仅能够克服以往故障重合闸、倒闸操作引起的短暂供电中断，而且可以消除电压聚降、谐波、不平衡的影响。为各种高科技设备的正常运行、为现代社会与经济的发展，提供了可靠优质的电力保障。

（3）推动新能源革命，促进环保与可持续发展。传统配电网的规划设计、保护控制与运行管理方式基本上不考虑分布式能源的接入，而且为不影响配电网的正常运行，现有的标准或运行导则对接入的分布式能源的容量及其并网点的选择都做出了严格限制，制约了分布式能源的推广应用。智能配电网具有很好的适应性，能够大量地接入分布式能源并减少并网成本，极大地推动可再生能源发电的发展，大大降低化石燃料的使用和碳排放量，在促进环保的同时，实现了电力生产方式与能源结构的转变。

第三节 国内外智能配电网发展状况

一、国外智能配电网先进经验

欧美将智能电网的研究重点放在配电网，这是因为配电网与用户直接关联，且又是分布式能源和电动汽车的直接接入部分，因此发展需求和潜力极大。

（一）美国智能配电网发展

美国通过立法来促进智能电网的发展，《能源独立和安全法案》和《复苏与再投资计划法案》（简称 ARRA）是与美国智能电网密切相关的两个重要法案。前者确立了智能电网的国家战略地位；承诺拨付国有专项资金，支持美国国家标准与技术研究院（NIST）编制智能电网标准体系，对全国范围智能电网标准化工作进行协调；通过投资法案对智能电网研究和示范给予专项资金支持。后者委托能源部拨款 45 亿政府资金，并带动国内私人投资，支持智能电网的研究和示范。其中在 ARRA 的设计资金分配中，涉及配电系统、高级量测体系（AMI）和用户系统等与智能配电网密切相关的项目投入资金占比分别为 25%、17%、51%，可见智能配电网在美国智能电网建设中的重要性。

事实上，美国很早就开始了对配电网智能化的改造和研究。1994 年，LILCO 公司对美国长岛地区 120 条故障易发的配电线路进行自动化改造，这是美国最早建设的配电自动化系统。此后，卡罗兰纳的 Progress Energy 公司、南加州的 Edison 公司、底特律 Edison 公司、德州 Oncor 公司、Alabama 电力公司等先后建设了配电自动化系统。2004 年后，随着基于 Scada-mate 开关的 IntelliTEAM II 系统的安装，Oncor 公司开始大规模建设安装，至今已安装配电变电站、柱上开关、电缆环网开关、线路补偿电容装置的 RTU 4500 余套。2009 年底，Alabama

电力公司与美国能源部、美国电力科学研究院合作建设综合配电管理系统（IDMS）平台，通过获取高级读表系统、变电站自动化系统、配电自动化系统的数据来优化配电网系统性能，提高服务质量。综合配电管理系统包括 SCADA、AM/FM/GIS、停电管理、作业管理、用户投诉处理等诸多子系统，具有电压/无功控制、培训模拟、潮流分布分析、停电分析、停电预警、电力设备动态分析等高级应用功能。在电网互动和需求侧管理方面，美国德克萨斯州的奥斯汀市从 2003 年开始，通过安装智能电能表和无线通信网络，实现电网与用户之间的互动。2008 年 8 月，科罗拉多州波尔得市已经完成其智能电网的第一期工程。这两个智能电网项目都把智能电能表作为家域网的入口和电网智能化的窗口，从而实现对各种智能装置的控制和对用户的双向服务。美国太平洋西北国家实验室开发了第一个配电系统可视化仿真软件——GridLab-D 软件，主要功能包括：含分布式发电设备的潮流计算，终端用户装置和控制，以及考虑天气和电气边界数据的仿真等。

根据美国智能电网投资项目（Smart Grid Investment Grant，SGIG）规划，美国智能配电网计划于 2025 年建设完成，最终达到在承受、应对各种意外事故时能够快速恢复供电，实现配电网自愈的功能。在高级配电自动化建设方面，美国的重心在于提高供电可靠性，减少停电时间，改善对客户的服务质量，增加用户的满意度。

2012 年 7 月，美国能源部发布智能电网投资项目阶段性报告。阶段性报告对美国智能电网项目实施情况进行了如下总结。

（1）配电系统：主要完成部署自动开关、电容器和变压器的自动传感器及其控制系统并取得很好效果；在智能电能表及其通信系统、表计数据管理系统方面，已部署 1080 万块智能电能表，占现有电能表（1.44 亿块）的 8%，全美预计 2015 年将部署 6500 万块智能电能表。

（2）用户侧系统：部署家庭显示器、可编程恒温器、用户侧网关，实施动态电价。

上述工程目前已取得很好的应用效果，例如田纳西州查塔努加市属电力公司（Electric Power Board，EPB）在项目实施初期（2011 年 4 月），安装使用了 123 套智能开关，在遭遇 9 次飓风袭击时，避免了 250 辆次施工车出动，且缩短了用户停电时间。俄克拉荷马燃气和电力公司（OG&E）在动态电价激励下，通过部署用户侧系统（家庭显示器、家庭网关和可编程恒温器），实施需求响应，降低了负荷峰值。OG&E 在未来几年将对 15 万用户实施需求响应，预计可减少高峰时发电容量210MW。

（二）欧洲智能配电网发展

欧洲智能配电网强调了智能微电网项目的开发和研究，研究的目标是解决微电网的控制和运行问题。2002~2014年第一季度，28个欧盟成员国加上瑞士和挪威共参与实施了459个智能电网项目，总投资额达到31.5亿欧元。欧洲的智能电网建设投资同样主要面向智能配电网，更多地加强了用户和电网的互动。在智能电网项目投资的各目标应用领域中，智能网络管理占到最大份额，约26%。在研发项目中，集成分布式能源、电动汽车与汽车—电网应用以及聚合（需求响应、虚拟电厂）领域也吸引了多数投资；而在示范部署项目中，由于智能消费者与智能家庭领域发展已较为成熟，更多的资金投向了示范阶段。

在高级配电自动化建设方面，欧洲发达国家应用较早，基本实现了配电变电站出线断路器、线路分段开关的远程监控，做到了配电网故障快速检测、处理及修复，且配电地理信息系统GIS获得了广泛应用，配电调度、停电投诉处理、故障抢修流程的管理基本都实现了自动化。英国伦敦电网公司自1998年起，先后安装了5000个配电网终端；中部电网公司安装了7000个配电网终端。英国伦敦地区（LPN）自1998年起开始建设中压配电网远程控制系统，2002年完成一期工程。为减少投资，LPN仅在对供电可靠性指标影响比较大的郊区辐射性线路上实施了自动化，系统覆盖伦敦郊区所有的861条中压辐射性线路，在配电站安装RTU 5300多套，惠及约180万用户。截至2002年底，在配电自动化覆盖区域的210个中压电网故障中，有110个在3min内得到了恢复供电。故障自动恢复率从最初的25%上升到75%，平均达到50%。LPN的每百个用户的平均停电次数（Customer interruptions，CI）减少了8.9%，用户平均停电时间（Customer minute lost，CML）减少了33.2%。德国柏林配电网由瑞典Vattenfall公司的VE配电公司负责运营，2009年建成配电自动化系统，用户年均停电时间由2008年的72min降至2010年的14min。柏林配电自动化系统的主要特点是采用Motorola公司提供的TETRA集群无线通信系统建设了20个基站，覆盖范围3~5km，每个基站能接入1600~2000个监控站点。对于大部分户内配电室，可直接粘附在配电室的门上。还有一部分站点是通过金属通信电缆接入的，采用有线ADSL通信方式。另一个特点是不间断电源采用超级电容储能，可在系统停电时维持给终端供电90min并可进行两次开关操作。

在电网互动和需求侧管理方面，欧盟成员国普遍认为保障能源安全、提高能源效率、保护生态环境是实施能效管理和需求侧管理的主要驱动因素，同时将需求侧管理纳入能效管理范畴一并考虑。通过制定能源法、能源税法等，明确规定政府、行业管理部门、中介及研究机构、电力用户在能效管理和需求侧管理中的作用、权利和义务。意大利电力公司在此方面率先开拓创新，先后开展了互动式配电能源网络和自动抄表管理的研究，并于2005年完成了世界规模最大的Telegestore智能电网建设。为了满足电动汽车、新能源等分布式能源接入的要求，2008年7月1日，由意大利电力公司牵头负责，欧盟11个国家的25个合作伙伴联合承担的ADRESS项目启动，其目的是为了开发互动式配电能源网络，实现居民及小商业用户主动参与到电力市场及电力服务中来。在硬件设施升级上，欧洲大力推进智能电能表的研发和部署。截至2012年，欧盟在智能电能表部署上的投资已超过40亿欧元，意大利和瑞典分别为21亿欧元和15亿欧元，占比最高。据估计，到2020年，欧盟将部署智能电能表1.7亿～1.8亿块，至少投入资金300亿欧元。得益于智能电能表的逐渐普及，2010年，欧盟启动了智能生态电网（Ecogrid EU）的需求侧管理项目，该项目是欧盟第七框架计划（FP7）大型智能电网试点项目，旨在利用先进的柔性负荷和智能电网技术实时平衡电网内电源与负荷，保证高渗透率可再生能源接入的电力系统安全、稳定、可靠运行。该项目囊括了来自10个国家的16个合作伙伴，总预算超过2000万欧元，并于2011年首次在丹麦的博恩霍姆岛开展了示范运作。

（三）法国智能配电网运维管理的先进经验

法国智能配电网的运维管理水平在世界居于领先地位，研究法国智能配电网的运维管理现状，对提高中国智能配电网运维管理水平具有很好的借鉴与指导意义。在充分了解法国配电系统的基本概况、调度体系、配电网运行及配电自动化等的基础上，分析法国智能配电网运维管理的先进理念，同时与中国智能配电网运维管理情况进行对比，对于发展符合中国配电网实际情况的运行方式有着极大的帮助。

法国电网设计电压主要有6个等级，分别为400kV、225kV、90kV、63kV、50kV及0.4kV。依据电网的电压等级，法国电网的调度机构又被划分为3个级别，自上而下分别为国家调控中心、大区调控中心和区域配电网调控中心。其中，国家调控中心负责调控400kV的电网，主要负责国内发电与供电的平衡以及对邻国的输电；大区调控中心负责调控225kV、90kV和63kV的电网，负责国家调控中心的监控与技术支撑、电网运行与故障处理、调配配电网用户负荷等；区域配电网调控中心则负责调控50kV及以下电网，负责本区域变电设备的运行与维护。国家调控中心与大区调控中心隶属于法国输电公司（RTE），而区域配电网调控中心隶属于法国配电公司（ERDF）。2009年，法国的用电量约为4860亿kWh，最大负荷为92 000MW，第一产业、第二产业、第三产业以及居民用电的比例为3:30:32:35。其中，输电量为3467亿kWh，售电量为3450kWh，线损为217亿kWh。截至2011年底，法国配电公司共有各类变电站2200座、变压器4500台，其中225/20kV变压器400台；20kV线路59.3万km，其中架空线占62%，地下电缆占38%；20kV电缆线路开关84.6万个，其中遥控开关6.6万个；20kV架空线路开关17.7万个，其中遥控开关1.8万个；20kV配电网变压器72.7万台，其中柱上变压器34.5万台；400V线路66.4万km，其中地下电缆占35%，架空绝缘线占48%，裸导线占17%。2011年法国配电网可靠率达到99.986%。

1. 运行规划的先进经验

法国配电公司在全国范围内总共设立了22个研究院，每个研究院根据用电负荷情况将所辖区域划分为多个包含3~6座变电站的小区域，并周期性地滚动制定规划。完成规划后，向总部上报，总部仅负责对规划的技术原则与方法进行审核与评价。

法国配电公司将配电网的规划分为以30年为周期的长期规划和以10年为周期的中期规划。长期规划不考虑投资的收益率，只是从技术上对配电网作一定的设计。中期规划则充分考虑经济性，确定配电网设计的最优方案。

法国配电网规划的主要技术原则是：

1) 电压等级。法国对于电压序列的选择，一般认为与区域地理环境、用户情况等有关。目前，法国电网电压序列已简化为4~5级，主要有400/225/20/0.4kV、400/63（90）/20/0.4kV、400/225/63（90）/20/0.4kV等。

2) "N–1" 准则。仅从3个层面要求满足 "N–1" 准则，即：输电网线路应满足 "N–1" 准则，某些特殊过渡时期可能不满足，依靠中压配电线路转供负荷；主变压器要求满足 "N–1" 准则；中压电网的主干线应满足 "N–1" 准则，部分地区如巴黎需满足 "N–2" 准则。

3) 配电网结构。根据不同地区的实际情况，确定不同的配电网结构。主要有三种：第一种是在经济发达地区，如巴黎、里昂等少数大城市，这些地区用电客户占总用电负荷的20%左右，高、中压变压器采用小容量、多布点的形式，网架结构则采用"双T"型结构，采用该种网架结构的地区目标故障停电时间小于15min。第二种是在除巴黎、里昂等大城市之外的中小型城市以及巴黎、里昂的周边地区，这些地区的用电客户占总用电负荷的60%，高、中压变压器采用小容量、多布点的形式，20kV 配电网则采用单回路、合理设置遥控开关、手拉手的接线模式，这些地区故障停电时间小于 30min，故障隔离后故障区内的部分客户可以通过应急发电提供电源，仅对故障区的部分客户造成一定的停电影响。第三种则是针对面积广大但用电负荷密度较低的农村地区，这些地区的用电客户占总用电负荷的 20%，这些地区的 20kV 配电网网架采用单回路、放射结构，规划停电时间小于 2h。

4）用户接入准则。可通过 NFC 13100（中压）和 NFC 14100（低压）两个标准来规范用户接入。用户接入电网的电压等级，主要根据用户的容量确定。

5）转供 40%原则。法国配电网要求当一个变电站故障停运时，通过遥控开关，30min 内由其他变电站转供 40%负荷，且 3h 内恢复全部供电。

6）分布式电源接入准则。分布式电源的大量接入也是法国电网的一大重要特色。法国分布式电源主要有生物质能发电、垃圾发电、余热发电、风力发电、光伏发电等。根据法国配电公司的相关研究，分布式电源允许接入电网的最大容量主要取决于地区电源结构及其调峰能力。法国核电、水电装机容量分别占总装机容量的 50%和 20%，因此，法国电网目前尚有能力接受更多的分布式电源，但不宜超过总装机容量的 30%。同时，按照法国电网的规定，250kW 以下的分布式电源接入低压配电网，大于 250kW 且小于 12MW 的分布式电源接入中压配电网。中压配电网如不能消纳，在满足电流、电压和功率不越限情况下，允许经主变压器向上送电，但上送容量在低谷时段不能超过主变压器容量。目前，法国分布式电源容量一般都小于 12MW，光伏发电基本接在低压配电网，风电大部分接在中压配电网。分布式电源接入变电站还是接入线路，要经过计算确定。以尽量就近、简单为原则，计算内容包括分布式电源接入后的最大电流、最大短路电流、电压幅值、谐波等。如满足要求，则可以直接从线路接入，否则根据情况选择接入变电站。

2. 运维管理的经验

法国配电公司的配电网自动化实现了全覆盖，主要采用馈线自动化模式，遥控操作通过通用分组无线业务（GPRS）短信实现。同时，法国配电公司本着配电网经济、高效运行的原则，因地制宜，精确规划遥控开关的布局，合理规划遥控开关的安装位置、数量和优先程度，在农村和城市分别采用不同的自动化控制标准，单条馈线遥控开关数量的不同，一般城市为 3～4 台，农村为 2～3 台。可以说法国配电网的网架结构并不复杂，甚至技术、通信、保护都不算最先进。但法国配电公司的管理方法却让人印象深刻：采用就地检测与远程故障信息采集相结合的方式，实现故障的准确定位；采用就地控制与远程控制相结合的方式，缩小故障的隔离范围。当线路发生故障时，故障侧变电站的出线开关自动跳开，调控人员根据反馈数据的情况，通过 GPRS 方式遥控开关，将故障隔离在两个遥控开关之间，由于分段开关有故障信号记录的功能，能够判别故障发生的方向，此时，可安排工作人员依次到检查点检查故障信号情况，对于检查无故障的线路段，通知调控人员将开关合上，随后现场人员再到下一个检查点检查，最终实现故障区域的隔离。故障发生后，调控人员同步通过公用网络采用短信方式通知停电线路的所有用户，计算机将故障情况记录下来，当有用户咨询停电相关问题时，自动答复客户。通过馈线自动化功能与机械化维修队伍相结合的方式处理电网故障，做到故障的精细分析、准确隔离和快速恢复供电，实现了 50%以上的故障恢复供电时间不超过 3min。

另外，法国配电公司还将所有用户分为 5 个梯次，当配电网发生故障或过载时，依次切除各个梯次的负荷，以保证电网安全运行。各种切负荷方案都以此梯次为依据，梯次越高，安全稳定要求越高。依据法国政府的规定，优先保证供电的对象包括医院、国际信号灯、突然停电可能会造成危险的工业和企业等，这些用户为不可中断电源用户。按冬季用电峰值负荷的 20%，将所有输出中压馈线用户分为 5 个梯次，如不可中断电源用户数量较大时，一部分优先供电用户可在梯次 4 切除供电，梯次 5 包含所有优先供电用户和一部分补充名单用户。在欧洲范围内，所有可能被执行负荷切除的用户均配置统一标准的频率监控设备，在极端情况下能按照骤减频率自动切除负荷。当频率下降至 49Hz 时，切除梯次 1 的负荷；当频率下降至 48.5Hz 时，切除梯次 2 的负荷；当频率下降至 48Hz 时，切除梯次 3 的负荷；当频率下降至 47.5Hz 时，切除梯次 4 的负荷；当频率下降至 47Hz 时，切除梯次 5 的负荷。

法国配电公司通过对达到运行年限的设备逐步升级改造，2010 年稳定至 85min，2011 年进一步降低至 73min（整个巴黎地区为 35min，小巴黎为 15min）。

目前，法国采用从国家、地方和用户三个层面以法律法规的形式对供电可靠性进行监管。

1）国家层面。法国政府与法国配电公司签署的服务合同规定,极端天气下,90%的用户恢复供电时间不应超过 5 天。同时，能监会对供电可靠性引入奖惩制度。

2）地方层面。法国各省负责,要求供电质量超过标准的用户小于某一比例。

3）用户层面。法国配电公司与用户的合同中对供电质量有明文规定，如非计划停电超过 6h，法国配电公司要支付电费中合同收入的 2%作为赔偿。

法国配电公司负责大约全国 95%的配电网的运行与维护（剩余 5%由 157 个地方运营商负责）。为了提高管理效率，压缩管理层级，法国配电公司将管理系统分为 3 层架构，有总部、8 个大区（IRD）以及 23 个地方单位（DR），并设 20 个大区设计院。每个地方单位设 1～2 个调控中心（RCA）（共 25 个）、1 个事故应急中心以及 3～5 个运行机构。在每一个地方单位按设备的健康状态配置不同的团队，每年进行约 1100 万次维修任务。公司采取"两级管理、三级参与"的工作管理模式：

（1）总部制定配电网总体的技术路线与发展方向；

（2）大区负责地方配电网的规划、用户的接入以及组织的编制；

（3）地方单位负责规划的具体实施以及发现具体问题。

法国配电公司作为欧洲领先的电力公司，其很多长远规划与运维管理思路值得我们学习与探究：

（1）配电网规划的长远性。法国配电网在设计与规划时，充分考虑了设备资产折旧、预期收入、过网费、成本增加值、环保等因素，同时将规划重点放在了分布式电源接入、减少网损等问题上。配电网规划考虑长远往往能够减少无用功，值得管理者们思考。

（2）简单有效的绩效管理。法国配电公司的绩效管理主要从 4 个问题出发：满足客户需求、保证供电质量、提升团队理念、提高财务绩效，其重点是保证供电质量。

（3）配电网结构简单合理。法国配电公司对开关、电缆、线路等设施的采购、运输、入地、维护等环节要求都非常严格，厂家都要按照公司的思路来设计设备，从源头上强调延寿增效，例如混凝土电杆的维护策略就有 300 页。由此可见，复杂的技术标准控制住了源头，而在设备整个寿命周期各阶段的要求就相对简单明了，不盲目追求先进和功能全面。如在巴黎市区，电缆全部入地，并且使用的是铝芯材质，大大降低了配电网的复杂度。

3. 对我国智能配电网建设的启示

（1）网架拓扑清晰是配电网高效、安全运行的基础。法国配电网网架拓扑并不复杂，通信技术也难以堪称国际先进。但是配电网作为与用户直接相连的环节，其简单却十分清晰的网架结构保障了配电系统安全、高效地运行。可以说，配电网网架拓扑的优化，对于系统供电质量有着巨大影响。如"$N-1$"的通过率以及分段数较低，网架控制将会变得相对粗糙，严重影响故障停电时的转供。同时，线段平均所带变压器的台数决定了故障情况下停电用户的数量。然而，若提高"$N-1$"通过率、增加分段数，则需要大量的资金。法国配电网的规划经过了长期的规划，做到了投入与供电可靠性的最优化。

我国电网在发展过程中，参照输电网标准提出层层"$N-1$"准则的要求，在确保电网安全可靠性的同时，也带来了电网规划建设标准和投资的上升。法国配电公司则是本着经济、简洁和高效的原则，因地制宜，精确规划网架结构，合理规划遥控开关的安装位置、线路分段数量以及优先程度。另外，在规划时尽量做到线路网架的简单、清晰。相比之下，我国配电网网架配置较为复杂，需要进一步地简化与优化。

（2）设备的标准化是减少运维成本、提高管理效率的关键。法国配电公司对于设备的标准化十分重视。目前，中压线路、变压器容量、中低压架空线路等均已形成标准系列。与之相比，我国配电网采购的配电网设备种类繁多，各地区甚至于同一地区不同批次所采购的相同功能的设备会出现型号不统一、标准不一致、容量序列繁多的情况。如配电设备，不同厂家采用不同的标准，通信标准尤甚，使得整个配电网运维管理的难度大幅增加。再如我国中压电缆多采用铜芯截面，且多位排管敷设，而法国配电网中的中压电缆则广泛采用铝芯埋地电缆且大部分为直埋。因此，配电设备的标准化进程从一定程度上决定了智能配电网建设的进度。

（3）配电信息系统集成化是建设智能配电网的必要条件。在信息共享的问题上，法国配电公司信息共享程度非常之高，数据记录充分、全面。因此日常的运维管理以及故障处理等均是通过全面的数据库进行的。在这一方面我国配电网的建设与法国配电网相比还有着不小的差距。究其原因，一方面是配电网建设初期并没有统一、系统的规划，更为重要的原因则是由于开发厂家众多，不同厂家采用不同的数据采集方式与协议，且不同厂家之间沟通较差，造成了数据集成与互联的难度较大。加之我国配电网数据量大且源头多，使得数据无法及时得到维护与更新。因此，信息的集成化与信息的标准化成了我国智能配电网建设亟待解决的问题。

二、我国智能配电网的发展情况

我国配电系统的发展起步较晚，建设相对落后。部分城市核心区的配电网已经滞后于城市的经济发展，形成了供电瓶颈。多年来配电系统投资远远小于输变电系统投资，导致目前配电网相对薄弱，与主网架的供电能力不匹配，据国家电网公司 95598 电力故障报修系统统计，95%以上的停电事故是由配电系统原因造成的。因此,加大配电网建设投资、提升配电网运行水平、建设智能型配电网成为我国电网未来几年的工作重点。根据国家能源局下发的《配电网建设改造行动计划(2015~2020年)》,实施配电网建设改造行动计划,有效加大配电网资金投入。2015~2020年,配电网建设改造投资不低于2万亿元,其中2015年投资不低于3000亿元,"十三五"期间累计投资不低于1.7万亿元。预计到2020年,高压配电网变电容量达到21亿kVA、线路长度达到101万km,分别是2014年的1.5倍和1.4倍,中压公用配电变压器容量达到11.5亿kVA、线路长度达到404万km,分别是2014年的1.4倍和1.3倍。

智能配电网建设主要包括配电网的网架优化、设备升级、通信信息平台和调度自动化系统建设等环节,目前上述各个环节的发展现状均与智能配电网的要求存在着较大差距。例如,配电网架结构不合理、"N–1"水平低、设备老化现象严重,配电自动化实用化水平低,智能分布式电源的接入能力不足;用电信息采集率低,未建立用户互动技术支持平台;配调系统和配电网通信信息平台建设与智能电网的要求存在一定差距。

近年来,国家对配电网的重视程度不断提升,2013年7月,国务院常务工作会议将加强城市配电网建设、推进电网智能化建设作为城市基础建设六项重点任务之一,这是近年来在国家层面第一次将电网智能化和配电网建设作为投资方向。2013年9月,国家能源局发布《南方电网发展规划(2013~2020年)》,明确了智能配电网为首要任务。国家电网公司相继出台《关于加强配电网规划与建设工作的意见》和《配电网规划设计技术导则》,提出"发展配电网是当务之急,以提高供电可靠性为目标,提升发展理念,坚持统一规划、统一标准,建设与改造并举,计划2015年基本解决县域电网与主网联系薄弱问题,建成现代配电网,适应经济社会快速发展和城镇化发展用电"。配电网规划与建设成为国家、社会和电网企业共同关注的焦点。国家电网公司历年110kV及以下电网投资比例见表1–1。

表1–1　　　　　国家电网公司历年110kV及以下电网投资比例

年份	2005	2006	2007	2008	2009	2010	2011	2012
110kV	14.11%	22.22%	21.06%	23.90%	19.64%	19.28%	22.17%	24.48%
35kV及以下	31.75%	24.89%	26.84%	26.60%	26.57%	28.35%	35.75%	38.51%
合计	45.86%	47.10%	47.90%	50.50%	46.21%	47.63%	57.92%	62.99%

随着国家在配电网建设上的投入不断增加,近年来,我国在配电网建设方

面取得了可喜的进展，配电自动化及信息化得到初步应用，一些重点城市已不同程度地进行配电网监控、馈线故障定位与隔离、自动恢复供电、负荷控制、电压/无功优化以及配电网综合管理系统应用，现在已形成若干个智能电网综合示范工程，其配用电领域已初步建设完成，部分已投入使用，积累了一定的智能配电网建设运行经验，在实现配电网的最优运行、提供优质可靠电能、推动新能源革命三个方面产生了一定的效益。例如，2012年，在国家电网公司的支持下，国网上海市电力公司投资31.6亿元，历时6个多月，完成覆盖全市17个区的行政低压配电网可靠性提升工程，有效解决了130余万居民的用电质量问题。同时强化配电网状态检修、检修一体化管理，2010年首创全国智能化故障抢修系统，该系统运行两年来，智能化抢修平均时间由36min缩短至17.3min，同比提速51.94%，故障抢修平均恢复时间由49min缩短至28.6min，同比提速41.63%，故障抢修效能显著提升。2012年，上海选择核心城区开展城市配电网示范工程建设，在示范区全面推广实施配电自动化，建设国内一流的配电自动化主站。2012年，上海电网供电可靠率为99.9833%，电压合格率为99.873%，线损率为6.15%，用户年平均停电时间为55min，投诉率为0.34次/万户，供电可靠性连续三年蝉联国内第一。

2011年5月，由陕西省地电集团联合国内5家电力设备制造尖端企业共同发起组建的智能配电网关键设备技术创新战略联盟在陕西正式成立。该联盟由从事智能配电网关键设备设计、生产、研发、应用的单位以及相关企事业单位共同组成，是非营利性、开放的非法人行业联盟组织，也是迄今国内智能配电网领域首个战略联盟，有助于推动我国智能配电网的发展。

2014年，国网北京市电力公司启动了为期4年的配电网专项建设改造工程，力争将首都配电网打造成结构合理、技术先进、灵活可靠、经济高效的智能配电网。2014年9月，启动了配电网建设改造暨营配调数据深化应用试点工作并确定亦庄为试点区域，以"突出配电网建设改造，提升电网发展水平"为主题，通过试点工作，打造一张坚强可靠的配电网，建设一套深化应用管理体系，锻炼一支管理经营型人才队伍。经过一年建设，国网北京市电力公司在亦庄开发区改造了444条10kV线路，敷设管道光缆457.5km，建设架空光缆111.2km，更换表计模块34850具，更换低压集中器552台，累计核查数据111.7万条。工程量变的积累带来配电网水平的质变，试点突破性成效显现：10kV电缆路环网比例达到43%，10kV架空线路均实现多分段、多联络，配电网故障比近3年平均值下降50%，平均故障隔离时间由226min降至20min。同时，国网北京市电力公司自主创新开发了配电网故障研判系统、主配网规划辅助管理平台等系统。应用营配调数据，2015年上半年，国网北京市电力公司永久性故障和低电压台区数量同比分别降低22%和92%。系统的应用极大地提高了电网规划精益化管理水平、配电网故障研判及抢修水平，提高了供电可靠性管理水平。

结合我国电网和能源利用的实际情况，国家电网公司从大电网和中低压电网两个角度同时切入，提出"坚强智能电网"的目标，以特高压输电的互联骨干电网为基础，进一步提高配电网自动化水平，通过构建灵活、可靠、坚强的配电网，以适应分布式电源和微电网的柔性连接。计划分三个阶段逐步推动智能电网的建设工作：第一阶段（2009～2010年），规划试点阶段，重点开展智能电网发展规划工作，制定技术和管理标准；第二阶段（2011～2015年），全面建设阶段，加快特高压电网和城乡配电网建设，初步形成智能电网运行控制和互动服务体系，关键技术和装备实现重大突破和广泛应用；第三阶段（2016～2020年），引领提升阶段，全面建成统一的坚强电网，技术和装备达到国际领先水平，分布式能源实现"即插即用"，智能电能表普及应用。从2009年开始，国家电网公司确定北京、杭州、天津、厦门、银川等作为第一批智能配电网试点城市，在上述城市中心区开始了智能配电网建设，包括建设一次配电网网架、配电自动化系统、智能信息交互平台，智能分布式电源的接入与控制研究，配电网的调度监控一体化，用电信息采集系统的完善和丰富。我国智能配电网发展线路如图1-3所示。

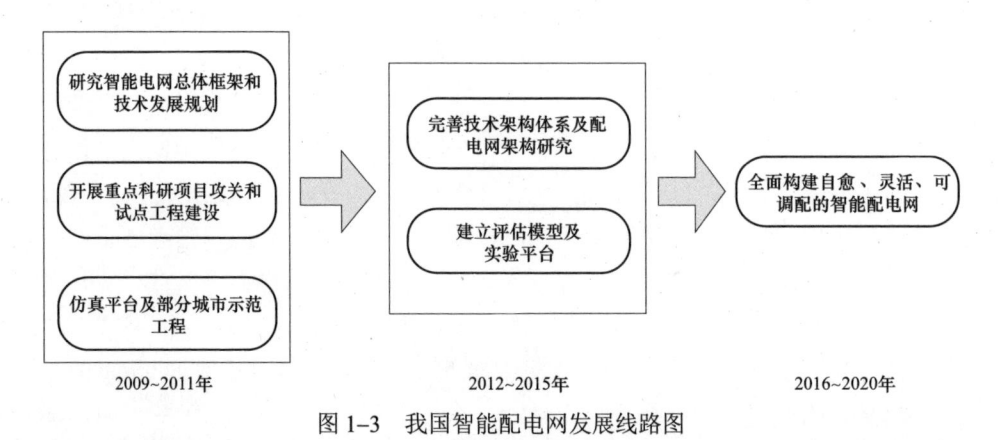

图1-3 我国智能配电网发展线路图

综上所述，我国在智能变电站建设、配电线路调控自动化程度、用户集抄等部分领域已经有了长足发展，但仍然面临着巨大的挑战。

智能配电网既具有正常运行时实时可靠地系统监视、隐患预测、智能调节、优化运行的能力，又具有系统非正常运行时的预防校正、紧急恢复、检修维护控制能力，而且与传统配电网相比，智能配电网更多地考虑了发电侧（尤其是分布式发电）的效率和效益要求，以及用电侧对于供电可靠性和电能质量的要求，更强调了电网企业自身的设备利用率以及运行稳定性与效率相结合等问题。例如，如何与用户更好地合作，建立更加完善的配电市场，实现更符合双方利益的负荷需求特性。因此，智能配电网运维管理面临以下挑战：

（1）技术和经济性双重约束条件，即如何在提高供电可靠性和电能质量的同时节能降耗。节能降耗是配电网需解决的传统问题，智能配电网为运行人员提供了实时信息与决策分析工具，新的网络拓扑和智能器件也为运行人员提供了更多的决策选择。

（2）分布式能源的有效接入。智能配电网条件下，分布式能源不再局限于分布式发电，还包括分布式储能与需求侧管理。这就要求智能配电网不仅具有更加灵活的网络，还需要更适合的继电保护方案和电压、电流控制方案。

（3）提高电网的利用效率，包括设备利用率以及电能利用率。设备利用率方面，可以通过状态监测与检修加以提升，更需要提高电网在故障后的自愈性能；电能利用率方面，则需要与用户合作，通过更有弹性、更符合用户利益与需求的负荷与定价机制，提高用户的积极性和可控性。

第二章

智能配电网调控管理

智能配电网的调度控制,就是在满足配电网安全可靠供电和电能质量要求的前提下,通过对配电网、分布式电源和多样性负荷等配电网运行方式进行协调优化,实现智能配电网的高效运行,即实现可靠性、安全性、经济性、优质性的高度统一。智能配电网调控的对象与输电网调控的对象有很大区别,输电网调控主要侧重于发电侧和骨干电网的调度控制;而配电网调控主要考虑配电网与负荷侧的协调调度。同时,考虑分布式电源、配电网和负荷的特点,进行配电网与负荷侧的互动协调优化,以整合所有配用电资源,实现智能配电网优化调度。此外,并网运行的微电网控制、电动汽车充放电设施的有序充放电,可对智能电网的削峰填谷和节能减排起到显著效果。

第一节 智能配电网调控的功能与体系架构

一、智能配电网调控的功能

智能配电网调控中心的工作现场图如图 2-1 所示。

图 2-1 智能配电网调控中心工作现场

智能配电网调控中心的主要功能有：

（1）互操作平台。将电网实时信息（潮流、频率、电压、变压器负载率、机组出力、线路运行情况等）通过多媒体技术更为形象地展示给调控运行人员，同时便于调控运行人员对电网进行监视和控制。

（2）交易与调度功能。包括电网数据管理、机组调度、电网协调及信息披露等。电力调度机构根据电网拓扑、实时模型、检修计划、机组状态等基础数据，不但可以实现电网调度的决策，协调各级电网运行，对机组组合、出力分配、安全校核、备用等方面进行协调优化，还可以在服从相关保密及监管条例的前提下，对发电计划、购电成本、交易信息等进行公开及时地发布。

（3）预测功能。传统的电网预测有负荷预测（包括系统负荷和局部负荷）和气象预测（包括气温、降雨、风力、覆冰、极端天气等）。在智能配电网中，分布式能源接入的数量逐年增加，但风力发电、光伏发电受气候影响较大，且其波动性、随机性对电网的影响也较大，因此，应加强与气象、水利等部门的深度合作，依托高性能通信和信息处理技术，提高分布式能源发电的负荷预测的准确率。

（4）电网安全分析。目前我国省级电网及以上调度机构已经实现了电网安全稳定分析在线化，而配电网安全稳定分析主要是离线分析，存在一定的局限性。在智能配电网中，应实现电网的在线安全分析，根据实时数据，实现电网静态安全分析、电压稳定分析、短路电流、稳定裕度等计算，并提供相关辅助决策，能够为调度运行人员提供及时的决策支持。

（5）智能保护整定。目前的保护整定主要为离线整定。随着智能配电网的发展，保护定值的计算及校核可以在实时网络拓扑和模型、在线安全稳定分析、电网实时负荷特性的基础上实现。

（6）事故预警与处理。当电网发生事故或者缺陷时，智能配电网调控中心能够实现综合智能告警，包括静态"$N-1$"越限、短路电流超标、线路或变压器跳闸等。同时，能够通过智能调度技术支持系统展示事故相关保护自动装置动作、故障录波信息等，为调度人员进行事故处理提供了技术支持。

（7）分布式电源接入。配电网中分布式电源接近负荷中心，可以降低输送容量，提高用户供电的可靠性。同时，分布式电源大量接入，也改变了传统配电网单向潮流的特点，增加了电网调度的复杂性。因此，配电网使用新的调度、控制、保护方案，适应了分布式电源波动性和间歇性的特点，以保证电网安全、优质、经济运行。

（8）虚拟电厂。利用某区域分布式电源机组作为一个发电厂或者机组参与电网运行，主要针对风力发电、光伏发电、生物质能发电等，提高了分布式电源的渗透率，降低了分布式电源所要求的平衡和备用容量，从而实现新能源的经济调度。

二、智能配电网调控的体系架构

针对传统配电网调控技术的缺陷与不足，智能配电网调控体系的核心架构应充分考虑智能配电网中广泛应用的智能设备、日益复杂的智能算法以及需要紧随技术发展潮流的运维管理制度。智能配电网调控体系可分为三层架构，分别为智能配电网调控技术支撑系统、智能配电网通信技术与信息平台以及智能配电网调控的运维管理，其构成模式见表2-1。

表 2-1　　　　　　　　智能配电网调控体系架构

层级	组成	功能
第三层	智能配电网调控的运维管理	运行与故障管理
		日常运维制度管理
第二层	智能配电网通信技术与信息平台	智能设备精确、实时的信息采集
		信息处理
		智能控制与控制信号的传输
第一层	智能配电网调控技术支撑系统	实时电网运行监控
		网络分析
		变电站集中监控
		电压自动控制
		系统智能监视与管理

由表2-1可知，智能配电网调控体系核心架构的第一层为智能配电网调控技术支撑系统，是智能配电网调控体系的支撑手段，主要包括实时电网运行监控、网络分析、变电站集中监控、电压自动控制、综合智能告警、系统智能监视与管理、调度智能操作票、信息网络浏览与发布、运行分析与评价等功能。第二层为智能配电网通信技术与信息平台，肩负着智能配电网中智能设备的状态采集、大数据的处理以及控制信号的传输等功能，对整个变电站的稳定运行起着至关重要的作用，是智能变电站的"神经系统"，通信系统的实时性和可靠性直接决定了智能变电站调控系统的可用性。第三层为智能配电网调控的运维管理，是智能配电网调控体系的核心，主要包含智能配电网的运行与故障管理

和日常运维制度管理两个方面。

三、配电网调控的现状与不足

随着智能电网建设的不断深入，科研、生产、建设和运行管理各部门通力合作，共同推动了智能配电网调控技术的进步与发展。然而，随着配电网建设规模的不断扩大、智能设备的大量应用，智能配电网调控的数据规模也愈发庞大，这就使得传统配电网调控技术与管理中的诸多缺陷与不足更为突出。

（1）传统配电网调控技术的支撑手段难以满足业务需求。按照国家电网公司全面建设大运行体系的要求，地县级调度机构需要全面负责配电网运行与监控、故障研判以及抢修指挥等相关业务。面对地县级调度机构业务的变更，对于研究适合配电网调度控制与抢修一体化建设软件架构、实现业务资源的优化整合及有效互动的需要更加迫切。

（2）系统标准化程度和信息交互的一致性与规范性有待细化完善。国家电网公司目前在大力推进生产管理、营销业务、配电自动化等各业务系统的标准化工作，然而，不同业务之间的业务壁垒以及不同智能设备所采用标准的差异使得标准化工作进展缓慢。为了支撑配电网调度及抢修等业务，需要进一步研究信息集成技术，以实现数据的高度共享及业务协同。

（3）相关规范落后于技术的发展。以济南电网为例，其现行的《济南供电公司调度数据网运行管理规定》是2010年根据国网山东省电力公司的《山东电力地区调度数据网典型设计技术规范》和《山东数据网运行管理规定》以及国家电网公司的有关规程、标准，并结合电网运行实际编制的。由于制定时间较早，已难以适应当前工作的需要。

（4）配电网监视与控制手段不完善。随着智能配电网中智能设备的广泛应用，配电网运行数据的完备性、时效性以及准确性方面还存在差距，进而导致控制手段不足。智能配电网调控系统的建设应着重提高系统的覆盖面，保证较高的故障遥信覆盖率；利用智能传感器相关设备接口，扩展系统信息的监视功能；选择对故障隔离和网络重构效果较好的设备进行遥控，从而提高网络重构和设备控制能力。

（5）系统对新能源接入适应能力有待加强。随着新能源技术的不断发展，分布式电源、微电网、电动汽车等接入智能配电网的数量逐渐增多，对智能配电网短路电流、继电保护、电压控制、负荷分配等功能提出了更高要求。传统配电网主要针对单向能量流模式进行设计，而对大量分布式电源接入后双向能量流的模式考虑不足。

（6）配电网调度管理及辅助决策手段仍需完善。随着配电网操作量加大，合、解环操作更加频繁，使得误操作风险大增。利用配电网自动化的风险预警预控、智能报警、智能防误和程序化操作等技术，可以有效提高配电网调度管理水平，减少人工操作，提高工作效率和安全运行水平。

第二节 智能配电网调控技术支撑系统

作为智能配电网调控系统的重要手段和支撑系统，调控技术支撑系统应具备 SCADA、电压自动无功控制、电网高级应用（网络拓扑、状态估计、负荷预测、调度潮流、静态安全分析等）、自动电压控制（AVC）、调度员仿真培训等功能，并在此基础上实现了拓扑防误、智能监视告警、综合可视化展示等调控技术的高级功能。通过配电调度自动化系统的建设和功能扩展，实现调度、运行监控、配电网事故应急的工作融合，保证配电网可靠、安全、稳定运行，同时减轻调度员的工作强度，提高工作效率。

一、技术特点与总体方案

（一）技术特点

1. 在线化

在线化即从时间、空间、业务等多个维度，实现调度生产各环节敏锐地全景化前瞻预警、自动地辅助决策和智能配电网的主动安全防御手段，包括常规电源和新能源的标准化并网、优化调度和灵活调控。

2. 精细化

精细化即实现满足复杂约束条件的大规模、多目标、多时段、安全经济一体化的调度计划自动优化编制以及稳态、动态、暂态全方位安全稳定校核；通过年度运行方式分析计算、月度检修计划安排、日前到实时调度计划的安排与安全校核等，实现调度计划的精细化和电网运行风险的预防预控。

3. 实用化

实用化即完善基础数据，提高对系统运行方式的在线化应用程度，提升次日调度计划编制和安全校核的在线应用和实用化水平，使系统稳定可靠运行。

4. 一体化

实现多级调度的上下联动和协调运作，形成分布式一体化的智能调控技术支撑系统，有效支撑智能配电网的一体化运行。

(二) 总体方案

1. 总体架构

目前，我国已有多个厂家根据实际情况设计智能配电网调度应用体系，并投入使用。以智能配电网调度控制系统基础平台（简称 D5000 平台）作为配电网调度控制系统的典型代表，对智能配电网调度应用体系的架构与设计思想进行系统介绍。D5000 平台结构如图 2-2 所示。在安全 I/II 区实现实时监控、图模管理、拓扑分析、馈线自动化与分析应用等配电网调度控制功能；在安全Ⅲ区实现报修工单管理、故障研判、计划停电分析、统计分析与综合展示等配电网抢修指挥功能。Ⅳ区信息平台是含 GIS 信息的集成平台，PMS 表示生产管理系统。系统充分利用平台先进的服务总线、数据总线、信息总线、资源管理、软硬件管理等方式实现 I 区、Ⅲ区以及 I、Ⅲ区之间信息的高效传输、共享以及业务协同。

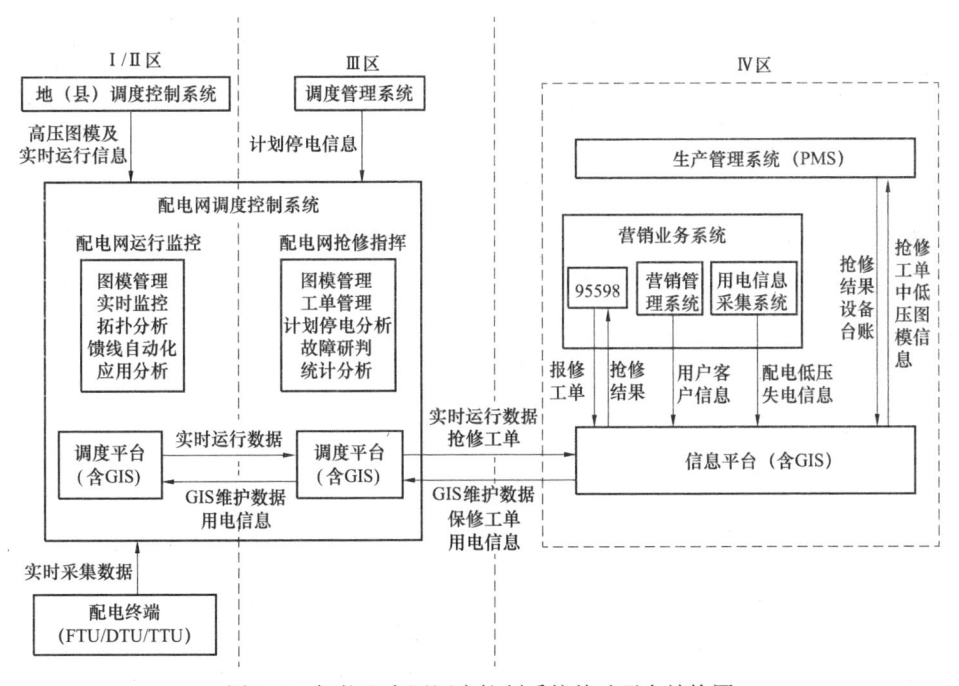

图 2-2 智能配电网调度控制系统基础平台结构图

2. 配电网调度控制与故障抢修一体化技术

配电网调度控制与故障抢修一体化技术的关键是如何实现在安全 I 区与Ⅲ区资源存储、业务处理以及分区负责，通过平台数据总线实现信息的共享、高效传输以及业务协同，从而减少系统运维压力、容量以及管理复杂度，提升故障处理效率。其中，重点技术是Ⅰ区、Ⅲ区一体化协同建模以及配电网运行监控与抢修的协同作业技术。

3. 配电网调控一体化建模技术

为了支撑配电网调度控制系统的业务开展，系统需要统一构建配电网高压、中压与低压的全网拓扑模型。高压模型来自于调度控制系统，通过公共信息模型 XML 格式（CIM/XML）或电网通用模型描述规范格式（CIM/E）的数据文件进行信息接入；中、低压模型则来自于电网 GIS 平台，通过 CIM/XML 的数据文件进行信息接入，一体化建模软件提供中压模型和高压模型的拼接功能。

4. 信息集成技术

Ⅳ区的信息平台是一个基于面向服务的架构（Service-oriented architecture，SOA）、具有良好可扩充性、遵循 IEC 61968/IEC 61970 接口规范的数据集成平台。信息平台的两大核心功能是电网信息资源整合和信息服务。平台负责收集各配电网业务系统的配电信息，进而对资源进行整合，形成遵循 IEC 61968/IEC 61970 的配电网高压、中压、低压的 CIM。电网信息资源是配电网中各种电网设备、设施以及用户资源信息的统称，主要包括电气设备的铭牌、地理信息、参数和拓扑信息，以及电力设施的台账信息等，还包括相应的各类图形资源信息（地理接线图、电网专题图等）。平台提供完备的信息服务接口，基于消息传输机制，为配电系统间的信息共享、业务流转和功能集成提供支持，实现系统间模型、实时/准实时信息和历史信息的交互。

5. 二次安全防护技术

配电终端与调度控制系统的通信主要采用单向认证的防护技术，使用基于非对称加密的单向身份认证措施，能够实现设置参数与控制等数据报文的完整性和主站身份的鉴别，同时添加时间标签以保证控制数据报文的时效性。配电网前置采集配置安全模块，对下行控制命令与参数设置指令进行签名，实现子站/终端对调度控制系统的身份鉴别与报文的完整性保护。

二、功能应用

智能配电网调控技术支撑系统的功能应用主要分为四大类：

（1）实时监控与预警类应用。是智能配电网实时调度业务的技术支撑，主要实现配电网运行监视全景化，安全分析、调整控制前瞻化和智能化，运行评价动态化。从时间、空间、业务等多个层面和维度，实现配电网运行的全方位实时监视、在线故障诊断和智能报警；实时跟踪、分析配电网运行变化并进行闭环优化控制和调整；在线分析和评估电网运行风险，及时发布告警、预警信息并提出紧急控制、预防控制策略；在线分析评价配电网运行的安全性、经济性、运行控制水平等。

（2）调度计划类应用。是调度计划编制业务的技术支撑，主要完成多目标、多约束、多时段调度计划的自动编制、优化和分析评估。提供多种智能决策工具和灵活调整手段，适应不同调度模式要求，实现从年度、月度、日前到日内、实时调度计划的有机衔接和持续动态优化；多目标、多约束、多时段调度计划自动编制和多级调度计划的统一协调；可视化分析、评估和展示；配电网运行安全性与经济性的协调统一。

（3）安全校核类应用。是调度计划和配电网运行操作安全校核的技术支撑，主要完成多时段调度计划和配电网运行操作的稳定裕度评估和安全校核，同时提出调整建议。运用暂态稳定、静态安全、动态稳定、电压稳定分析等多种安全稳定分析手段，适应不同要求，实现对检修计划、发电计划、电网运行操作等进行灵活、全面地安全校核，提出涉及静态安全和稳定问题的调整建议及电网重要断面的稳定裕度。

（4）调度管理类应用。是实现配电网调度流程化、规范化和一体化管理的技术保障。主要实现配电网调度基础信息的统一维护和管理；主要生产业务的规范化、流程化管理；配电网安全、运行、计划、二次设备等信息的综合分析评估和多视角展示与发布；调度机构内部综合管理等。

智能配电网调控技术支撑系统主要功能应用的逻辑关系如图2-3所示。

在智能配电网调控技术支撑系统四大类应用的诸多技术中，最为重要的有以下几种：

1. 基于实时全景信息的配电网智能调控运行技术

充分利用配电自动化系统提供的实时全景信息，并整合处理来自不同系统的模型、图形以及实时和非实时数据，实现模型、图形管理以及丰富的数据管理、展现、挖掘，为配电网调度高级应用提供数据资源储备，开展配电网智能调度运行技术研究。

（1）风险预警预控和智能报警技术。利用实时数据平台的潮流负荷数据与电网结构模型，通过设定计划运行方式及其校核时段进行自动智能校核，判断是否存在停电计划冲突、设备负荷过载以及保供电设备影响等问题，分析所预估的电网薄弱点是否存在风险，为日常的运行方式提供智能辅助手段。

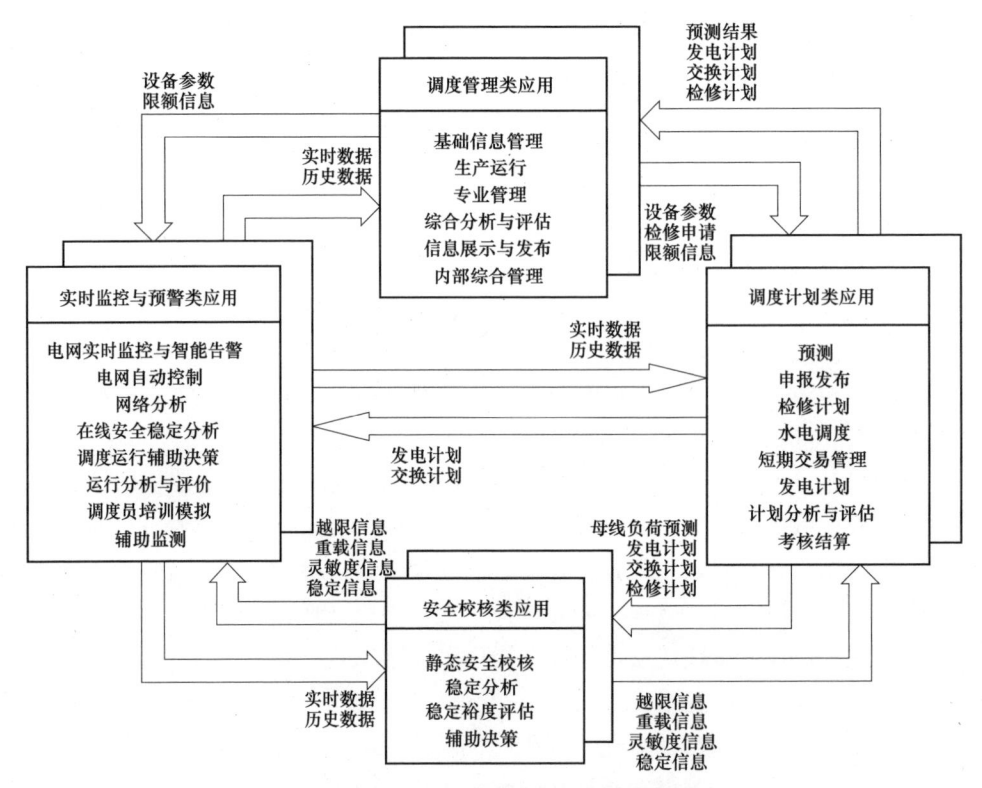

图 2-3　智能配电网调控技术支撑系统主要功能应用的逻辑关系

（2）配电网程序化操作、供电恢复和自愈控制技术。根据网络拓扑判断和安全自检机制，建立完善的配电网防误判断逻辑和运行校核条件，从而提高操作可靠性；将涉及多项设备的操作项目组合成程序化操作任务，以智能化操作取代人工操作，杜绝人为操作事故，大幅减轻现场人员的劳动强度，提高倒闸操作的工作效率；对于频繁发生的配电网故障，应展开配电网自愈控制的专项研究。

（3）可定制的配电网监视系统。利用统一的标准接口和电网参数图形，根据需求进行灵活配置，定制相应的供电保护系统。根据系统的拓扑结构，从配电网至主网进行供电拓扑结构的搜索，从而实现重要供电电源点的双向搜索，并将搜索后的网络连接图与拓扑图进行自动显示和拓扑着色，监视供电保护系统范围相关的系统信息。

2. 基于实时数据库的配电网数据挖掘技术

基于高速数据库的实时数据平台的主要功能是将电网模型和运行信息按照

标准接口进行存储，汇集调度自动化系统、配电网自动化系统、计量自动化系统、营配一体化系统的数据、模型和图形，建立完善的网络拓扑连接关系，提供电网统一模型的数据和图形服务，为电力生产、营销和规划等专业提供支撑服务。

3. 分布式电源接入与控制

智能配电网的显著特点是支持分布式电源的大量接入，分布式电源与大电网的发展互为支撑，通过对分布式电源的优化调度，实现对各种资源的优化利用，提高电网供电的灵活性和可靠性。

（1）分布式电源接入及监视控制。智能配电自动化系统能提供分布式电源接入与监视控制模块，实现对分布式电源运行监测与控制功能，并对分布式电源运行情况进行动态监视，为分布式电源运行提供数据积累和技术支持。

（2）分布式电源调度运行控制。调度人员在进行电网调峰调频时，综合考虑分布式电源的特点进行控制。含有储能设备接入的系统将会对电网起到功率缓冲的作用，从电网的调度角度看，既可以作为电源，又可作为负荷。当分布式电源所在的电网发生故障时，可能形成孤岛运行，调度人员通过对负荷与储能单元进行控制与调度，可以实现配电网的稳定运行。

4. 配电网的自愈化控制

配电网的自愈化控制以数据采集为基础，系统自动诊断配电网当前的运行状态，运用智能化方法对控制策略做出决策，以实现对开关、继电保护以及安全自动装置的自动控制。配电网发生故障时，通过智能配电终端的区域性判别，提供故障简化信息，结合线路路径和拓扑结构，提出可靠的自主动作方案，快速隔离故障点，并切除故障，同时恢复未发生故障区间的正常供电。通过配电网自愈控制，使电网向更好的运行状态发展，可以提高电网健康度，增强电网适应能力。

5. 智能监视、预警以及运行优化

智能监视与预警分为单个设备预警、系统预警等功能。智能监视与预警基于配电自动化系统平台，根据采集的实时、准实时数据，采用综合数据分析技术，实现对运行电压、电流等信息的监测及预警，主动分析配电网的运行状态，及时发现电网运行薄弱点，评估配电网的安全运行水平，提供相应的安全预警及预防控制策略。当配电网发生故障时，调度人员通过对故障信息进行关联度分析，筛选有效信息，从而简洁、有效地获取电网故障信息，对电网运行进行有效控制。

第三节　智能配电网通信技术与信息平台

通信技术与信息平台是智能配电网核心技术的组成部分，也是实现智能配电网调控管理的必要条件。如果将调控管理视作智能配电网的"大脑"，通信技术就是与"大脑"直接相连的"神经系统"。数据采集的准确性与时效性直接反映了智能配电网的智能化程度与进度。

我国配电网结构一直处于落后位置，缺乏合理科学的规划。目前，传统配电网的通信系统主要有以下不足：

（1）通信节点数量巨大、类型繁多、分布不均匀、系统组织困难。

（2）通信系统多分布在户外，恶劣气候的考验需要更高的可靠性保障。

（3）通信带宽要求得不到保证，由于采用了多种通信系统和多层集成方式，不同业务流要求的带宽和实时性不同。

（4）现代通信的可靠性和迅速处理的能力，也是智能配电网需要解决的问题。

（5）户外设备电源供应困难，缺少无源设备和其他可再生能源供电。

为了保证配电网数据统一采集平台信息采集的准确性、实时性与统一性，必须有一个安全、稳定、高速与经济的通信网络。

配电网组成结构复杂，终端设备量大，线路走径不规范，地域分布广，在实际使用过程中必须因地制宜，结合应用需求和使用环境，把各种通信方式搭配使用，从而组成一个安全、实时、可靠、经济的配电网通信系统。

一、智能配电网信息采集系统

（一）集成测量体系

智能配电网信息网络以地市公司骨干网络的相关变电站为信息节点，涵盖除变电站外的配电线路、配电网开关站、配电室、环网柜、柱上开关、公用配电变压器、专用配电变压器、工商业及居民用户表计、高级量测体系相关的智能交互终端、电动汽车充电站和分布式电源等量测信息。智能配电网集成量测信息分类见表2-2。

表2-2　　　　　　智能配电网集成量测信息分类

配电网类型	信息来源	信息类型	传输时间要求
传统配电网	配电变电站	监测类	<15s

续表

配电网类型	信息来源	信息类型	传输时间要求
传统配电网	配电线路	控制类	<5s
	开关站	保护类	<20s（变电站上传给调度中心的保护类数据主要是保护相关状态以及是否故障等信息）
	环网柜		
	柱上开关		
	公用配电变压器	报告类	<30min
	专用配电变压器	电话类	语音电话业务按 64bit/s；视频业务按 4bit/s
智能配电网（在传统配电网基础之上）	AMI	电能数据	<15min
		交流模拟量	<15s
		工况数据	<15min
		电能质量越限数据	<15min
		事件记录数据	<30min
		其他数据	—
		用户侧分布式电源信息	<15min
		电动汽车充放电信息	
		智能微电网用能信息	
	分布式电源	连接状态	<15s
		有功功率	
		无功功率	
		电压	

由于智能配电网在功能和体系结构上与传统配电网有着较大区别，突出体现在用户参与、AMI 的广泛应用、能量的双向流动等方面。这就使得智能配电网和现有配电网量测体系有着较大区别，主要体现在：

（1）数据源更多，数据量更大。

（2）调度、控制和营销深度集成。

（3）检修和运行方式更加复杂，对数据实时性和质量要求更高。

（4）对信息系统安全性要求更高。

根据上述要求，结合近年来信息领域的发展趋势，可总结出智能配电网量测体系应具备如下特点：

（1）分级分区的体系构架与大数据管理技术，适应海量数据管理及实时数据传输的要求。智能配电网量测体系应具备分级分区的体系架构，同时各用户数据中心在采用大数据管理技术的同时，具备快速处理分布式电源接入开关等对实时性要求较高的信息的能力。

（2）标准化信息接口，适应各类设备的即插即用。由于用户侧设备的大量接入，量测体系采用的标准化信息接口应能够适用不同厂家的各类设备，达到即插即用的效果。

（3）一体化的信息架构，打破不同应用系统之间的信息壁垒。量测体系需要将现有调度、控制和营销系统的信息系统有效集成，形成一个面向设备的一体化信息架构。

（4）信息网络安全。智能配电网量测体系应做好用户接入身份认证和信息有效隔离等安全措施。

（5）充分利用现有信息系统的建设成果。集成量测体系的构建应充分利用现有信息系统的量测、信息通道等相应资源，避免全部重新构建，以减少重复投资。

（二）常用通信技术

在智能配电网中，为了满足各种应用需求及建设需求，常采用多种通信方式并存的形式。从全球范围来看，欧美比较偏重于光纤和无线通信方式。法国配电网的自动化立足于 SCADA 建设，配电网通信主要采用基于 X—25 通信标准的电话线通信；美国配电网通信采用有线通信和无线通信相结合的方式。

从信息量统计可以看出，配电通信网业务节点多，数据流向集中，带宽需求大，宜采用专网方式通信，提高传输带宽和可靠性。目前，适用于智能配电网的通信技术主要有以下几种。

1. 无源光网络技术

无源光网络（PON）是一种一点到多点（P2MP）结构的单纤双向光接入网络，由系统侧的光线路终端（Optical line terminal，OLT）、光分配电网络（Optical distribution network，ODN）和用户侧的光网络单元（Optical network unit，ONU）组成，其系统架构如图 2-4 所示。

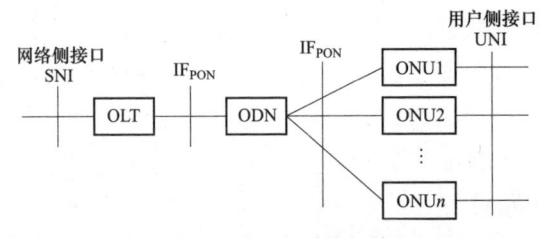

图 2-4 PON 系统架构

OLT 放在中心机房，既是一个交换机或路由器，又是一个多业务平台，它提供面向无源光网络的光纤接口（PON 接口）。ONU 放在用户设备端附近或与其合为一体，提供面向用户的多种业务接入，根据 ONU 所处位置的不同，PON 的应用模式又可分为光纤到路边（FTTC）、光纤到大楼（FTTB）、光纤到办公室（FTTO）和光纤到家（FTTH）等多种类型。ODN 完成光信号功率的分配，为 OLT 与 ONU 之间提供光传输通道，按照其连接方式的不同主要可分为星型、树型、总线型和环型结构。

目前，市场上主流的 PON 产品有以太网无源光网络（EPON）和吉比特无源光网络（GPON）两大类。EPON 在物理层采用 PON 技术，在链路层使用以太网协议，利用 PON 的拓扑结构实现了以太网的接入。GPON 能够提供非对称高传输速率，同时承载 ATM 信元和 GEM 帧。EPON 和 GPON 主要技术指标对比见表 2–3。

表 2–3   EPON 和 GPON 主要技术指标对比

技术指标	EPON	GPON
标准机构	IEEE 802.3ah	ITU-T G.984
上/下行速率	1.25/1.25 Gbit/s	1.25/2.5 Gbit/s
分光比	1:16，1:32	1:16，1:32，1:64，1:128
线路编码	8B/10B	NRZ 扰码
基础协议	Ethernet	ATM、GEM
TDM 业务	PWE3 或 VoIP	直接适配
数据业务	直接适配	GEM
QOS 支持	802.1P、IP QoS	T-CONT
OAM 运维	最低限度支持	电信级

2. 全球微波接入互操作技术

全球微波接入互操作（WiMAX）技术是一种无线宽带城域网（WMAN）接入技术，其 MAC 层均基于 IEEE 802.16 工作组开发的无线宽带城域网技术，能够实现固定及移动用户的高速无线接入。

WiMAX 系统采用了正交频分复用（Orthogonal frequency division multiplexing，OFDM）、多入多出（Multiple input multiple output，MIMO）、自适应调制编码（Adaptive modulation and coding，AMC）等多种技术，以提高网络传输带宽和抗干扰性能。

3. 电力线载波通信技术

电力线载波通信（PLC）技术是电力系统特有的通信方式，利用电力线缆作为传输媒质，通过载波方式传输语音和数据信号，具有可靠性高、抗破坏能力强、不需要另外架设通信线路的特点。电力线载波通信在 35kV 及以上电压等级的高压输电线路中已大量应用，主要承载调度电话、远动和继电保护信息。中低压电力线载波目前主要为配电自动化系统、远方集中自动抄表系统提供数据传输通道。目前，电力线载波通信采用 40～500kHz 的传输频带，传输速率为几十千比特每秒。

（三）信息传输结构

智能配电网信息传输系统主要分为以下三种结构：

（1）以 PON、WiMAX 无线、工业以太网相结合的智能配电网通信网络。在智能配电网中，通信系统是较为重要的一个组成部分，主要用于馈线终端和 10kV 配电网子站与配电网主站之间的双向通信。通信系统由多点到一点的典型收敛性网络构成，其主要特点是网络地理分布广、节点数量多、工作环境差。

（2）OLT 放置于变电站子站，各个变电站子站位于 SDH/MSTP 传输环上，变电站子站通信层完成通信终端的信息汇集，并通过 SDH/MSTP 完成与变电站主站系统的通信。OLT 可以连接两个 PON 口，并组成互为备份的两条链，各个环网柜、开闭站和柱上开关处的 ONU 均可以通过一个双 PON 口分别连接到这互为备份的两条链上。其每条链上的分光器均采用 1×2 的非等分分光器，双 PON 口则用来确保高可靠性。

（3）将配电网络划分为核心层、接入层和配电终端层 3 个层次。

1）核心层由配电网主站系统、SDH、RPR/MSTP 或以太网环等光纤环网和配电通信综合网管系统组成。

2）接入层由 10kV 开关站通过快速以太网环构建的光纤自愈环网、10kV 开关站内的中心 OLT、WiMAX 接入系统和基站组成。

3）10kV 开关站以下配电终端层由柱上开关、箱式变电站、配电柜、集抄数据采集器等之间的 EPON 网络或 WiMAX、CPE、配终端组成。在光纤无法到达的区域采用无线 WiMAX 实现。

（四）通信协议

智能配电网目前没有专门的通信协议，目前常用的通信标准见表 2-4。

表 2-4 配电网常用的通信标准

通信标准	简 介	应用领域
IEEE C37.1	描述 SCADA 与电力变电站自动化系统的定义和规范等	SCADA 及变电站自动化控制
IEEE 1379	变电站中 IED 与 RTU 之间的通信指导	变电站自动化控制
IEEE 1547	描述了与电网相互连接的分布式能源的通信等	需求响应
IEEE 1646	变电站内外的通信传输时间需求	变电站自动化控制
IEC 60870	电力系统通信和控制的数据交换	控制中心间的通信
IEC 61850	配电和变电站中设备的通信标准	变电站自动化控制
IEC 61968	配电领域的通信模型	能量管理系统
IEC 62351	定义了通信协议的网络安全	信息安全系统
ANSI C12.19	通用数据结构的测量模型,电能表数据通信的工业标准	AMI
ANSI C12.18	智能电能表与用户之间的双向通信	AMI

其中,IEC 61850 可以成为在变电站通信网络基础上进行拓展的智能配电网的通信协议,因为 IEC 61850 的第 2 版标准扩充了电能质量测量对象模型和变电站外部接口标准。

(五)用电信息采集系统运维管理

目前,针对智能配电网用电信息采集系统的运行维护管理尚处于起步阶段,还有诸多问题需要改善。当前主要存在的问题有:

(1)整体运行质量亟待提高。用电信息采集系统由多个子系统组合而成,主要包括应用系统、通信信道、前置通信、采集设备、计量设备等多种类型设备,其结构复杂,数据量大且涉及面广。所应用的部分新兴技术成熟度仍然处于较低水平,导致系统整体运行质量有待提高,再加上系统结构复杂,潜在故障点多,针对潜在故障点的感知水平较低,导致故障发现慢,排障过程中故障定位困难。因此,运行维护人员的工作量和工作难度居高不下,工作效率低。

(2)系统运维工作缺乏前瞻性。目前,针对用电信息采集的运维工作主要以解决单点故障为主,缺乏对于故障的分析以及对可能故障的预警。在面对故障时运维工作往往处于十分被动的位置,难以形成有效的主动控制与主动预防,导致难以消除潜在的影响和运行过程中的健康隐患。

(3)缺乏流程化的运维工作管理模式。目前,在运维管理工作中缺乏流程化的管理模式,大部分运维工作并没有形成程序化的处理流程。运维管理人员发现并排除故障之后，对故障解决过程与解决进度缺乏有效分析，导致同类问题或者同一对象的故障反复出现，并没有形成管理上的闭环。这种工作模式既大幅增加了运维管理人员的工作量，也不利于运维责任的落实和绩效评定。

（4）系统运维管理工作内容对业务重视度不高。目前，针对运维管理工作的内容，一味追求组件与现场设备的性能质量和稳定运行，陷入了"重技术质量，轻业务指标"的误区。随着业务领域的不断充实、业务内容的不断深入以及流程化业务模式的出现，对系统运维管理提出了更高的要求。因此，将系统的运维管理同业务密切关联，甚至直接提升为业务运维的高度统筹管理，也是系统运维管理亟待解决的一个重要问题。

（5）运维管理知识难以归纳和积累。目前，在运维管理过程中，故障诊断与故障修复中所获取的运维知识和运维方法并没有能够得到有效沉淀，排除故障的过程更多地依赖运维人员自身的能力，而知识传播主要通过言传身教的模式进行，效率低下且难以做到系统地积累。这种运维学习模式，造成了运维人员工作难度大、运维人力资源紧张等问题。

用电信息采集最显著的特点就是采集信息数据的连续性、经济性和安全性。特别是随着电力规模的扩大和需要采集参数的大幅增加，系统更加复杂。传统配电网运维管理虽然能够对故障进行侦查和定位，进而提出相应的方案和措施解决故障，但是随着故障自愈技术的发展，新的理念层出不穷。其中使用最为普遍的是设备智能维护技术，即通过对设备的运行状态进行在线监控和特征量提取，对用电信息采集系统性能进行定量研究，对系统当前状态进行在线评估，以便于将系统的早期故障数据化。研究表明，在软件项目生命周期中，运维管理阶段占了整个事件和成本的 70%～80%。随着用电信息采集规模的扩大，智能采集终端的大量在线应用，如何提高系统的运维质量，对于确保系统安全可靠运行，提供高效的业务支持，使系统效力最大化有着重要的现实意义。

在参考其他行业实施 IT 运维管理经验的基础上，参照信息术基础架构库（Information technology infrastructure library，ITIL）理念，我国智能配电网逐步建立了与运维管理体系相关的平台系统。但是，大部分运维管理体系却仍然在沿用过去杂乱、分散的模式，已经明显跟不上信息化建设的步伐。目前普遍应用的运维方式有企业资源计划（Enterprise resource planning，ERP）运维规范化体系和 IT 服务管理（IT service management，ITSM）运维体系等。

ERP 系统是智能用电中业务管理的重要手段，有一个安全、稳定的系统运行环境是充分发挥其功能的前提。其核心价值在于对系统进行集成化、流程化的管理，这也是与其他信息系统最为显著的区别。ERP 系统应用实时性强，业务面广，重要程度高；但网络硬件设备多，技术平台配置复杂，维护内容多。ERP 系统充分考虑到了系统运维涉及的诸多因素，做到了体系完整、分工明确。采用了全过程监控与管理，使运维从问题受理、解决到反馈得到了全面地监控与管理；在制度与流程等方面，对各个环节的工作都有着明确的规范标准要求；引入运维分析理念后，坚持运维与统计、周总结和月分析的制度，及时对运维成果进行分析，找出系统隐患。

应用 ITSM 的主要目的在于使维护部门的管理更为条理化，提供良好的服务平台，建立流程化的管理制度。ITSM 中的 IT 运维管理主要强调技术、流程、人员的紧密结合，其中流程为 ITSM 的核心。ITSM 实现了企业从"主动管理"到"服务导向"的角色转换，提出了企业 IT 组织的主要工作就是提供低成本、高质量的 IT 服务，从而实现 IT 与业务的跨越融合。ITSM 强调与用户的交流，其服务平台有利于用户进行自助服务，同时安排专家处理事故并监督整个处理过程直至事件被解决。注重运维质量，IT 部门为用户承诺标准化的服务质量（SLA），用户的每次要求都将在系统中建立服务档案，并一直被实时监控，直到问题得到圆满解决。建立完善的知识库，面向全部用户和流程，用户可以在流程模块的各个环节查询使用知识库中的解决方案。

二、智能配电网信息处理流程

随着信息化的不断推进、完善以及采集终端系统的普及，用电信息采集过程中需要处理的数据量大幅增加。针对电网的特殊性，特别是对采集信息实时性、连续性、全面性的要求，为了分析和利用如此庞大的数据资源，必须依赖有效的数据分析技术。通过对所采集用电数据的分析可知，对采集系统产生的数据的处理过程应满足以下几个要求：

（1）可扩展性。随着用电信息采集建设规模的不断扩大，依靠对一台或几台机器的升级来进行纵向扩展是远远不够的，只有做到横向可扩展才能满足数据量爆炸式的增长速度。

（2）高性能。随着数据量的大幅激增，为了更好地满足系统吞吐量，海量数据的效率优化对数据处理的性能要求将更高。

（3）容错性。在对复杂的数据进行分析或者查询时，如果一个数据失效，不需要对整个查询过程进行重复。随着用电信息采集终端数量的增加，势必将带来失效概率的增加。在采集数据大幅增加的情况下，数据失效已是常见问题，因此在大规模、复杂数据的环境下，仅仅依靠硬件是无法实现所需功能的，系统要更多地考虑软件进行容错。

（4）对异构环境的支持。由于用电信息采集系统在建设时的差异性，对于不同的采集设备和硬件环境产生的数据，提高异构环境的支持性，可有效降低对硬件投入的要求，从而降低建设费用，并且对不同节点性能的负载均衡、任务调度能够起到好的作用。

（5）低成本。在满足系统需求的前提下，针对我国国情，采用较低的成本建设数据分析系统是一个重要指标，不仅包括硬件、软件的投入，还包括对系统的日常运行维护。降低成本对于尽快实现系统的应用有着极大帮助。

（6）较低的分析延迟。针对用电信息采集的运维特性，对于数据的分析与处理过程应尽可能地减少数据准备时间，系统对于数据的要求能快速地作出反应，从而进行数据分析。

基于智能信息分析技术和数据仓库技术的信息处理，能大幅提高配电网自动化运行的有效性，该信息处理技术的总体结构如图 2-5 所示。

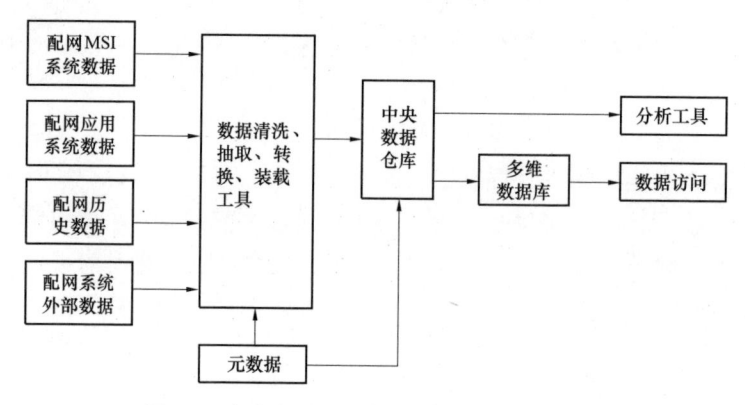

图 2-5 智能配电网信息处理技术总体结构图

信息处理的主要工作可概括为以下几个方面：

（1）网络拓扑分析。依据实时的开关状态和网络组件状态，将物理节点模型简化为计算模型，把有电气联系的线路集合，同时，通过对开关信息变化的实时处理，自动划分为发电厂、配电变压器、变电站、馈线的计算可用节点，形成新的网络接线，为有关应用模块提供新的分析依据。将该模块设置为公用模块后，可被其他应用模块调用。

（2）可靠性分析。配电网自动化系统可靠性分析主要包括两个方面的内容：供电可靠性，即电力系统设备发生故障时，使系统保持稳定运行的能力；

保持电力系统运行处于最佳状况，对设备和运行工况进行可靠性分析。

（3）系统潮流计算。系统潮流计算是电力系统运行分析和规划设计最为常用的工具，不仅可以为电力系统稳态运行的潮流分布提供依据，也可以为其他应用软件（如故障电流计算、静态安全分析等）提供技术支持。

（4）线损分析与统计。根据电网的实际负荷情况以及电网的正常运行方式，计算电网中各元件在一定时段内的电能损耗。通过线损计算，可以鉴定电网结构及其运行方式的经济性，能查明电网中损失过大的元件及原因。根据各元件损失所占的比重，以及固定损失和可变损失所占的比重，对电网的薄弱环节确定技术降损的主攻方向。考核实际线损是否真实、准确，合理分析管理损失的程度，以便采取措施，减少网损，并可在线进行线损统计。

（5）短路计算。短路计算的作用是计算实时方式下（或研究方式下）各种可能事故的短路电流，调度员可在单线图上任意选择短路点和短路类型，短路电流及各节点电压可直观地在画面上显示。

（6）状态估计。状态估计是利用实时测量的冗余度来提高资料精度。利用SCADA采集的实时数据，确定电网的接线方式和运行状态，按开关状态建立网络模型，估计出母线电压幅值、相角及各电气元件的功率，检测、辨别配电终端采集的误差和信道传输误码，剔除错误资料，补充由于各种原因采集不到的资料和不足测点，加强全网的可观测性，为网络拓扑、潮流计算、故障分析、可靠性分析等提供资料。

（7）电压无功优化。为无功设备配置方案的设计提供依据，使无功设置的规划更加合理。

（8）负荷预测。利用动态自回归模型理论进行负荷预测（包括长期预测、中期预测、短期预测），并可根据节假日的负荷变化情况以及具体气象对负荷的影响，引入气象因子。另外，还可以根据各种复杂情况人为地修改修正系统以提高预测精度。系统负荷预测为配电网经济调度提供了精确的理论资料，使各种分析成为可能，并为配电网管理提供了坚实的基础。

（9）负荷管理。根据配电网情况，通过采集器监控用户负荷信息，进一步分析用户负荷及其对配电网安全可靠性所造成的影响，采取相应的措施，确保配电网优质供电。通过收集配电变压器终端信息和居民电能表集中抄录信息，将信息传到主站系统，并转发给计费系统，实现对居民用电量的自动计量计费，用电负荷信息与用电资料的配合实现了负荷优化分配功能。

第四节 智能配电网调控运维管理

运维管理在智能配电网调控体系中处于核心地位，决定着调控系统乃至整个智能配电网能否安全、高效运行，是智能配电网调控体系的"灵魂"。如今，随着智能配电网建设规模的不断扩大，智能配电网调控系统的数据规模也愈发庞大，所包含的智能设备范围广、设备规范标准不统一、涉及专业跨度大，且运维人员组成复杂，这都为调控系统的运维管理增加了难度。随着"三集五大"体系建设的完善，人员编制的进一步扩充，以及驻场工程师等厂商技术人员加入调度数据网运维，使得协调工作更加困难，必须对现行运维体系加以更新、补充，才能适应智能电网条件下的运维管理需求。

一、智能配电网安全应急管理

（一）智能配电网故障预案处理

1. 智能配电网故障的特点

智能配电网故障指配电元件（线路、配电变压器等）与导体之间或导体对地之间短接。根据产生的电流大小及其是否影响对负荷的正常供电，可将故障分为短路故障和单相接地故障。短路故障包括中性点有效接地系统中的导体之间与导体对地之间的短接故障，以及中性点非有效接地系统中导体之间的短接故障。单相接地故障是指中性点非有效接地系统中的单相接地故障，也称小电流接地故障。而根据故障的持续时间，可分为永久故障与瞬时故障。引起智能配电网故障的主要因素有天气（雷电、雨雪、风暴）、外力破坏、环境（如：树枝影响）以及配电设备自身故障等。智能配电网故障的主要特点有：

（1）故障率相对较高。配电网主要分布在人们活动频繁的地区，易受外力破坏，因此，其故障率很高。美国配电线路的平均故障率为 $0.1\sim0.6$ 次/（km·a），其南部雷电多发区域的故障率高达 2 次/（km·a）。而输电线路的平均故障跳闸率为 $0.002\sim0.008$ 次/（km·a）。可见，配电线路的故障率远远高于输电线路。

（2）单相接地故障比例高。配电网的故障绝大多数是单相接地故障，其比例为 60%~85%；其次是两相故障（包括对地短接），比例不到 15%；而三相故障的比例则十分低，不到 5%。为避免单相接地故障引起的停电，我国以及欧洲大陆、日本等国的配电网中性点大量地采用非有效接地（不接地与谐振接地）方式。非有效接地系统的单相接地故障电流非常小，在数安培到数十安培之间。

由于故障电流微弱且不稳定，小电流接地故障的选线定位问题成为一个长期困扰供电企业的难题。

（3）瞬时性故障占多数。配电网短路故障（包括小电阻接地系统中的单相接地短路）中 70%~90%的故障是瞬时性故障，可以通过重合闸避免引起长时间停电。

2. 智能配电网事故处理的一般原则

智能配电网发生事故或异常时，智能配电网调控中心是配调管辖范围内事故及异常处理的指挥中心。事故处理的主要原则为：

（1）迅速限制事故发展，消除或隔离事故根源，解除对人身和设备安全的威胁。

（2）尽最大可能保持对用户的正常供电。

（3）迅速对已停电的用户恢复送电，优先恢复站用电和重要用户用电。

（4）调整配电网运行方式，使其恢复正常。

配电网范围内发生事故或异常后，需向上级调度汇报的，值班调控员应迅速向上级调度汇报。事故处理时，若涉及上级调度权限，值班调控员应取得上级调度许可后方可进行。事故处理时，现场运维人员应按照值班调控员的指令立即操作，非特殊情况得延误操作时间，值班调控员应及时做好记录。重大配电网事故，要组织有关人员讨论分析，总结经验，汲取教训，制定相应的反事故措施。

3. 智能配电网事故及异常处置方法

（1）母线事故处理。变电站配电网调度范围内母线电压消失，调控人员应首先检查开关变位、遥测值及潮流变化等并综合判断是否母线故障，及时通知运维值班人员到现场检查并汇报值班调控员。若母线有明显故障，则应将故障母线的所有开关、隔离开关断开，然后对非故障母线送电；若因故障引起的越级跳闸造成母线电压消失时，现场运维人员应根据值班调控员的指令隔离故障设备后，对非故障母线和线路恢复送电；若母线因故障需转检修时，值班调控员应调整方式恢复非故障母线和线路。

（2）线路事故处理。配电网调度范围内的 10kV 线路（包含 T 接等分支线路）发生跳闸，应通知运维值班人员到现场进行检查，并通知设备运维（管理）单位带电巡线。配电网线路干线跳闸，原则上不进行强送；分支线路及分界开关跳闸，不得进行强送。保电线路或带有重要用户的线路跳闸，值班调控员可强送一次。强送的开关必须具备完整的保护；配电自动化系统中的线路跳闸，故障点的判定以配电自动化系统为准，非故障区间线路可进行试送；接有分布式电源的配电线路故障恢复送电前，应与分布式电源用户确认设备状态。

（3）接地故障处理。配电网调度范围内的 10kV 母线出现接地现象，监控值班员应首先检查三相电压，判断是否为接地故障。小电流接地系统中，允许接地运行不超过 2h。当发现系统接地时，应尽快查找接地点并在短时间内消除。试拉线路时，无论接地是否消失，均应恢复送电。如在接地的线路上带有重要用户而又无其他电源可以供电时，应尽快通知重要用户做好停电准备，并在规定时间内，将接地线路停运。

（4）线路过负荷处理。运行线路出现过负荷时，调控员可采用调整电网运行方式或管理措施的方式消除过负荷，包括：通知双电源用户倒至另一电源供电；通过联络开关将部分负荷调出；适当提高 10kV 母线电压；通知有关单位对过负荷线路采取负荷控制措施。

（5）通信、自动化系统异常及事故处理。当运维单位与配调通信中断时，相关单位应主动采取措施，迅速恢复与配调的通信联系，情况紧急时可暂时采用无线通信。自动化系统异常并影响到值班调控员的正常操作或事故处理时，值班调控员应暂停正常操作、重要操作及事故处理，与现场核对正确后再立即进行。

4. 事故处理及故障预案编制流程

随着大运行体系建设及智能配电网调度建设的不断推进，智能配电网调控中心需加强对设备异常及事故处理的管理，规范故障处置预案的编制及实施，保证各项生产业务的科学高效运转。

（1）设备异常处理流程。值班调控员应对发现的异常信号迅速进行判断，通知运维人员到现场检查；现场运维人员确认信号，及时汇报值班调控员；现场运维人员确认现场设备异常或故障后，转入设备缺陷处理工作流程，由检修部门处理。设备异常处理流程如图 2-6 所示。

（2）监控异常或缺陷处理流程。值班调控员发现异常信号，迅速对信号进行判断。若发生通信中断，将监控权移交给现场运维人员，并通知自动化运维人员检查处理，恢复后再将监控权收回；对于非监控系统异常引起的信号，值班调控员通知现场运维人员检查处理。

若确认现场设备存在异常，现场运维人员分析判断缺陷性质，并及时汇报值班调控员。值班调控员根据缺陷的危急程度等实际情况，对一、二次设备进行运行方式的调整。缺陷消除后现场运维人员应告知值班调控员。监控异常或缺陷处理流程如图 2-7 所示。

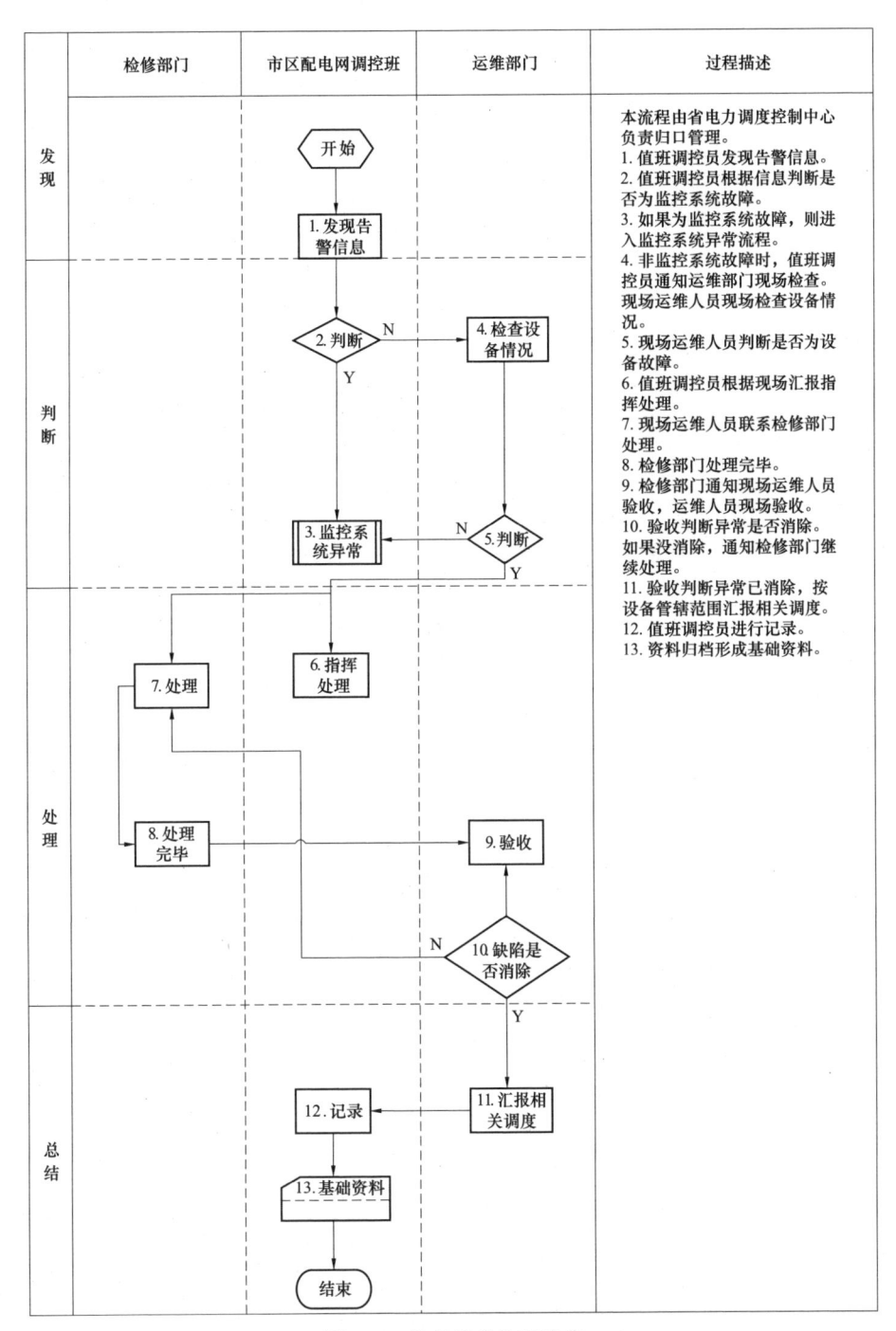

	检修部门	市区配电网调控班	运维部门	过程描述
发现		开始 → 1.发现告警信息		本流程由省电力调度控制中心负责归口管理。 1. 值班调控员发现告警信息。 2. 值班调控员根据信息判断是否为监控系统故障。 3. 如果为监控系统故障，则进入监控系统异常流程。 4. 非监控系统故障时，值班调控员通知运维部门现场检查。现场运维人员现场检查设备情况。 5. 现场运维人员判断是否为设备故障。 6. 值班调控员根据现场汇报指挥处理。 7. 现场运维人员联系检修部门处理。 8. 检修部门处理完毕。 9. 检修部门通知现场运维人员验收，运维人员现场验收。 10. 验收判断异常是否消除。如果没消除，通知检修部门继续处理。 11. 验收判断异常已消除，按设备管辖范围汇报相关调度。 12. 值班调控员进行记录。 13. 资料归档形成基础资料。
判断		2.判断 N→ / Y↓ 3.监控系统异常 ←N 5.判断	4.检查设备情况 ↓ 5.判断 Y↓	
处理	7.处理 ↓ 8.处理完毕	6.指挥处理	9.验收 ↑ 10.缺陷是否消除 N→ / Y↓	
总结		12.记录 ← 11.汇报相关调度 ↓ 13.基础资料 ↓ 结束		

图 2-6 设备异常处理流程

自动化运维班	市区配电网调控运行班组	县域检修分公司	过程描述

发现

开始 → 1. 监控发现异常信息

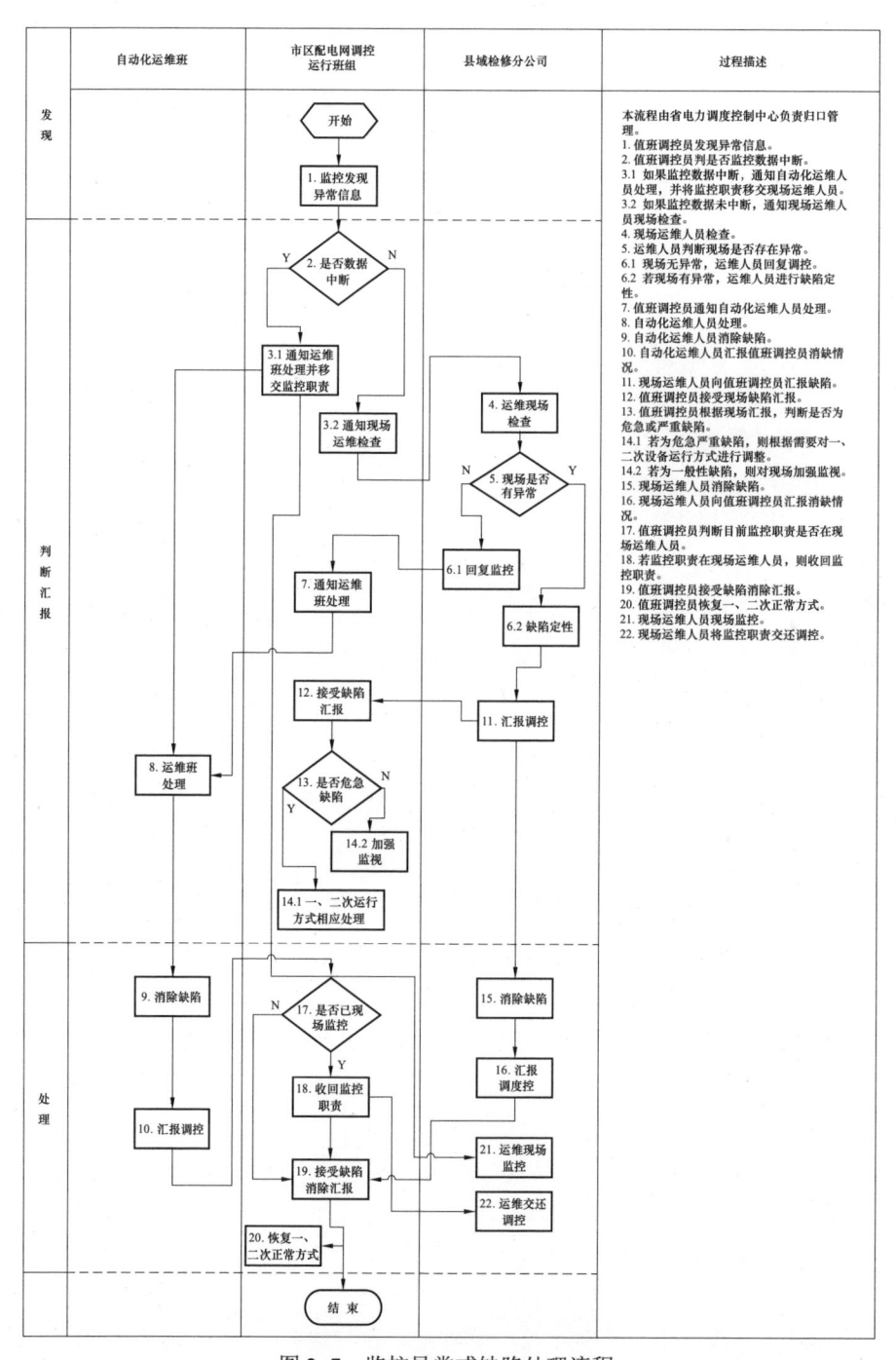

判断汇报

2. 是否数据中断
- Y → 3.1 通知运维班处理并移交监控职责
- N → 3.2 通知现场运维检查 → 4. 运维现场检查 → 5. 现场是否有异常
  - N → 6.1 回复监控
  - Y → 6.2 缺陷定性 → 7. 通知运维班处理 / 11. 汇报调控 → 12. 接受缺陷汇报 → 13. 是否危急缺陷
    - Y → 14.1 一、二次运行方式相应处理
    - N → 14.2 加强监视

处理

8. 运维班处理 → 9. 消除缺陷 → 10. 汇报调控

17. 是否已现场监控
- N → 19. 接受缺陷消除汇报
- Y → 18. 收回监控职责 → 19. 接受缺陷消除汇报

15. 消除缺陷 → 16. 汇报调度控 → 21. 运维现场监控 → 22. 运维交还调控

20. 恢复一、二次正常方式 → 结束

过程描述：

本流程由省电力调度控制中心负责归口管理。
1. 值班调控员发现异常信息。
2. 值班调控员判是否监控数据中断。
3.1 如果监控数据中断，通知自动化运维人员处理，并将监控职责移交现场运维人员。
3.2 如果监控数据未中断，通知现场运维人员现场检查。
4. 现场运维人员检查。
5. 运维人员判断现场是否存在异常。
6.1 现场无异常，运维人员回复调控。
6.2 若现场有异常，运维人员进行缺陷定性。
7. 值班调控员通知自动化运维人员处理。
8. 自动化运维人员处理。
9. 自动化运维人员消除缺陷。
10. 自动化运维人员汇报值班调控员消缺情况。
11. 现场运维人员向值班调控员汇报缺陷。
12. 值班调控员接受现场缺陷汇报。
13. 值班调控员根据现场汇报，判断是否为危急或严重缺陷。
14.1 若为危急严重缺陷，则根据需要对一、二次设备运行方式进行调整。
14.2 若为一般性缺陷，则对现场加强监视。
15. 现场运维人员消除缺陷。
16. 现场运维人员向值班调控员汇报消缺情况。
17. 值班调控员判断目前监控职责是否在现场运维人员。
18. 若监控职责在现场运维人员，则收回监控职责。
19. 值班调控员接受缺陷消除汇报。
20. 值班调控员恢复一、二次正常方式。
21. 现场运维人员现场监控。
22. 现场运维人员将监控职责交还调控。

图 2-7 监控异常或缺陷处理流程

（3）事故处理流程。值班调控员根据变电站事故跳闸信号等故障信息，迅速进行分析判断，检查故障变电站有关保护动作、开关跳闸及潮流变化等情况，并通知运维人员进行现场检查确认。运维人员到达事故现场后，应迅速对现场的一、二次设备情况进行检查确认，将检查情况汇报相关调度，并在调度的指挥下进行事故处理。事故处理流程如图 2-8 所示。

（4）故障预案编制流程。结合电网检修工作、重大保电、年度预案及其他一、二次需求等，调控员开展预案编制工作；预案编制完成后，必要时进行反事故演习，并对事故预案进行优化调整；事故处理完毕后，调控员对预案执行结果进行分析。故障预案编制流程如图 2-9 所示。

（二）智能配电网故障分析与定位

随着现代社会对供电质量的要求越来越高，供电质量的扰动对于用户和社会造成的影响也日益严重，已经成为现代供电质量的一大主要问题。

针对智能配电网故障自动定位技术，其研究工作主要包括三个方面：智能故障选线、智能区段定位以及智能故障测距。采用中性点有效接地方式的配电网，故障特征明显，其故障自动定位技术主要解决网络结构复杂、线路分支多带来的问题；而采用中性点非有效接地方式的配电网，还需解决故障电流微弱的单相接地故障自动定位问题。

1. 智能故障选线

目前，尽管已有大量的故障选线方法被提出并应用到现场，但实际效果并不理想，究其原因，难点在于：① 故障特征不明显；② 随机因素的影响；③ 不稳定故障电弧的影响。按照利用信息的不同，大致可将故障选线分为如下两类：

（1）基于外加注入信号的故障选线。基于外加注入信号的故障选线主要有 S 信号注入法和脉冲注入法等。S 信号注入法的原理是通过母线电压互感器向接地线的接地相注入特定频率的电流信号，其频率处于 n 次谐波与 $(n+1)$ 次谐波的频率之间，一般选择 220Hz，然后利用专用的信号电流探测器查找故障线路。

（2）基于故障电气量变化特征的故障选线。

1) 基于故障稳态分量的故障选线。基于故障稳态分量的故障选线方法有零序电流幅值法、零序电流比相法、零序电流群体比幅比相法、零序无功功率方向法。上述方法只适用于中性点不接地系统。

2) 基于故障暂态分量的故障选线。基于故障暂态分量的故障选线方法可以克服稳态分量选线法的灵敏度低、受消弧线圈影响大、间歇性接地故障时可靠性差等缺点。目前基于故障暂态分量的故障选线方法主要有以下两种：

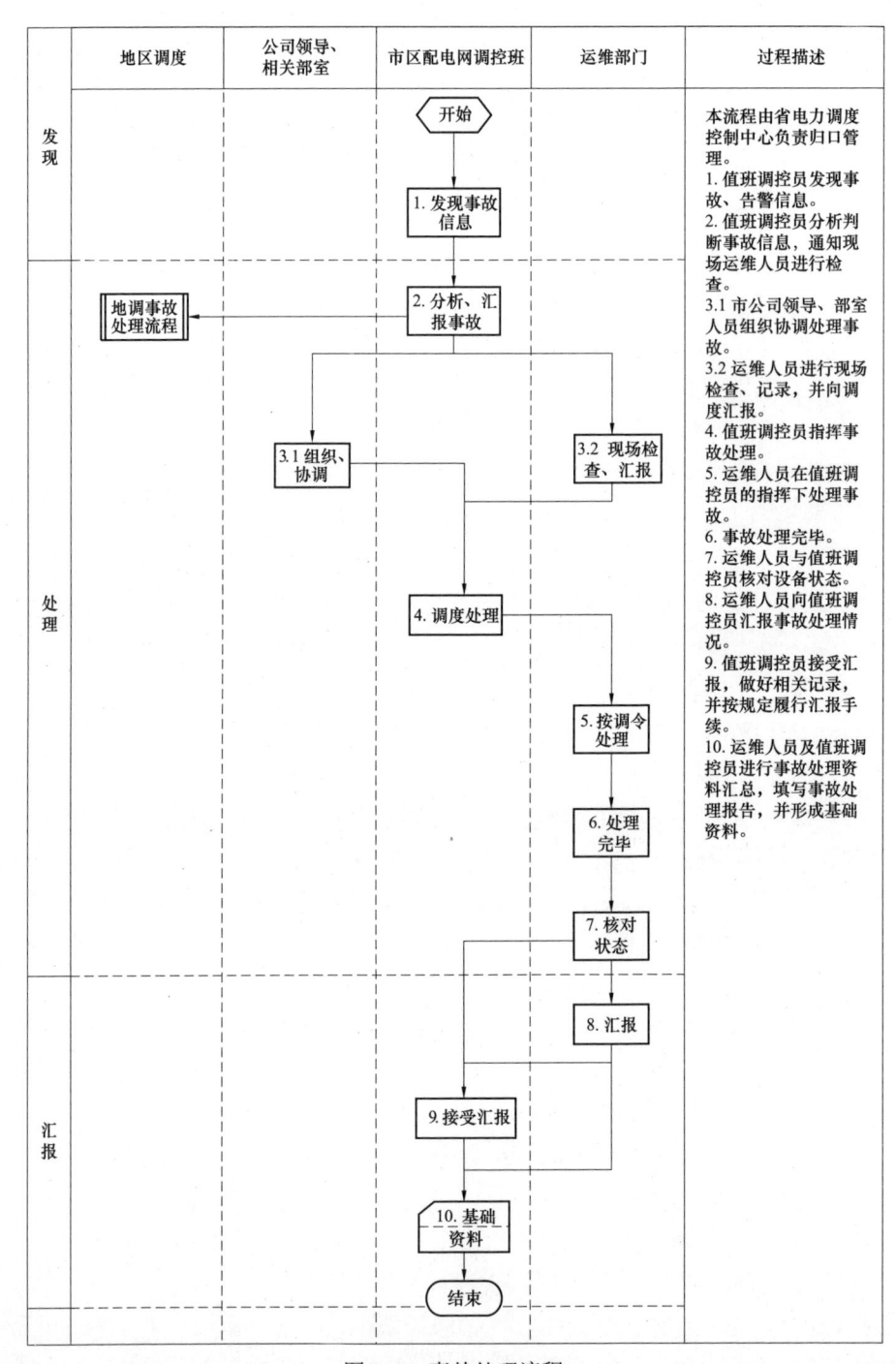

	地区调度	公司领导、相关部室	市区配电网调控班	运维部门	过程描述
发现			开始 → 1.发现事故信息		本流程由省电力调度控制中心负责归口管理。 1. 值班调控员发现事故、告警信息。 2. 值班调控员分析判断事故信息，通知现场运维人员进行检查。 3.1 市公司领导、部室人员组织协调处理事故。 3.2 运维人员进行现场检查、记录，并向调度汇报。 4. 值班调控员指挥事故处理。 5. 运维人员在值班调控员的指挥下处理事故。 6. 事故处理完毕。 7. 运维人员与值班调控员核对设备状态。 8. 运维人员向值班调控员汇报事故处理情况。 9. 值班调控员接受汇报，做好相关记录，并按规定履行汇报手续。 10. 运维人员及值班调控员进行事故处理资料汇总，填写事故处理报告，并形成基础资料。
处理	地调事故处理流程	3.1 组织、协调	2.分析、汇报事故 4.调度处理 5.按调令处理 6.处理完毕 7.核对状态	3.2 现场检查、汇报	
汇报			8.汇报 9.接受汇报 10.基础资料 结束		

图 2-8　事故处理流程

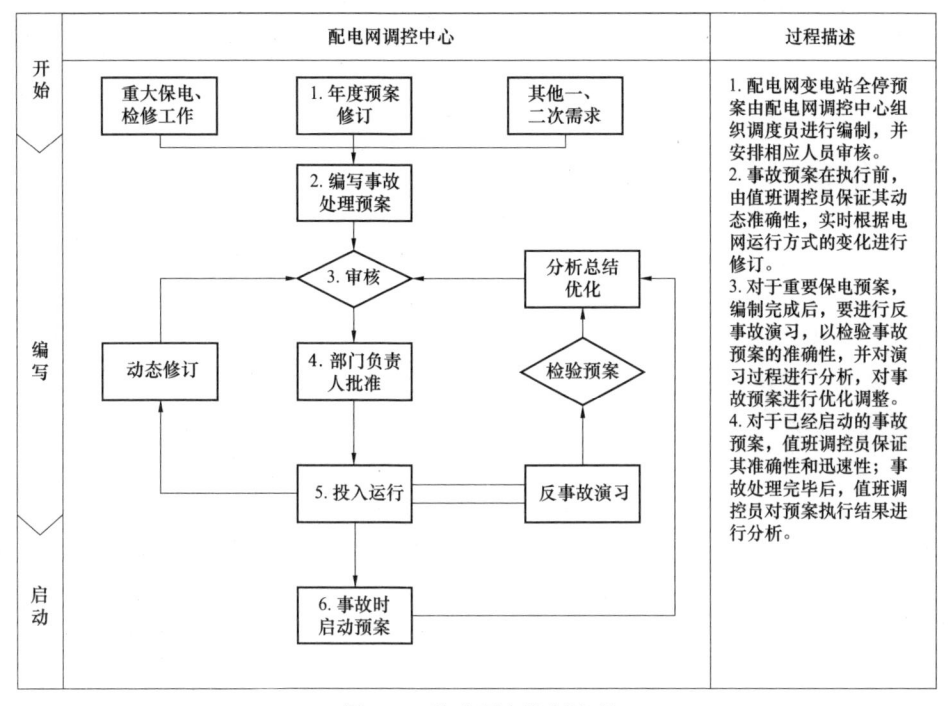

图 2-9 故障预案编制流程

a. 首半波法。利用接地故障暂态电流与暂态电压首半波相位相反的特点进行故障选线，为提高可靠性，通常分析暂态量在一定频段，即所选频带内的相频特性，此时极性相反的特性将保持更长一段时间。

b. 小波法。利用合适的小波和小波基对暂态零序电流进行小波变换，根据故障线路上暂态电流某分量的幅值包络线高于健全线路的幅值包络线，且二者极性相反的关系等特征，选择故障线路。

2. 智能区段定位

区段定位是为了及时准确地定位故障区段，以便隔离故障区域并尽快恢复非故障区域供电，对于提高供电可靠性具有重要意义。目前区段定位已有部分产品应用于现场，但尚不成熟，其难点在于：

（1）故障特征微弱、不稳定故障电弧以及随机因素的干扰给现场设备对故障的识别判断带来诸多问题。

（2）配电网接线方式复杂、结构改变频繁等给区段定位算法带来了适应性等问题。

（3）现场设备上传的故障信息出现信息畸变时造成的定位问题。

按照其利用信息的不同可将区段定位算法大致分为两类：基于沿线装设的现场设备馈线终端单元（Feeder terminal unit，FTU）或者故障指示器（FI）采集的故障实时信息，实现故障区段定位功能；利用电力用户打来的故障投诉电话（TC），同时根据相关信息，最终实现故障区段定位。

基于现场设备采集的故障信息的区段定位方法主要有以下两种：

（1）矩阵法。矩阵法是集中调控馈线自动化定位方法中的直接方法，矩阵法的基本过程是：首先将配电网中的断路器、分段开关、联络开关进行统一编号，生成网络描述矩阵 D；将网络描述矩阵 D 与故障信息矩阵 G 进行运算得到一个故障判定矩阵 P，根据故障判定矩阵 P 以及一些事先约定好的判别规则进行故障区段的判定。

（2）人工智能法。由于配电网故障区段定位问题属于故障定位领域的一个比较突出的问题，本质上也是模式识别领域的一个方面，因此将人工智能算法中的人工神经网络算法用于配电网故障区段定位是有据可依的，切实可行的。用神经网络进行配电网故障区段定位的基本原理是：首先确定用于神经网络训练的样本集，将特定节点开关故障向量与其所对应的区段故障向量作为训练样本的输入和输出对神经网络进行训练，这样就可以将样本集的知识以网络的形式存储在神经网络的各连接权值中，最后，当 SCADA 中心收到由 FTU 上传的节点故障信息序列以后，将此节点故障信息序列作为训练好的神经网络的输入，那么在网络的输出部分就能得到对应的故障区段输出向量，进而就可以利用神经网络算法实现配电网故障区段的定位。此类方法在网络结构改变、上传的实时信息出现信息畸变或不完备等情况下依然能够准确地定位故障区段，主要有人工神经网络、遗传算法、粗糙集理论、数据挖掘、Petri 网、仿电磁学等算法。

3. 智能故障测距

配电网故障测距是为了迅速准确地定位故障位置，避免人工巡查故障点，对及时修复线路和保证可靠供电、保证系统安全稳定和经济运行都有重要作用。

现有的故障测距方法中，对于故障特征明显的情况，研究主要集中于解决多分支下基于有限测量点的精确定位问题；对于故障特征微弱的情况，测距中基于故障稳态量方法基本失效，研究主要集中于暂态量方法和注入法测距等。

（1）行波法故障测距。行波法故障测距是利用行波理论来进行故障定位的方法。如果是单端行波定位法，在线路一端检测行波，无论是捕捉故障瞬间产生的暂态行波，还是检测人工注入脉冲后在故障线路产生的行波，其原理均是在母线处检测行波信号，在识别出来自故障点的反射波后，根据波在母线处和故障点之间往返一次所用的时间和波的传播速度，计算得到故障距离。在利用行波法进行故障测距时，一般情况下首先进行故障相的识别工作，最简单的方法就是利用各相行波幅值和相位来识别故障相别。在确定出故障相别后，分别计算故障相的电压行波传播至母线的时间和故障相的电压行波传播至故障点的时间，再分别计算故障相的电流行波传播至母线的时间和故障相的电流行波传播至故障点的时间。根据这四个时间来确定实际的故障距离。

（2）基于故障稳态量的测距法。基于故障稳态量的测距法目前主要针对故障特征明显情况下的测距。其基本原理是先假设故障前后负荷电流没有变化，由此得出故障电流，然后结合待分析配电网的独有特性，如多分支、不对称线路、不平衡运行及时变的负荷，迭代计算出故障实际位置。

（3）基于故障暂态量的测距法。基于故障暂态量的测距法主要指以测量故障产生的行波为基础的行波测距法。基于行波的故障测距受电流互感器饱和、故障电阻、故障类型及系统运行方式影响较小，定位精度高，在配电网获得了成功应用。

（4）故障特征匹配测距算法。由于人工智能方法，如神经网络和遗传算法等方法的优越性，这些算法在配电网故障测距中的应用越来越广泛，也得到了很好的测距效果。如小波变换法故障测距，即采用小波变换寻找行波零模分量的 Lipschitz 指数随故障距离的关系以及零模—线模行波的传输时间与故障距离的关系。然后训练神经网络，掌握这些关系，利用其非线性拟合能力进行故障测距。

此外，较为先进的还有基于经验模式分解和遗传算法的配电网故障测距方法。该方法首先通过对三相电流测量得到故障时的零序电流，然后利用经验模式分解与 Hilbert 变换提取故障时刻零序电流的频谱分布。在此基础上分析与故障关联最大的频率段，并以假设故障时这些频率的能量与实际故障时这些频率的能量之差作为适应度函数。利用遗传算法适应度函数的特点进行自动匹配，搜索故障条件。为了实现搜索到更为接近的故障条件，遗传算法的变量设为故障时刻、故障距离和接地电阻，这样，能够匹配出与实际故障点所选频率段的能量最为相近的假设故障条件下的所选频率段的能量，此假设故障条件即为匹配结果，对应的故障距离即为测距结果。

对于智能配电网中线路的故障定位技术，将在第四章中进行更为深入地探讨，此处不再赘述。

（三）智能配电网故障隔离与恢复

1. 存在问题

配电网自愈是指配电网的自我预防、自我恢复的能力，这种能力来源于对电网重要参数的监测和有效的控制策略。自我预防是通过系统正常运行时对电网进行实时运行评价和持续优化来完成的；自我恢复是电网经受扰动或故障时，自动进行故障检测、隔离、恢复供电来实现的。

配电网自愈控制的目标是不间断供电：首先，通过配电网运行优化和预防校正控制，避免故障发生；其次，如果故障发生，通过紧急恢复控制和检修维护控制，使得故障后不失去负荷或失去尽可能少的负荷。如果发生了电网连锁停电或瘫痪事故，意味着电网自愈控制失败。在控制逻辑和结构设计上，配电网自愈控制应该坚持分布自治、广域协调、工况适应、重视预防的基本原则。

故障自愈作为配电网智能化的核心，是智能配电网建成的重要特征，而故障隔离与恢复正是故障自愈技术的重要组成部分。目前，智能配电网的故障隔离与恢复仍然存在着许多的问题，因此，针对故障隔离与恢复技术，应从以下几个方面进行进一步地发展：

（1）根据用户对于供电质量的需求，优化、制订一系列完善可、可靠、经济的解决方案。

（2）充分考虑配电网的实际地理接线形式，解决通信方面的问题。

（3）充分考虑各种导致故障隔离后供电恢复失败的因素，实现更可靠的供电恢复。

（4）目前配电网中没有重视对故障录波数据的获取，配电网故障的事后分析缺乏可靠依据。

（5）馈线保护能自适应分布式电源的接入所带来的一系列影响。

2. 智能配电网故障隔离

目前，针对配电网馈线故障隔离的方法主要有三大类：

（1）就地控制。就地控制又可分为重合器方式与分布式智能控制。

1）重合器式馈线故障隔离指的是当故障发生时，通过馈线上分段开关之间在逻辑次序上的配合，利用重合器实现线路故障的就地识别、隔离和非故障线路恢复供电。目前，比较典型的重合器式馈线自动化方式有：重合器和电压时间型分段器配合方式，重合器与电流计数型分段器配合方式，重合器与重合器配合方式。

2）分布式智能控制指的是在采用分布式智能控制技术的配电系统中，智能配电网终端（STU）之间应用点对点对等通信技术，相邻之间通过交换故障检测信息，定位故障区段，实现故障隔离。故障隔离时，进行故障隔离的开关处STU 给联络开关处STU 发送当地开关跳闸信号，联络开关处控制联络开关闭合实现非故障区域恢复供电，同时将故障处理结果上报给配电主站。故障发生后，网络中的相邻 STU 能够互相交换检测的故障信息，在毫秒级时间内直接跳开故障点所在的分段区间两侧的开关，动作时间小于变电站段电流保护动作的时限，因此馈线出线开关一般不会跳闸。

（2）集中控制。集中控制指的是由控制主站集中处理 STU 上传的故障检测信息，根据主站制定的故障处理算法，进行故障定位、隔离故障、非故障区段的供电恢复。

（3）网络差动保护。对于对供电电能质量要求特别高的地区，配电网一般采用闭环运行。基于 STU 间建立的点对点对等网络通信，通过相邻两两比较故障电流的相位来判断故障区段。一旦判定出故障区段，直接跳开故障所在区段两侧分段开关完成故障隔离，同时也实现无缝自愈。

以上三种故障隔离方式的特点见表 2-5。

表 2-5 三种故障隔离方式特点

故障隔离方式		技术特点	故障隔离时间	供电恢复时间
就地控制	重合器方式	无需建立通信通道，通过重合器、分段器顺序重合隔离故障	1～3min	1～3min
	分布式智能控制	智能配电终端之间通过对等通信网络交换数据，实现快速故障定位、隔离	<300ms	<3s
集中控制		主站集中遥控	1～3min	1～3min
网络差动保护		智能配电终端间通过对等通信网络交换数据，快速切除闭合配电环网故障	<300ms	0s

3. 智能配电网故障恢复

配电网故障恢复是在配电网发生故障且完成故障定位和故障隔离后，利用一定的故障恢复策略对配电网的联络开关和分段开关进行操作，恢复非故障失电区的供电。配电网故障恢复是一个多目标、非线性、多约束的组合优化问题。智能配电网故障恢复的方法主要有以下三种：

（1）采用数学优化方法的配电网故障恢复算法。数学优化方法因为有完整严格的数学理论基础，在配电网故障恢复问题上得到了广泛的应用，主要算法有整数规划法、分支界定法、混合整数法等。数学优化方法适用于处理系统规模不大、复杂性不高的故障恢复问题,只要目标函数存在最优解,就一定能够找到最优解,但是供电恢复问题是一个复杂的非线性规划问题,单纯用传统的数学优化方法存在着维数灾害的问题,同时也存在计算量大、计算时间长、实时性不强等问题。

(2) 基于启发式搜索的配电网故障恢复算法。启发式搜索方法大多用于开关操作。在搜索过程中依据问题本身的特性,加入一些具有启发性的信息,确定启发性信息的方向,使之朝着最优解的方向优化。常用的启发式搜索算法有分级搜索法、基于树结构的搜索法、基于变结构耗散网络的算法、基于一阶负荷矩法、A*搜索法等。

(3) 基于人工智能的配电网故障恢复算法。国内外研究人员借助于人工智能方法提出了故障恢复的各种策略,使用的方法主要有专家系统、Petri 网、模糊算法、遗传算法、粒子群算法、蚁群算法、多智能体算法、禁忌算法、模拟退火算法、免疫算法、进化算法以及两种以上组合改进算法等。人工智能算法使用范围广,能满足实时要求,可用于大规模网络和多故障条件下的恢复,网络变化后只需要修改相应的知识库。但人工智能算法处理约束条件比较困难,且无法保证找到全局最优方案。

(四) 智能配电网供电质量保障

1. 供电可靠性

供电质量是指供电企业满足用户电力需求的质量,其中主要包括电能质量和供电可靠性两个方面。电能质量是指供应到用户受电端电能的品质,通常指供电波形的质量,包括电压偏差、频率偏差、谐波和间谐波、电压波动与闪变、三相不平衡等五个方面的内容。供电可靠性是指对用户连续供电的可靠程度,在实际操作中用一系列指标对其进行度量。

供电质量扰动是指供电中的短时停电及电能质量不符合标准的短时间波动。随着敏感设备的大量使用,供电质量扰动造成的损失已经越来越严重,尤其是电压骤降和短时停电。

(1) 常用供电可靠性指标。供电可靠性指标用于研究评估供电系统的运行性能与停电对用户的影响。根据国家颁布的《供电系统用户可靠性评价规程》,实际常用的有用户平均停电时间、供电可靠率、用户平均停电次数这三个指标。

用户平均停电时间指由系统供电的用户在统计期内(通常是年)的平均停电小时数:

$$用户平均停电时间 = \frac{\sum 每次停电时间 \times 每次停电用户数}{总供电用户数}$$

供电可靠率指在统计期内对用户有效供电时间总小时数与统计期间小时数的比值：

$$供电可靠率 = \left(1 - \frac{用户平均停电时间}{统计周期}\right) \times 100\%$$

用户平均停电次数指由系统供电的用户在统计期内的平均停电次数：

$$用户平均停电次数 = \frac{\sum 每次停电用户数}{总用户数}$$

在以上三个指标中，用户平均停电时间与供电可靠率反映的都是用户经历的停电时间，只是表达形式有所不同，而用户平均停电次数反映的则是停电事件的频率。用户平均停电时间与供电可靠率有一定的相关性，但没有必然的联系。例如，一个供电系统的故障停电次数较多，但由于故障修复速度比较快，则用户平均停电时间不一定长。而对于同样的用户平均停电时间值，供电可靠率不同，所反映的系统性能与对用户的影响也不同。一般来说，供电可靠率越小，用户停电损失越大，其不满意程度也就越高。

（2）供电可靠性的现状分析。根据国家能源局电力可靠性管理中心发布的2014年全国电力可靠性指标，2014年全国10kV用户供电可靠性指标情况见表2–6。其中，城市用户的统计范围为市中心+市区+城镇（1+2+3），农村用户的统计范围为城镇+农村（3+4）。

表 2–6　　　　　2014 年全国 10kV 用户供电可靠性指标情况

可靠性指标	全口径 （1+2+3+4）	城市 （1+2+3）	市中心+市区 （1+2）	农村 （3+4）
等效总用户数（万户）	719.40	193.70	105.50	613.90
用户总容量（万 kVA）	210 457.9	107 274.8	71 951.7	138 506.3
供电可靠率	99.940%	99.971%	99.974%	99.935%
平均停电时间（h/户）	5.22	2.59	2.29	5.72
平均停电次数（次/户）	1.32	0.74	0.61	1.44
故障平均停电时间（h/户）	1.49	0.71	0.70	1.62
预安排平均停电时间（h/户）	3.73	1.87	1.59	4.10

2014年全国10kV用户平均供电可靠率为99.940%，平均停电时间为5.22h/户。其中，城市用户平均供电可靠率为99.971%，同比提高了0.013%，相当于我国城市用户年平均停电时间由2013年的3.66h/户减少到2.59h/户。全国农村用户平均供电可靠率为99.935%，同比提高了0.03%，相当于我国农村用户年平均停电时间由2013年的8.30h/户减少到5.72h/户。

然而，香港、东京、新加坡等几个城市用户年平均停电时间均低于5min，供电可靠率超过"5个9"的水平，由此可见，我国与国际先进水平相比还有较大差距。再考虑我国供电可靠性统计只是以中压用户（公用配电变压器每台为一户）作为一个10kV用户统计单位进行统计，以及统计过程中可能存在的人为因素，实际的供电可靠性比公布的指标可能还要低。

（3）未来供电可靠性的要求。根据美国电力科学研究院的相关资料，预计2016年，内嵌芯片的计算机化的系统、装置、设备以及自动化生产线上的敏感电子设备的电力负荷将超过60%，这对电网的供电可靠性和电能质量提出了很高的要求。美国电力科学研究院对未来20～30年供可靠性需求的预测见表2–7。

表2–7　　　　未来20～30年供电可靠性需求的预测

对供电可靠性的需求	目前占总用户比例	未来20～30年占总用户比率
99.999 9%	8%～10%	60%
99.999 999 9%	0.6%	10%

在我国，随着产业结构的调整、升级以及新技术产业的不断涌现，数字化企业也不断增加，这势必会对供电可靠性和电能质量提出更高的要求。在电力走向市场化的今天，研究供电质量问题，必须把用户"感受"到的供电质量，或者说是否会给用户带来损失或不良影响，作为考虑供电质量的根本出发点。

2. 智能停电管理

随着国民经济的发展和人民生活水平的提高，企业及客户对配电网的供电可靠性要求越来越高，智能配电网能够实现供电的高可靠性。停电管理是智能配电网运维管理的重要组成部分，根据停电种类不同，分为预安排停电管理和故障停电管理，其目的是合理安排计划停电，及时处置故障停电，缩短停电时间，提高供电可靠性，并能及时发布停电和恢复供电信息，完善供电服务质量。停电管理依靠智能配电自动化平台和先进的通信技术，将配电网运行实时信息、设备检修信息及用户停电信息进行综合分析和优化，确定最佳停电方案，并将停、送电信息及时发布给电力用户，以解答用户咨询。配电网停电管理分类如图 2-10 所示。

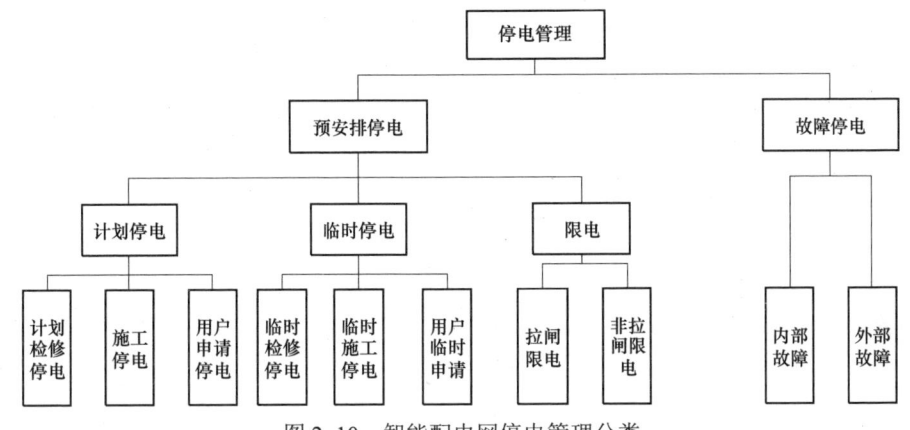

图 2-10　智能配电网停电管理分类

（1）预安排停电。预安排停电指事先有计划安排使设备退出运行的停电，或是 6h 前按规程经调度批准的临时性检修、施工、试验等造成的停电，包括计划停电、临时停电、限电等。

在电网建设和计划检修期间，根据计划检修、试验或施工等要求，进行电网运行方式模拟，以合理的停电范围和时间确定停电设备，列出停电范围内用户名单，并将停电信息以可视化手段展示在屏幕上，并及时向用户发布，便于用户查询。

从供电可靠性和电网安全性角度考虑，预安排停电应遵循以下原则：

1）计划停电应可控，根据设备服役状态和电网运行方式，科学安排停电；

2）设备检修或改扩停电应优先，设备安全可靠运行是电网运行的基础，提高设备健康度，才能提高电网运行安全水平；

3）尽可能减少停电次数，缩短停电时间。从提高供电可靠性的角度，同一线路的不同类型作业应尽可能安排在同一时间段内完成；具备进行带电作业条件的线路工作应带电进行；停电作业时，应提前做好准备工作，提高工作效率，加快工程进度。

（2）故障停电。故障停电是电网设备发生故障而要求元件立即退出运行的停电，或因误操作及其他原因的紧急停电。

因恶劣天气、设备缺陷或误操作等原因造成电网停电，根据配电 SCADA 系统提供的故障信息，通过自动绘图/地理信息系统、用户信息系统及故障检测等模块，判定并展示出故障地点、停电范围，提出合理的故障隔离和抢修方案，并将停电信息及时向用户发布。

根据故障处理的过程，故障停电管理包括：

1) 故障定位及隔离。根据配电 SCADA 系统和故障报修信息，借助自动绘图/设备管理/地理信息系统、动态显示配电设备运行情况，分析出故障停电范围，通过可视化手段，展示出含地理信息的报警画面，用不同颜色来表示故障停电的线路和停电区域，在地理接线图上直接对开关进行遥控，或指挥现场人员找出故障发生位置，采取措施对故障点进行隔离。

2) 故障抢修及恢复供电。根据电网运行方式和故障信息，调控员制定合理的故障处理方案，迅速恢复供电，保证电网安全及供电可靠。在故障抢修过程中，调控员借助于故障停电管理系统，安排协调现场抢修人员，提高抢修工作效率。当停电范围较大时，调控人员根据用户的重要程度，优先恢复重要用户供电，满足电力用户需求。

3) 故障统计及分析。电网运行方式恢复后，调控员借助 OMS 系统对故障信息进行统计分析，包括故障停电区域、发生地点、停电时间、受影响用户数量、有无重要用户、负荷损失数等，并生成统计报表，便于信息归档。

3. 智能检修管理

为使电网运行设备保持良好状态，配电网调度机构、供电单位、发电厂和运检、营销、基建等部门应积极配合与协调，加强对检修工作的管理，提高检修质量，做到应修必修、修必修好、应试必试、试必试准。配电网设备检修应服从调度机构的统一安排，实行统一平衡，综合检修。发、供、用电设备检修应做到统一平衡，避免重复停电，以减少停电次数和倒闸操作。

（1）检修计划管理。

配电网主要设备应实行计划检修。设备检修应从设备健康度出发，按照所规定的周期和时间进行，使设备处于良好状态，以保证安全经济供电。法定节假日、重大活动和迎峰度夏（冬）期间原则上不安排配电网设备计划停电。

1) 月度计划检修管理。计划检修是指列入月度计划的设备检修工作。电力公司各相关部门向调度机构报送配电网设备月度停电和启动计划建议，调度机构结合上级调度制定的计划，制定配电网月度检修计划。不能执行月度检修计划的部门必须提前向所属调度机构报送原因，检修计划如需调整、变更、撤销的，由申请单位提交申请，经各相关单位会签后，报公司分管领导批准，履行审批手续后送所属调度机构存档。若因电网特殊情况或保电任务，调度机构有权撤销、推迟已批准的检修计划或终止已开工的工作。

2）临时检修管理。临时检修是指未列入月度计划的设备消缺等工作。临时检修主要适用于设备消缺工作，未纳入月度计划的检修必须编制临时计划。临时检修的审批，原则上按计划检修规定办理，由申请单位提交申请，经各相关单位会签后，报公司分管领导批准，履行审批手续后送所属调度机构存档。

3）紧急检修管理。紧急检修是指因设备异常需紧急停运处理以及设备故障停运后的紧急抢修。设备发现危急缺陷或发生故障，应由供电单位或发电厂向当值调控员提出紧急检修申请，由值班调控员予以批复。值班调控员有权批准下列紧急检修：设备异常需紧急处理或设备故障停运需紧急抢修；当值时间内可以完工的与计划检修相配合的检修。

（2）检修申请管理。

1）检修工作申请。设备检修或试验虽已有计划，相关单位仍需在开工前履行申请手续。检修申请应包括以下内容：厂站名称、开工及完工时间、停电范围、检修性质、检修或试验计划及内容、所需做的安全措施及对电网运行方式的要求（送电时是否需要核定相、保护测方向，线路改造后是否需要送电）等。设备临时检修、消缺可向值班调控员提出申请，涉及用户停电者，由申请单位负责通知用户管理部门或用户。

2）检修工作延期。配调管辖设备检修工作到期不能竣工者，申请单位应结合现场情况，在征得主管领导的批准后，于原定批准完工时间前向值班调控员办理延期手续。设备检修因故延迟开工时，竣工时间仍以原计划为准，如不能按期竣工应办理延期手续。

3）检修工作撤销。已批准的设备检修计划，如因天气原因或突发事件确定不能工作时，应在批准停电时间前向值班调控员提出撤销申请，设备检修计划撤销后值班调控员应通知有关单位。

4）线路检修工作。配调管辖范围内的线路停、送电工作由线路负责人与值班调控员联系。线路停电检修工作应注意：值班调控员下达检修开工令时，应交待停电范围、工作时间、工作内容、安全措施，线路负责人复诵无误后，方可进行工作，线路负责人未接到检修开工令，不得进行工作；线路负责人汇报工作结束时，必须说明在其负责停电范围内的工作全部结束，临时地线及其他安全措施全部拆除，工作人员全部撤离现场，具备送电条件，方可告之工作结束；值班调控员在工作结束后，必须审查所有线路负责人是否都已汇报工作结束，确认无误后，方可下达送电指令。

二、智能设备管理

与输电系统不同，配电系统网架结构更为复杂，设备数量多，分布广，且与地理位置有关，在空间上呈现出点、线、面分布，仅凭调控员的经验来调度配电网越来越困难。同时，为适应智能配电网的发展，配电网的正常运行、可靠供电、设备检修、故障处理及恢复供电等都涉及到配电设备信息和相关的地理位置信息等。配电设备管理将配电网所涉及的设备资源信息、空间地理信息以及在此基础上开展的设备状态监测、运行维护、用户需求等信息进行整合，能对配电设备进行常规的查询、统计和维护，从而对配电设备进行全面、准确、及时的监控和管理，为配电网的设备运行、状态检修提供参考依据。同时，能与其他系统（配电 SCADA、故障报修、负荷管理等）互联以获取或传送信息，实现信息共享。配电设备管理主要包括图形资源管理、设备资源管理及设备状态监测与智能分析等。

1. 配电网图形资源管理

（1）图形资源录入和维护。主要包括地理背景图和网络接线图的录入。地理背景图可以采用商用电子地图，也可以将纸质地图数字化。网络接线图可以通过录入参数、位置、属性等信息自动生成，再通过手动成图工具进行编辑和维护。

（2）图形信息管理。在以地理为背景所绘制的配电网图形上，可以分层显示变电站、线路的地理位置、设备信息、标注信息等；可以实现图形的无级缩放和平滑漫游，实现导航和关注区域定位；可以通过颜色、点密度等直观方式，表示不同电压等级、不同容量的设备信息；实现多种方式的地图输出。

2. 配电网设备资源管理

（1）设备档案的录入和维护。设备档案为设备运行及综合分析提供基本信息，包括对设备物理属性、运行属性、关系属性的维护。设备档案维护采用统一、规范、科学的编码技术，将不同类别的配电设备连成一个整体，进行信息提取与交换，具有唯一性、规律性、可扩展性、适应性等特点。

（2）设备档案的查询统计。提供对设备的查询、统计功能，以多种方式对图形信息和属性信息进行查询；按属性进行统计管理，例如变压器容量统计管理、继电保护定值管理等；按规则分区，在地理接线图上，进行设备查询和统计。

（3）模拟运行分析。在地理接线图上，模拟线路、变压器、断路器、隔离开关等设备的运行状态，通过高亮度、闪烁等方式，直观显示设备状态的改变；

统计模拟状态改变后的各类设备信息和用户信息；描述配电网实际走向和布置。

3. 设备状态监测与智能分析

配电网设备状态监测采用先进的传感技术，对设备状态进行在线监测，为电气设备运行及检修提供技术支持。调控运行人员通过设备状态监测，充分利用设备状态信息，可以优化设备检修策略，提高设备健康度。同时，可以增强配电网的故障防御能力，提升系统安全水平。

三、分布式电源管理

分布式电源在用户所在地或附近建设安装，运行方式特点是以用户侧自发自用为主，多余电量上网，在配电网中起到平衡调节的作用。配电网中的分布式电源项目包括10kV接入、单个并网点总装机容量不超过6MW或单个并网点总装机容量超过6MW且年发电量自用比例大于50%等项目。

1. 并网管理

根据国家及行业相关技术标准、政策法规和所在电网调度运行规程，分布式电源应满足调度机构对短路电流、无功平衡、一次接线方式、设备选型、调度自动化与安全防护等要求，编制现场运行管理规章制度，制定针对公用电网停电、非计划性孤岛等严重故障的反事故措施。接入配电网的分布式电源，并网点应安装易操作、可闭锁、具有明显断开点、可开断故障电流的低压并网专用开关，专用开关应具备失压跳闸及有压合闸功能，电网侧应能接地。分布式电源的继电保护和安全自动装置应符合接入电网的相关技术标准、规程规定、反事故措施的要求。

2. 运行管理

（1）发电计划管理。分布式电源应执行调度机构下发的发电计划曲线和运行方式安排，并且有义务维护电网频率和电压合格，保证电能质量符合国家标准。

（2）检修管理。分布式电源检修、停运、维护等改变运行方式的行为须履行相关申请手续，报送管辖调度机构，并按照调度机构下达的指令严格执行。

（3）无功电压管理。分布式电源参与电网无功平衡及电压调整，其无功补偿装置投退应向值班调控员及时汇报。分布式电源应按调度指令要求，在性能允许的范围内，通过无功调节，保证电能质量符合国家相关标准。

（4）继电保护及安全自动装置。分布式电源继电保护整定计算按规定执行，经管辖调度机构审查合格后执行。分布式电源设备发生故障，现场运维人员应将继电保护装置动作情况及时汇报值班调控员。

3. 事故处理

分布式电源发生主设备或接入系统设备故障，现场运行人员应立即报告值班调控员，并做好事故处理和保护、安全自动装置等信息报送工作。若因外网故障造成分布式电源停运，现场运维人员应在确认电网恢复正常运行后，向值班调控员申请并网，经许可后方可操作。

四、运维制度管理

日常运维工作中，智能配电网调控中心因涉及的运维和技术支持人员较多，给管理工作带来一定的困难，若不能进行科学、有效的协调管理，容易出现各类人员自行其是的混乱局面，导致工作效率降低。同时由于调度数据网涵盖了实时、非实时、保护等多种VPN业务，必须有严格的运维管理制度规范各类人员行为，降低操作风险，否则操作人员一旦发生失误，即使一个很小的变动都有可能引起某些重要业务中断，严重时甚至产生网络风暴导致全网瘫痪。因此如何结合有关规定，制定一套符合公司实际的数据网运维管理制度来应对智能电网建设的挑战，是一项非常重要的工作。"三集五大"体系建设完成后，各级调控中心由生产车间调整为职能部室，更多地需要履行管理方面的职能，因此现有的运维制度已无法适应智能配电网调控系统的日常运维，更无法适应智能配电网的发展趋势。对于智能配电网调控系统运维制度的管理应从以下几个方面进行讨论：

1. 职责分工管理制度

为优化调度功能结构、推进地县调度专业融合，应明确各专业界限，细致分工，摒弃过去"多人协作、班长负责"的调度数据网管理模式。

此外，随着智能配电网建设的开展，日益增加的网络设备数量导致运维工作量激增，为协助处理难度较高的技术问题，减轻数据网专责工作压力，使其专注于规划管理，可通过采取向设备生产厂家或集成商采购服务的方式，聘用驻场工程师，作为对调度数据网运维工作的补充。

2. 安全管理制度

智能配电网调控系统因承载众多的调度业务，直接影响着智能配电网的运行，因此对安全性有很高的要求。而随着智能化设备的逐步发展，安全管理标准的重心也发生了变化。智能配电网调控系统的安全管理可以在访问控制管理中进行业务流程的优化。

访问控制管理应始终贯穿于整个智能配电网调控系统运维体系，严格执行国家有关规定，规范调控运维人员、用户以及第三方人员的行为。访问控制管理主要包含用户管理和设备管理两方面内容，用户管理通过采取为用户合理赋权、强化密码策略等方式，加强对网络的控制，以应对智能配电网条件下大规模用户接入，实现精细化管理；设备管理则应从物理和逻辑两方面对设备访问、网络运行等做出限制，坚持内、外网隔离和设备专网专用原则，杜绝外部入侵的可能，以确保整个调度数据网系统安全运行。

国家电网公司对于二次系统的安全防护要求中明确提出，访问控制管理应遵循网络隔离、最小权限、按需审批、职责分离、默认拒绝和定期审计的原则。

网络隔离是指对于不同重要等级、不同用途的网络和信息系统，采取特定的物理隔离或逻辑隔离措施，确保各类系统独立运行；按需审批则要求调控系统明确各类用户账户的授予权限，在授予用户访问权限时，应根据用户工作职责的实际需求进行授权，如需延期使用，则应提交书面申请；职责分离是指同一个用户不能同时承担多个存在职责冲突的角色，以防止其获得过大权限；最小权限要求调度数据网用户应只拥有完成某项工作所需的最小访问权限，且权限应与用户的工作职责紧密关联并及时更新；定期审计是指用户账号和权限应每半年进行复核，保证用户账号及权限的管理均符合本规定的要求，对网络、信息系统的访问活动进行记录，记录日志保存时间不少于12个月。

3. 变更管理制度

在智能配电网调控过程中，变更操作是指在智能配电网调控系统中对配置项（主机、网络、设置、环境及相关文档等）进行增加、修改或移除的操作。对于变更操作的管理则是采用统一的标准、流程和步骤来对各种变更活动进行有效管理。智能配电网条件下，接入调控中心的智能设备和业务的数量将会大幅增加且会呈现高度集成化趋势，故运维人员必须以更谨慎的态度、更标准的流程完成工作任务。变更管理旨在通过对流程的执行，正确评估所有操作后再行实施，从而实现网络环境的稳定运行，保证智能配电网调控系统中所有操作是符合规范的、受控的，使变更对系统造成的影响最小。

根据紧急程度不同，变更可分为紧急变更、重要变更、一般变更和标准变更四种。紧急变更是应对电力紧急检修，业务受到严重影响必须立即变更的情况；重要变更对应计划检修，如调控网络拓扑调整等情况；一般变更对应涉及范围较小的变更，如新设备投运等；标准变更对应已取得预授权的业务，如修改设备密码等。四种变更之中，以紧急变更优先级最高，需执行紧急变更流程进行应急处置；重要变更、一般变更和标准变更的优先级依次降低。同时应设置变更流程前导时间和目标时间，使管理人员可以更加直观地掌握工作开展情况。

前导时间是指从提交变更到变更实施之前的最短时间,这段时间中需要做评估、审核等准备工作;目标时间是指对不同类型变更制定的完成时限,以提高执行效率。

对于智能配电网调控系统,变更管理流程一般为:

(1)识别变更需求。
(2)判断变更类型(是否紧急变更)。
(3)评估变更影响。
(4)变更方案准备。
(5)提交变更申请。
(6)变更授权。
(7)实施变更。
(8)变更完工检验。
(9)更改配置信息。
(10)关闭变更。

4. 配置管理制度

智能配电网调控系统中,配置管理是对服务与基础设备的部件进行定义与控制,并进行定期维护。其中配置项可以包括由调控系统所控制的所有网络硬件、软件、配置文件、服务器、文件和所有其他组件。《电力二次系统安全防护总体方案》(电监安全〔2006〕34号)规定,配置项与配置基线是电力二次系统的重要组成部分,应严格保护。配置一般在配置项发生改变或修改配置项信息时由运维人员提交新配置并请求触发,例如增加新的网络设备或有新的安全需求需要对设备配置进行更新的情况。在变更管理流程中,如果变更的实施涉及配置项的修改且调控系统认为有必要,也可触发配置管理流程。智能配电网调控系统运行过程中,应定期规划和制定配置管理设备维护信息表,同时发起并执行对设备维护信息表的审核和验证并制定提交审核报告等工作,确保配置审核发现的差异得到修正。当配置流程启动后,调控系统应将配置基线的评审、测试情况报告自动化负责人,将通过测试的配置基线纳入基线库,完成配置基线的确认和启用。

第三章

智能变电站运维管理

作为智能配电网的重要节点，智能变电站担负了变电设备状态和电网运行信息、数据的实时采集和发布任务，同时支撑电网实时控制、智能调节和各类高级应用，实现变电站与调度、相邻变电站、电源、用户之间的协同互动。智能变电站不但为智能配电网的安全稳定运行提供了数据分析基础，也为未来智能电网实现高效、自愈等功能提供了重要的技术支持。

第一节 智能变电站概述

智能变电站是采用先进、可靠、集成和环保的智能设备，以全站信息数字化、通信平台网络化、信息共享标准化为基本要求，自动完成信息采集、测量、控制、保护、计量和检测等基本功能，同时，具备支持电网实时自动控制、智能调节、在线分析决策和协同互动等高级功能的变电站。我国变电站的发展经历了程序化变电站、数字化变电站到目前的智能变电站等过程。变电站智能化的建设进程首先是硬件设备上的智能化，通过采用智能电子装置（Intelligent electronic device，IED）、光电互感器或电子互感器、智能断路器和智能传感器等先进设备，从而实现配电网的可观测与可控制。智能设备不仅能够利用储能、电力电子、材料、超导和微电子技术等方面的最新科研成果，而且可以大量使用先进的软件技术。在提高电能质量、供电可靠性和电力生产的效率的同时，通过在电网和负荷特性之间寻找最佳平衡点，提高配电网的整体性能。

一、智能变电站的特征

智能变电站的主要特征可表述为一次设备智能化（如光纤传感器、智能化开关等）、二次设备网络化、通信网络标准化（符合 IEC 61850）和运行管理自动化。随着智能化技术的高速发展，与传统变电站相比，智能变电站发生了较大的变化，其主要表现如图 3-1 所示。

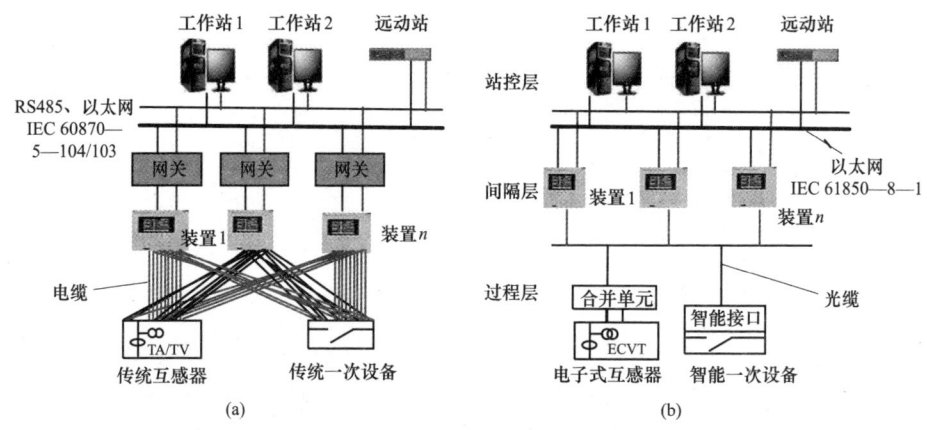

图 3-1 智能变电站与传统变电站对比
(a) 传统变电站；(b) 智能变电站

（一）一次设备智能化

1. 电子式互感器

电子式互感器是一种由连接到传输系统和二次转换器的一个或多个电压或电流传感器组成的装置，用于传输正比于被测量的量，供给测量仪器、仪表和继电保护或控制装置。在数字接口的情况下，一组电子式互感器共用一台合并单元完成此功能。

2. 智能断路器

智能断路器采用微电子、计算机技术和新型传感器构建断路器的二次系统，其主要特点是利用综合电力电子技术、数字化控制技术构建执行单元，代替常规机械结构的辅助开关和辅助继电器。新型传感器与数字化控制装置相配合，独立采集运行数据，可检测设备缺陷和故障，在缺陷变为故障前发出报警信号，以便采取措施避免事故发生。智能断路器实现了电子操动，变机械储能为电容储能，变机械传动为变频器经电机直接驱动，提高了机械系统可靠性。

3. 智能组合电器

智能组合电器由断路器、隔离开关、接地开关、互感器、避雷器、母线、连接件和出线终端等组成，这些设备或部件全部封闭在金属接地的外壳中，在其内部充有一定压力的 SF_6 绝缘气体，故也称 SF_6 气体全封闭组合电器（GIS）。自 20 世纪 60 年代以来，GIS 已广泛应用于世界各地，不仅在高压、超高压领域被广泛应用，在特高压领域也被使用。与常规敞开式变电站相比，GIS 的优点在于结构紧凑、占地面积小、可靠性高、配置灵活、安装方便、安全性强、环境适应能力强，维护工作量小，其主要部件的维修间隔不小于 20 年。

（二）二次设备网络化

1. 过程层（设备层）

过程层又被称为设备层，主要包含一次设备和智能组件构成的智能设备、合并单元和智能终端，是一次设备和二次设备的桥梁，能够完成变电站电能变换、分配、传输以及控制、测量、保护、计量、状态监测等功能。针对智能设备的操作更适宜顺序控制。

2. 间隔层

间隔层设备一般是继电保护装置、测控装置等二次设备的总称。主要功能包括：

（1）开展对一次设备的保护控制功能。

（2）采集汇总本间隔过程层实时数据信息。

（3）开展操作同期及其他控制功能。

（4）推进本间隔操作闭锁功能。

（5）对统计运算、数据采集及控制命令发出具有优先级别的控制。

（6）实施承上启下的通信功能，即同步骤高速完成与过程层及站控层的网络通信功能。在此基础上，上下网络接口具备双口全双工方式，从而保证网络通信的可靠性，有效提升信息通道的冗余度。

3. 站控层

站控层又分为自动化系统、通信系统、站域控制、对时系统等子系统，实现面向全站或一个以上一次设备的监控与控制功能，完成数据采集和监视控制、电能采集、操作闭锁以及同步相量采集、保护信息管理等一系列相关功能。站控层功能高度集成，可以由一台计算机或嵌入式装置实现，也可分布在多台计算机或嵌入式装置中。智能变电站数据源应统一标准、网络共享。智能变电站与传统变电站相比，整个站控层网络采用 IEC 61850 的通信标准，从而实现智能设备之间的互联互通，模型描述能力和装置互操作性大幅增强。

（三）通信网络标准化

信息通信系统的支持是实现语音、数据、视频图像三网合一的综合业务服务的基础。IEC 61850 是迄今为止最为完善的针对变电站自动化的通信标准，它吸收了面向对象建模、组件、软件总线、网络、分布式处理等领域的最新成果，形成了智能变电站应用技术的重要支撑。

二、智能变电站发展现状

目前，各省电力公司纷纷开始智能变电站试点工程的建设。智能变电站技术有很多类型，有些技术已经成熟，有些还处于研究测试阶段，有些仍处于概念阶段。如：

（1）一次设备智能化的实践目前已有工程应用，如山东德州双富 110kV 智能变电站。

（2）二次功能网络化的实践目前已有工程应用，如山东枣庄云峰 110kV 数字化变电站。

（3）设备状态检修的实践的研究主要包括智能一次设备状态检修的实践与继电保护二次设备状态检修的实践。

（4）站内智能高级应用方案研究主要包括智能报警以及经济运行与优化控制等。

（5）GIS 应用于 SF_6 压力、微水在线监测系统。

智能变电站研究、建设工作尚处在起步阶段，重点工作主要集中在智能化开关设备、光纤传感器、设备状态在线监测等设备与技术的研究开发。

第二节　智能变电站一次设备运维管理

智能变电站设备主要包括智能变压器、智能断路器、电子式互感器、母线等一次设备和变电站综合自动化系统、辅助系统、智能化网络通信系统等二次设备。

智能一次设备是智能变电站的重要组成部分，也是体现其智能化特征的主要标志之一，可满足整个智能配电网电力流、信息流和业务流一体化的要求。IEC 62063 对智能开关设备的定义为："具有较高性能的开关设备和控制设备，配装有电子设备、传感器和执行器，不仅具有开关设备的基本功能，还具有附加功能，尤其在监测和诊断方面"。Q/GDW 383—2009《智能变电站技术导则》中的定义则是："高压设备与相关智能组件的有机结合体，智能组件是以测量数字化、控制网络化、状态可视化、功能一体化、信息互动化为特征，具备测量、控制、保护、计量、检测中全部或部分功能的设备组件"。

因此，智能配电网一次设备应采用标准的信息接口，实现状态监测、测控保护、信息通信等技术于一体，可以科学地判断一次设备的运行状态，识别故障的早期征兆，并根据分析诊断结果为设备运维管理部门合理安排检修和调度部门调整运行方式提供辅助决策依据，在发生故障时能够对设备进行故障分析和评估。

把一次设备智能化的信息传输至信息一体化平台，建设变电站状态监测系统，智能变电站通过状态监测单元实现主要一次设备重要参数的在线监测，为电网设备管理提供基础数据支撑。实时状态信息通过专家系统分析处理后可做出初步决策，实现站内智能一次设备的自诊断功能。

一、智能一次设备的特征

智能一次设备包括一次设备本体、传感器等。其中，一次设备本体主要包括主变压器、智能断路器、电子式互感器等；传感器一般内置或外置在高压设备的本体上，有些传感器也会安装在高压设备的某些部件上，某些一次设备还有执行器，如伺服电机。

智能一次设备的主要特征为：

（1）测量数字化。测量数字化是就地对断路器分合闸位置、隔离开关分合闸位置、有载分接开关分接位置、变压器油温等与测量、控制直接相关的参量进行数字化测量，并将测量结果由过程层设备传送至间隔层及站控层网络，供一次设备的保护测控装置分析使用。

（2）控制网络化。控制网络化就是实现对变压器、隔离开关、断路器等需要控制的一次设备基于网络的控制操作。智能变电站中对于一次设备的控制方式主要有以下几种：

1）就地控制：利用一次设备部件自有控制器进行控制；

2）通过智能组件对一次设备的控制器进行控制；

3）通过间隔层或站控层网络设备对智能组件进行控制。

（3）状态可视化。状态可视化是指电网调度端通过调控系统实时准确地获得一次设备的各种直接或间接状态参量，如变压器的有载分接开关位置、负载情况、油温、绕组温度、铁芯互感器电流等。状态可视化是智能变电站一次设备与电网调控系统的一种信息互动方式。

（4）功能一体化。

1）将传统变电站中独立于一次设备的传感器与一次设备在生产过程中进行整合，避免了在变电站运行中因一次设备本身无法外装传感器的问题。

2）实现了测量、控制、计量、监视、保护等二次设备与一次设备的融合。在具备生产条件和满足相关标准要求的前提下，继电保护功能也可尝试集成到一次设备的智能组件中。

(5) 信息互动化。智能组件中既有过程层设备也有间隔层设备,对过程层网络和站控层网络都有信息交互,这是信息互动化的一部分。信息互动化还指将设备状态可视化信息上报给调度系统,作为调度决策或制定预案的参考。

智能变电站一次设备智能化主要表现在设备在线监测的智能化,具体内容包括:

(1) 主变压器智能化。主要包括油中溶解气体在线监测、套管绝缘在线监测、油中微水在线监测、局部放电在线监测、温度负荷在线监测等单元,实现对变压器油溶解气体、油中微水、局部放电、变压器铁损和涡流、套管绝缘介损、电容值、泄漏电流值、温度负荷趋势、油温、油位、风扇状态、油泵状态等的在线监测功能。

(2) GIS 智能化。GIS 密度微水在线监测系统实现了 SF_6 气体的密度、微水监测功能;GIS 光纤测温在线监测,利用温度传感器采集 GIS 内部温度数据,可以直观地反映 GIS 内部温度变化;GIS 局部放电在线监测系统实现了 GIS 局部放电在线监测功能。目前,GIS 绝缘在线监测最有效的方法是局部放电监测,可以发现 GIS 在制造和安装过程中引入的导电微粒及其他杂物,电极表面的毛刺、刮伤等,支持绝缘内部的气隙等缺陷,多点监测可以实现故障定位。

(3) 断路器智能化。主要是在线监测系统实现了断路器的 SF_6 气体密度、微水、分合闸线圈电流的波形状态、断路器的特征分合闸速度、储能电机电流波形、储能状态、储能时间、频率等参量的在线监测功能。

(4) 电容性设备智能化。主要实现介质损耗因数、电容量以及三相不平衡电流的监测,掌握其绝缘特性。

(5) 避雷器设备智能化。避雷器在线监测系统实现了避雷器的全电流、泄漏电流以及计数器动作次数的在线监测功能。

一次设备智能化在线监测参量见表 3–1。

表 3–1 一次设备在线监测参量

一次设备	监 测 参 量
主变压器	油中溶解气体、油中微水、套管绝缘、局部放电在线监测、温度负荷
开关	GIS 气体密度、微水、光纤测温、局部放电;断路器机械特性、温度特性
容性设备	介质损耗因数、电容量以及三相不平衡电流
避雷器	全电流(容性电流和阻性电流)、计数器动作次数
电缆	局部放电、介质损耗因数、直流分量

二、智能主变压器运维管理

(一) 智能主变压器概述

变压器在运行过程中,常常因外界因素或自身质量瑕疵而产生缺陷,带缺陷运行又容易导致设备故障。因此,及时发现并消除缺陷对于提高变压器的运行可靠性具有非常重要的意义。多年来,变压器检修一直沿用定期检修和故障检修相结合的模式,在这种模式下,变压器往往会因为缺少智能化的在线监测手段而在检修周期内带缺陷运行,甚至导致变压器故障。

随着智能变电站建设的不断发展,对主变压器的运行维护主要采取在线监测与传统巡检相结合的方法。例如,变压器绝缘油色谱可以区分放电类型与过热类型、油过热与油绝缘纸过热等,微水检测可以反映油的受潮程度,局部放电监测可以反映电晕、油中气体放电等多种缺陷。

总体而言,变压器的状态监测功能已经有了一定的突破,实现了将传统相互独立的监控系统集成为一个整体智能系统,可以实现对变压器主要部件进行在线监控。但变压器智能化的核心技术——专家诊断系统,还需要进行大量运行数据的积累以及设备运行特性的挖掘,从而实现设备状态诊断智能化。另外,考虑到传感器的使用寿命,尤其是内置传感器对于主设备本体运行的影响,监测量的选择以及传感器布点方面仍有待研究。

(二) 智能主变压器在线监测

智能主变压器在线监测主要针对油中气体的在线监测。油中溶解气体分析对发现变压器内部的潜伏性故障非常有效,DL/T 596—1996《电力设备预防性试验规程》将其列为变压器预防性故障试验的首位。

1. 变压器中气体产生原因

(1) 变压器油裂解机理。当变压器内部发生或存在缺陷时,在电、热、机械应力和氧、水分及铜、铁等金属的作用下,变压器油中碳氧化合物将发生裂解,生成不稳定的 H、CH_3、CH_2、CH、C 等游离基,这些游离基通过复杂的化学反应迅速重新化合,最终生成氧气和低分子径类气体,如甲烷、乙烷、乙烯、乙炔等,也可能生成碳的固体颗粒及碳氢聚合物(X 蜡)。碳的固体颗粒及碳氢聚合物可沉积在设备的内部。在故障初期,所形成的气体溶解于油中;当故障能量较大时,也可能聚集成游离气体。

(2) 固体绝缘材料分解气体机理。固体绝缘材料包括绝缘纸、层纸板等,均以木浆为原料制成,主要成分是纤维素。绝缘纸的主要成分是α-纤维素,它是由葡萄糖基借1~4配键连接起来的聚合度达2000的链状高聚合碳氢化合物。

α-纤维素的化学通式为$(C_5H_{10}O_5)_n$。

当受到电、热和机械应力以及氧、水等作用时，聚合物发生氧化分解、裂解（解聚）、水解化学反应，使 C–O、C–H、C–C 键断裂，生成 CO、CO_2、少量的烃气体和水、醛类。这一过程的主要影响因素也是电、热、水分、机械应力、氧气。

聚合物裂解的有效温度高于 105℃，聚合物热解温度高于 300℃ 时，在生成水的同时将会生成大量的 CO、CO_2 以及少量的烃类气体和糠醛化合物，同时油被氧化。CO 和 CO_2 的生成不仅随温度升高而加快，而且随油中氧的含量和纸的湿度增大而增加。

（3）故障产生气体的方式。正常运行的变压器，某些原因也会导致油中有一定数量的故障特征气体，有时这种原因所产生的特征气体浓度甚至远远超过 GB/T 7252—2001《变压器油中溶解气体分析和判断导则》中的注意值。不同类型故障所产生的气体见表 3-2。

表 3-2 不同故障类型所产生的气体

故障类型	主要气体成分	次要气体成分
油过热	CH_4、C_2H_4	H_2、C_2H_6
油和纸过热	CH_4、C_2H_4、CO、CO_2	H_2、C_2H_6
油纸中局部放电	H_2、CH_4、C_2H_2、CO	C_2H_6、CO_2
油中火花放电	C_2H_2、H_2	—
油中电弧	C_2H_2、H_2	CH_4、C_2H_4、C_2H_6
油纸中电弧	C_2H_2、H_2、CO、CO_2	CH_4、C_2H_4、C_2H_6
受潮或油有气泡	H_2	—

2. 变压器油中气体在线监测

变压器油中气体在线监测主要包含单一气体在线监测和多元气体在线监测两种类型。单一气体在线监测针对变压器油中某一特征气体的浓度，如 H_2、C_2H_2 等。而多元气体在线监测则是将变压器油中的气体分离出来，再对溶解气体做分组测量，以判断可能发生的故障。多元气体在线监测主要采用以下两种方法：

（1）基于渗透原理的在线监测。基于渗透原理的在线监测技术是利用薄膜透气原理进行的在线监测技术。其原理是油气分离单元利用高分子薄膜（仅气体分子通过）两侧的气压不平衡，使油中气体自动脱离变压器油扩散至气室，从而实现油气分离。油气分离单元的组成如图 3-2 所示。

油气分离单元的核心部件包括只容许各种气体分子通过的透气膜、集存渗透气体的测量管、安装蝶阀、六通阀以及控制设备。六通阀正常时处于打开状态，从而透气膜处于渗透气体的状态；用于集存渗透气体的测量管一般选用体积为 10mL 的不锈钢管，与低压测气室相连，相当于注入色谱柱的样气

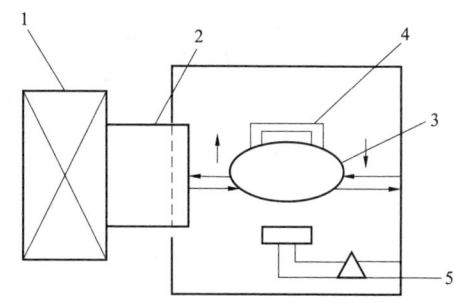

图 3-2　油气分离单元的组成
1—安装蝶阀；2—透气膜；3—六通阀；
4—测量管；5—控制设备

量，六通阀起到了变换气流及进样的作用。油气分离单元的核心部件是透气膜，可以实现油气的自动分离。考虑到透气膜承受力的大小，在其两侧通常用网状的补强板铜板或不锈钢管将其压紧，牢固地安装在油—气相接处。

混合气体检测单元组成原理图如图 3-3 所示。

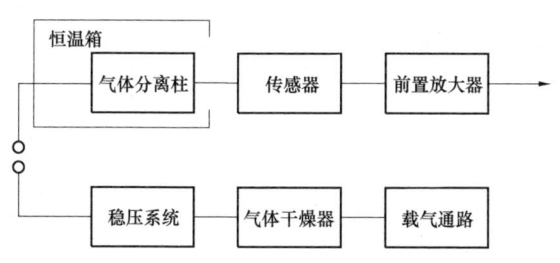

图 3-3　混合气体检测单元组成原理图

当气室测量管中的气体与油中的气体基本达到平衡后，打开载气通路，同时启动油气分离单元的六通阀使测量管与载气通路相接。这样测量管中的气体随载气进入色谱柱，随后 H_2、CO、CH_4、C_2H_4、C_2H_2、C_2H_6 等气体分别按顺序接触各种响应特征的传感器，经前置放大电路处理后输出。

（2）光声光谱法在线监测。光声光谱法是一种基于光声效应的在线监测技术，其原理是：当用光照射某种物质时，物质对光的吸收会使其内部的温度改变，从而引起物质内某些区域结构或者体积的变化；当采用脉冲光源或调制光源时，物质温度的升降会引起物质的体积变化，进而向外辐射声波。这种现象称为光声效应。在一定强度的光照下，信号强度仅与气体体积分数成正比，据此可以分析出相应气体的体积分数。

基于光声光谱法的变压器油在线监测分析仪，通过对红外光源的调制使其能激发特定的气体分子。在光源进入光声室之前，需要通过滤光片滤光，筛选出与某种故障气体分子光谱波长一致的光。气体被激发后，产生压力波，微声器监测到相应信号后会记录相应数值。光声光谱法在线监测原理如图3-4所示，检测结果见表3-4。

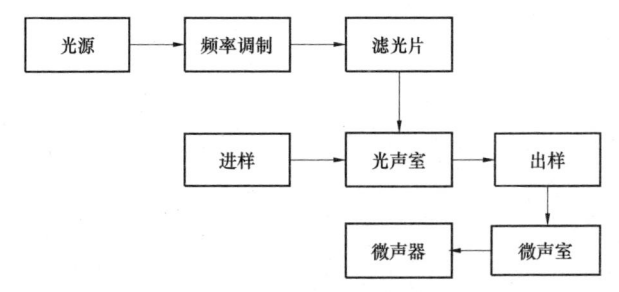

图3-4 光声光谱法在线监测原理

表3-3　　　　　　　　光声光谱法检测出的油中气含量　　　　　　单位：μL/L

日期	H_2	CH_4	C_2H_4	C_2H_6	C_2H_2	CO	CO_2
2015.3	7	74	100	38	0	288	1588
2015.4	8	78	103	35	0.5	327	1765
2015.5	9	90	100	44	<0.5	418	2196

（三）智能主变压器事故预防措施

严格执行变压器各项规程、制度及施工工艺导则，正确地开展设备选型、安装、验收、运行维护，是保障其安全运行的基础，预防变压器事故必须加强全过程管理。

1. 本体故障的主要预防措施

（1）防止变压器短路损坏事故。容性电流超标的66kV电压等级以下的不接地系统，宜装设有自动跟踪补偿功能的消弧线圈或其他设备，防止单相接地发展成相间短路。DL/T 620—1997《交流电气装置的过电压保护和绝缘配合》对容性电流做了详细规定，其与是否带发电机系统、杆塔材质等因素都有关系。不同情况下对容性电流的规定值不同，实际执行中应先查相关规程，再对容性电流超标的加装消弧线圈等。

（2）变压器的运输与存放要求。变压器在运输和存放时，必须密封良好，现场放置时间超过6个月的变压器应注油保存，并装上储油柜和胶囊，严防进水受潮。注油前，必须测定密封气体的压力，核查密封状况，必要时应测漏点。为防止变压器在安装和运行中进水受潮，套管顶部将军帽、储油柜顶部、套管升高座及其连管等处必须密封良好，必要时应进行检漏试验。充气运输的变压器到达现场或安装前也可以通过取残油油样进行油耐压或微水测试，以对是否受潮进行进一步地分析判断。

（3）停运时间超过 6 个月的变压器在重新投入运行前，应按相关试验规程的要求进行有关试验。试验项目包括变压器铁芯和绕组绝缘电阻、吸收比，绕组连同套管的泄漏电流，变压器及电容性套管介质损耗角正切值和电容值，变压器油微水及气相色谱分析等。

（4）铁芯、夹件通过小套管引出接地的变压器，应将接地引线引至适当位置，以便在运行中监测接地线中是否有环流，若运行中环流变化异常，应尽快查明原因，严重时应采取措施及时处理。例如：环流超过 300mA 又无法消除时，可在接地回路中串入限流电阻作为临时性措施。Q/GDW 168—2008《输变电设备状态检修试验规程》要求铁芯接地电流一般小于 100mA。

（5）对 220kV 及以上电压等级的变压器，根据运行经验和监测结果，如果怀疑存在围屏树棱状放电故障，则应在吊罩检修时解开围屏直观检查。

2. 组部件故障的主要预防措施

（1）防止套管故障。

1）应采用红外测温技术检查运行中套管引出线联板的发热情况、油位和油箱温度分布，防止因接触不良导致的引线过热开焊或缺油引起的绝缘事故，运行中套管各部位的温度三相不一致时，应停电对连接部位开夹检查校紧。

2）检修后的套管应进行局部放电检测和额定电压下的介质损耗因数试验。油纸电容型变压器套管不宜在现场大修，因为少油量设备对大修的工艺要求较高，若现场设备工艺无法严格按照制造厂的要求，容易给套管留下缺陷。

（2）防止分接开关故障。

1）无励磁分接开关改变分接位置后，必须测量所使用分接的直流电阻及变比，合格后方能投入运行。长期使用的无励磁分接开关，即使运行不要求改变分接位置，也应结合变压器停电，主动转动分接开关，防止运行触点接触状态的劣化。

2）长时间使用的分接开关触点，由于电流、热和化学等因素的作用会生成氧化膜，使接触状态变差。通过转动触点，有利于磨掉氧化膜，保证触点可靠接触。

3）应掌握变压器有载分接开关带电切换次数。对调压频繁的变压器有载分接开关，为使开关灭弧室中的绝缘油保持良好状态，可考虑装设带电滤油装置。

（3）防止继电保护装置误动或拒动。

1）提高直流电源的可靠性，防止因失去直流电源而出现保护拒动。

2）装设故障录波器，录取故障情况下的变压器电流、电压、相别、持续时间等参数，以提高事故分析质量，为制订防范措施提供可靠依据。

3）变压器故障时继电保护装置应快速准确动作，后备保护动作时不应超过变压器所能承受的持续短路时间。

4）非电量保护装置的二次回路应结合变压器保护装置的定检工作进行检验，中间继电器、时间继电器、冷却器的控制元件及相关信号元件等也应同时进行。

5）变压器在检修时应将非电量保护退出运行。

三、智能断路器运维管理

（一）智能断路器概述

1. 智能化开关

智能化开关是指将断路器操作所需的各种参数由装在断路器设备内的智能控制器直接采集与处理，使断路器能够独立地执行其所有功能，而不依赖于站控层的控制系统。目前智能化开关的发展趋势是利用微电子、计算机技术以及新型传感器的智能设备建立新的断路器二次系统，开发具有智能化操作功能的断路器，代替传统的定期巡查以及预防性试验模式。

智能断路器与常规断路器的区别从本质上讲是断路器跳、合闸方式的改变。从传统的电缆传输跳、合闸电流的操作方式变为通信报文操作方式。由于IEC 61850 中面向通用对象的变电站事件（Generic object oriented substation event，GOOSE）和采样值（Sampled value，SV）等快速报文传递跳、合闸命令的可靠性、实时性尚需要时间来验证，因此断路器跳、合闸回路在变电站二次系统中是非常必要的，在研发和使用中都应给予高度重视。

2. 智能断路器的作用及分类

智能断路器的作用主要有控制、保护和安全隔离等。根据配电网运行需要，将一部分配电设备或线路投入或退出运行，改变配电网运行方式；在配电设备或线路发生故障时，通过继电保护装置作用于断路器，将故障部分从配电网中快速切除，从而保证配电网无故障部分能够继续正常运行；在线路维修时，可断开断路器和隔离开关，隔离电气设备和高压电源，保证设备和工作人员的安全。

智能断路器一般是按照灭弧介质和绝缘介质进行分类的。目前采用较多的类型是 SF_6 断路器和真空断路器。真空断路器是以真空作为灭弧介质和绝缘介质的断路器，其特点是开断能力强、开断时间短、占用面积小、体积小、无污染、无噪声、寿命长、可以频繁操作、检修周期长，目前已经在我国的配电系统中得到了广泛应用。SF_6 断路器是采用灭弧能力和绝缘能力更为优良的 SF_6 气体作为灭弧介质的断路器，其特点是开断能力强、动作快、体积小等，但金属消耗多，价格较贵。近年来 SF_6 断路器发展很快，但主要还是在高压和超高压系统中使用。

（二）智能断路器在线监测

1. 机械操动机构状态监测量的选择

根据实际经验和相关理论分析，要实现对断路器机械特性的实行状态监测，所需采集的状态信息参数有：

（1）分（合）闸线圈电流波形曲线；

（2）气压操动机构的压力曲线；

（3）断路器触头操动机构行程随时间变化的曲线；

（4）能够反映开关机械机构状态的电气信息，如开断元件动作时的振动波纹等。

监测的具体方法为：通过采集机械振动信号、动触头运动速度、动触头的行程位移信号、开断操作次数、断路器开关电流加权值、分（合）闸线圈电压电流信号、分（合）闸线圈通断位置信号、合闸弹簧状态、合分闸线圈速度、辅助触头信号波形、导电接触部位温度等电气传感器测量值，并对测量值进行计算处理和波形比对、分析，可得到状态诊断结论。

2. 灭弧介质绝缘状态监测

目前，能够判断断路器灭弧介质绝缘状态的指标主要有绝缘性能、灭弧能力、密封性和气体微水含量。气体的密度值可以显示断路器的绝缘性能和灭弧能力，气体微水含量也对这两项性能指标有重要影响。当断路器自身存在故障时，若气体微水含量超过标准值，气体产生的电弧将会与气体中水分发生反应，导致绝缘器件表面绝缘电阻下降，绝缘子绝缘性能下降，造成沿面闪络，引起高压绝缘击穿事故，甚至对工作人员的生命安全产生威胁。因此，要实时监控断路器的绝缘性能、灭弧能力和气体泄漏变化趋势，就必须对气体微水含量和气体密度值的大小进行在线监测。

监测的具体方法为：根据 Beattie-Bridgman 公式，通过监测压力传感器所采集的气体压力数据和温度传感器测量的温度数据，可以准确计算得到气体状态参数，进而可以监测断路器的灭弧能力、泄压趋势和绝缘性能变化趋势。通过气体湿度传感器的采集量，并根据体积比湿度值换算法可以得到气体的饱和水气压值，直观地反映微水含量。综合对气体密度和微水含量的状态进行监测，能够有效地对断路器灭弧能力、绝缘性能、气体泄漏的变化态势进行监视，诊断断路器内部故障成因。

3. 断路器电气寿命监测

触头电磨损量是反映断路器电气寿命的主要指标。通过测量断路器相开断电流，利用加权算法即可推断出主触头电磨损程度和允许最大开断次数，对比动作计数器实际开断累计次数的经验统计值，可评估触头电磨损量和剩余电气寿命是否超限。

4. 其他辅助状态量的监测

在实际的配电网调度运行管理过程中，高压断路器损毁、拒合、拒分等故障的诱因，除了断路器本身功能失灵外，往往还与变电站环境安全漏洞、各类干扰、关联配套设备失灵、人为误操作等原因密切相关。根据供电公司系统内通报的相关事故和故障案例，站内备用电源失灵、人员误入误操作、温度换算偏差、有毒气体泄漏等在实际工作中可能对开关稳定运行存在较大影响。因此，在智能断路器在线监测中可加入电池组可用性、关联部件温度、开关室有毒气体监测和边界安全共四个辅助在线监测功能。监测的具体方法为：

（1）通过对蓄电池组电压、电流、电池体内阻等电气参数的实时采集，实现对蓄电池组的状态监测。

（2）通过对开关本体、开关柜铜排、开关触点等部位加装无线温度探测器，实现对开关及关联设备关键部位的温度升降变化量监测。

（3）通过在配电装置室部署氧量仪和检漏仪器，防范泄漏气体腐蚀设备和毒害人体的情况。

（4）通过加装电子围栏，实现防止人员误入误碰的边界安全警戒。

四、电子式互感器运维管理

（一）与电磁式互感器的对比

传统的电力系统所采用的互感器一般为基于电磁感应原理的电磁式电流互感器（TA）和电磁式电压互感器（TV）。现在常用于变电站的 TV 额定输出为 100V 或 $100/\sqrt{3}$ V，TA 的额定输出为 1A 或 5A。电磁式互感器的结构原理和变压器相似，都是靠缠绕于铁芯的一、二次绕组间依据电磁耦合原理进行工作，故为了保证设备安全，一、二次绕组间以及铁芯与绕组间都需要有良好的绝缘。但电磁式互感器具有以下缺点：

（1）动态范围相对较小。当电流较大的时候，由于磁饱和现象，二次电流易发生严重畸变，使得二次保护设备无法正确判断故障。

（2）很容易发生铁磁谐振的现象。

（3）随电压等级升高，质量、体积、价格大幅增长，而且绝缘难度增大。

（4）线路故障或接线错误将引起严重事故，如 TV 的二次侧短路则可能引起设备爆炸，TA 的二次侧开路将导致二次侧感应出高电压（峰值可达几千伏），严重威胁人身安全以及仪表、保护装置运行。

（5）常规互感器的频带窄，频率响应特性较差，基本无法传递系统的高频分量，难以实现受高频分量影响的快速保护。

（6）输出信号为模拟量，无法直接对接数字化的保护测量计量设备等。

电磁式互感器和电子式互感器的比较见表 3-4。

表 3-4　　　　电磁式互感器和电子式互感器的比较

比 较 项 目	传统互感器	电子式互感器
绝缘	复杂	绝缘简单
体积及重量	体积大、重量重	体积小、重量轻
TA 动态范围	范围小、有磁饱和	范围宽、无磁饱和
TV 谐振	易产生铁磁谐振	TV 无谐振现象
TA 二次输出	不能开路	可以开路
输出形式	模拟量输出	数字量输出

根据表 3-4，对电子式互感器和电磁式互感器的特性进行以下几个方面的对比分析：

（1）在绝缘性能方面：随着电压等级的不断提高，电磁式互感器的绝缘将会越来越困难，用油等绝缘材料存在爆炸危险，且重量和体积大。而电子式互感器的绝缘则相对简单。

（2）在暂态性能方面：当电力系统中的线路发生短路故障时，在短路电流的作用下，断路器会出现跳闸现象，或在大型变压器空载合闸时，电磁式互感器铁芯中剩磁较多，其暂态性能会大幅降低。由于电子式互感器中的空心线圈电流互感器、光学电流互感器根本就没有铁芯，也就不存在剩磁问题，所以电子式互感器比电磁式互感器的暂态性能提高很多。

（3）在抗干扰能力方面：电磁式电压互感器是感性的，容易与断路器容性端口产生电磁谐振；此外，电容式电压互感器本身含有的电容元件及非线性电感元件使其在一次侧合闸操作、一次侧短路及二次侧短路故障消除时，会产生瞬态过程，容易激发稳定的次谐波谐振，从而导致补偿电抗器和中间变压器绕组击穿。电子式互感器由于不具备构成电磁谐振的条件，其抗电磁干扰能力较强。

（4）在故障响应速度方面：传统保护装置是基于工频量来进行保护判断的，这样容易受到电信号或者磁信号等因素的干扰，保护性能不能满足配电网运行对于可靠性、稳定性和经济性的要求。电子式互感器则是利用故障时的暂态信号量作为保护判断参量，其保护性能大幅提高。利用暂态信号作为保护判断参量也是目前保护装置的发展方向。

（5）在运行安全性方面：电子式互感器由于隔离了高压与低压之间的电气联系，避免了电磁式电流互感器二次侧开路和电压互感器二次侧短路时存在爆炸或产生瞬间高电压的潜在危险，确保了运行安全。

（6）在动态测量范围方面：当电路中发生短路故障时，产生的短路电流并不是固定值，而是会不断变大，电磁式互感器的剩磁问题会导致在实际测量过程中产生许多困难。由于电子式电流互感器可用于测量的范围较电磁式互感器的测量范围更大，所以电子式互感器在实际应用中能够更好地满足动态测量的要求。

（7）在频率响应范围方面：由于电磁式互感器监测装置的构成是铁芯，频率响应范围低，测量不到电路中的谐波。电子式互感器由于频率响应范围宽，可以实现对电路中各种电流进行有效地测量。

综上所述，电子式互感器在很多方面具有优点，在高电压等级中的应用具有很强的优势。目前，电子式互感器已经在试点工程中大量应用，但由于运行时间相对较短，技术还未完全成熟，运维管理经验尚浅，故部分型式的电子式互感器故障率较高，稳定性和可靠性方面亟待进一步提高。

（二）电子式互感器的构成

电子互感器的构成如图3-5所示。

电子式互感器通常由传感器模块和合并单元两个部分组成，传感器模块又称远端模块，安装在高压一次侧，负责采集、调理一次侧电压、电流并将模拟信号转换成数字信号。合并单元安装在二次侧，负责对各相远端模块传来的信号做同步合并处理。电子式互感器远端模块的配置如图3-6所示。

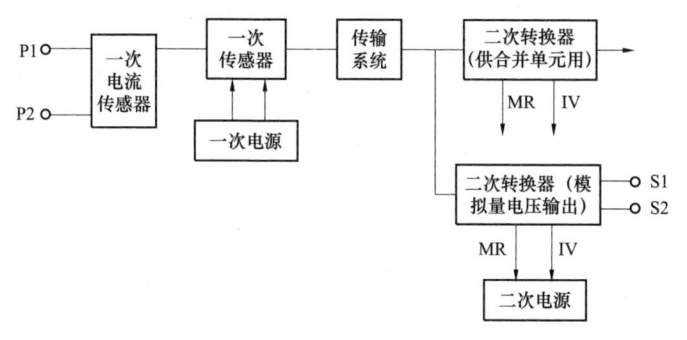

图 3-5 电子式互感器的构成

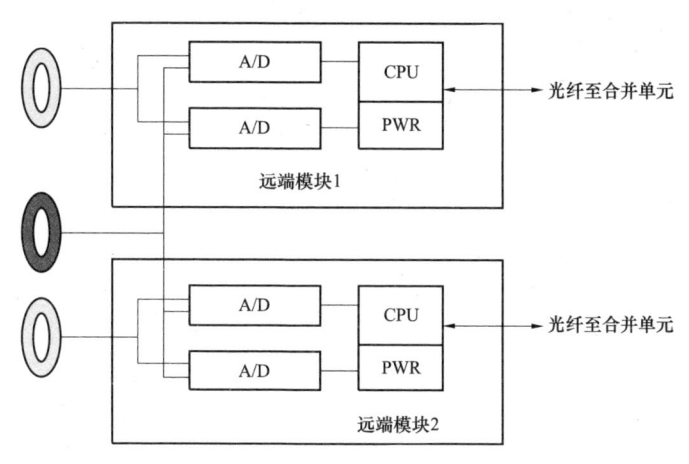

图 3-6 电子式互感器远端模块配置

由于电压等级、电子式互感器与电磁式互感器并存等原因，电子式互感器的数据采集过程会出现采样不同步问题。目前，针对这一问题一般有两种解决方案：

（1）基于全球定位系统（GPS）和秒脉冲同步的同步采样。

（2）二次设备通过再采样技术（插值算法）实现同步。该方法对采样率要求高，不依赖于 GPS 和秒脉冲传输系统，但对硬件要求高，实现难度较大。

采样数据传送过程的传送标准一般有两种方案：

（1）IEC 60044—8：采用点对点光纤串行通信数据接口，传输延时短、可靠性高。可以采用再采样技术实现同步采样，硬件和软件实现简单，适合保护要求。

（2）IEC 61850—9—1/2：网络数据接口，传输延时不确定（400μs～3ms），无法准确采用再采样技术，硬件和软件比较通用，但对交换机要求极高，不同间隔间数据到达时间不确定，不利于变压器等保护的数据处理，比较适合测控、电能仪表一类。

（三）电子式互感器的分类及应用

根据高压部分是否需要工作电源，电子式互感器分为有源式电子互感器与无源式电子互感器两种，其中较为常用的全光纤电流互感器属于无源式电子互感器，其原理是基于磁光法拉第效应，采用光纤作为传感介质，不存在铁磁共振和磁滞后饱和，具有动态范围大、频带宽、体积小、质量轻等优点。有源式电子式电流/电压互感器（ECT/EVT）与保护设备的接口一般采用数字化接口，这主要是从系统可靠性和技术发展两个方面考虑的，即：对 ECT/EVT 所输出的电流、电压信号进行就地数字化后，通过光纤、合并单元、网络设备等传输至保护、测控设备。采样值数字化传输是数字化变电站区别于当前变电站自动化系统的重要技术特征之一。

有源式 ECT 可分为低功率线圈和罗氏线圈电流互感器两种。低功率线圈电流互感器是一种铁芯线圈式低功率电流互感器，是对传统的电磁式互感器的发展。低功率线圈电流互感器可以带高阻抗，也可以输出和一次电流成比例的电压信号，而且它的准确度特别高，在提供测量用信号方面有很大的优越性。罗氏线圈电流互感器以罗氏线圈作为电流传感器，可以解决电磁式互感器存在的磁饱和问题，其特点在于具有较快的频率响应、很好的线性度以及暂态特性等，但精确度有所降低。目前，在工程实践中对电流的测量一般采用低功率铁芯线圈的方式，而电流的保护方式则通常采用罗氏线圈的方式，通过以上两种方式就可以很好地发挥电流互感器的优势。

电子式互感器分类如图 3-7 所示。

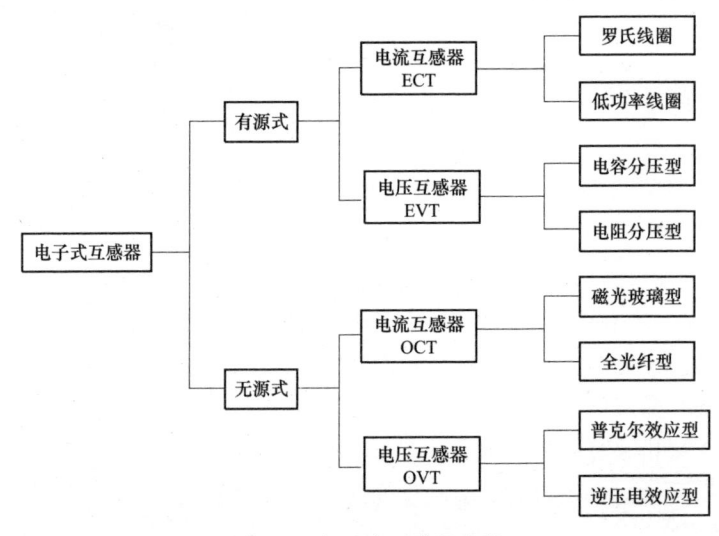

图 3-7　电子式互感器分类

不同类型电子式电流、电压互感器的比较与分析分别见表3-5和表3-6。

表3-5　　　　　　　　电子式电流互感器的比较与分析

	有源型	无源型	
	线圈型	磁光玻璃型	全光纤型
测量与保护所用元件能否合用	不能	能	能
高压侧是否需要供能	需要	不需要	不需要
高压侧是否需要屏蔽	需要金属屏蔽	不需要	不需要
敏感头安装适应性	弱	弱	强
光路结构	简单	较复杂	较简单
直流与非周期分量	不可测	可测	可测
满足精度的测量范围	小	大	大
保护准确级	5P，5TPE	5P，5TPE	5P，5TPE
测量计量准确级（考虑小电流情况）	0.2s	0.2s	0.2s
线性度	一般	较好	好
系统组成	简单	简单	复杂
温度影响	无	有	有
抗电磁干扰	差	良好	良好
光波长影响	无	小	大
线性双折射影响	无	有影响	有影响

表3-6　　　　　　　　电子式电压互感器的比较与分析

	有源型	无源型
暂态特征	电容分压有俘获电荷现象，电压过零误差大	好
温度影响	不太敏感	敏感
电磁干扰	电容分压有对地杂散电容	影响小
光点结构	简单	复杂
高压侧工作电源	需要	不需要
运行时间	相对较长	极短
运行数量	多	极少

数字互感器的敏感元件和传输元件都是光纤，安装维护相对于其他电子式互感器简单。输入输出光路为统一路径，提高了抗干扰能力，安全可靠性高。以 ECT 为例，全光纤 ECT 主要由三相敏感环、电气单元和连接光缆组成，采用独特的闭环控制技术，动态范围大且精度高。全光纤 ECT 结构图如图 3-8 所示。

上海西门子高压开关有限公司生产的 8DN8-2 型 GIS 在上海 110kV 封周变电站中首次使用全光纤 ECT，这在国内 GIS 产品上是首次应用，在国外同等电压等级 GIS 产品上也是首次应用，结构形式独创，装配完成的全光纤 ECT 外观如图 3-9 所示。

图 3-8　全光纤 ECT 结构图　　　　图 3-9　装配完成的全光纤 ECT 外观

（四）电子式互感器运维管理的注意事项

由于电子式互感器的特点与电磁式互感器具有较大的区别，因此二者在运维管理方面也发生了很大变化，电子式互感器在运维管理工作中需注意的事项主要有如下几个方面：

1. 互感器本体

（1）一次连接端子连接牢固，无发热现象，无腐蚀，接线板连接的导线无过紧、过松状况，接线板无变色，温度应正常（一般不超过 90℃）。

（2）设备外观完整无损，底座、架构牢固，无倾斜变形，金属部分无严重锈蚀。

（3）架构、遮栏、器身外涂漆层清洁，无爆皮掉漆，基础无下沉。

（4）光纤连接头波纹管无破裂、脱落。

（5）无异常振动、异常声音及异味。

2. 互感器对应合并单元

（1）装置外观应清洁完整，二次接线端子无松动现象。

（2）指示灯及仪表指示应正常，运行灯、隔离开关位置指示灯、仪表指示正常。

（3）液晶面板显示正常的一次电流电压值。

（4）工作中的采集指示灯应常亮，无闪烁。

（5）光缆接头应可靠连接，无松动、脱落。光缆、光纤自然弯曲，弯曲半径不小于10倍光缆、光纤直径，无折痕。指示灯应正常。

（6）与合并单元相连的保护测控装置运行指示灯、通信指示灯、远方指示灯应正常。

（7）装置内部应无异常声响、异味，装置无过热情况。

3. 光纤终端盒

（1）所有与光纤终端盒连接的光纤回路波纹管无破裂、脱落。合并单元电源应正常。

（2）光纤插头防尘帽无破裂、脱落。

（3）终端盒本身无破裂。终端盒紧固件可靠固定，无松动、脱落。无重物置于终端盒之上。

（4）光缆成自然弯曲，弯曲半径不小于10倍光缆直径，无折痕。

（5）采集器密封良好，激光电源无空载。

（6）传感头及套管无裂纹和放电，外皮无过热和变色。

4. 保护屏

（1）装置外观清洁，无过热情况。

（2）互感器电源盘后电源应正常，后台机无异常信号。

（3）装置电源指示灯及仪表指示运行监视灯应亮，通信指示灯应正常，无闪烁现象。

（4）液晶显示屏电压电流显示与实际相符。

（5）光缆接头应可靠连接，无松动、脱落。光缆、光纤自然弯曲，弯曲半径不小于10倍光缆、光纤直径，无折痕。

（6）与设备相连的尾纤应可靠连接，无松动、脱落。光纤自然弯曲，弯曲半径不小于10倍光缆、光纤直径。

五、GIS 运维管理

（一）GIS 概述

GIS 是把断路器、接地开关、电压互感器、隔离开关、电流互感器、避雷器、母线、出线套管和电缆终端等变电站内不包括变压器在内的其他各种电气元件在一个全密闭的金属外壳里整合组装，并在设备内部充入纯净的 SF_6 气体或混合气体，以达到导体与设备外壳、导体之间以及 GIS 内部各个断口间的可靠绝缘。GIS 实物图如图 3-10 所示。

GIS 本身体积小，各项技术指标优秀，与以往的电力设备相比，它具有占地面积小、不受外界天气和环境影响、没有火灾污闪隐患、运行维护周期长、设备性能稳定等特点。GIS 的发展和投运给传统变电站的设备结构和配电网的运行方式带来了巨大的变化，它的显著特点是小型化、集成化、外形简洁和安装方便等。传统的敞开式设备要比 GIS 的故障率高出一个数量级，GIS 的产生使得电力设备的检修周期获得极大延长，因此 GIS 在大型核心变电站的使用越来越广泛。

图 3-10 GIS 实物图

为有效解决传统电力设备占地面积大这一问题，GIS 将所有的一次电力元件进行系统整合、压缩，再用金属外壳封闭，同时以 SF_6 等气体作为电气元件的灭弧和绝缘介质，提高了配电网运行的稳定性，有效地防止了故障的发生。此外，GIS 自身具有运行稳定性高、检修工作量少、检修周期长等特点，设备的一般故障率只有普通设备的 20%～40%。GIS 较之于常规设备，其故障率大幅减小的原因主要是 GIS 将全部电气元件密闭在外壳之中，基本排除了自然环境和天气条件对设备运行状况的影响。不过 GIS 也存在着其他电力设备的通病，由于它是全密闭环境的组合电器设备，再加上容积小，所有电气元件安装得非常紧密，运维人员无法及时发现早期故障，并且单个元件的故障容易扩散至相邻设备，从而增加了设备的故障范围。当 GIS 发生故障时，需要停电检修设备，检修工作量大，恢复时间长，因此，对 GIS 运行状态的在线监测显得十分必要。随着 GIS 智能化进程的发展，其运维管理不仅要进行常规的预防性试验，还应该增加对 GIS 在线监测技术的研究，以便及时发现设备运行中出现的各种异常状态和故障预兆，并进行分析诊断。

GIS 的在线监测是以及时发现 GIS 的早期故障为研究目标，研究内容主要包括断路器动作特性及曲线监测和 GIS 局部放电在线监测这两个方面。针对断路器操动机构的分合闸动作时间及动作行程进行统计计算，从而进行断路器灭弧动作监测，能够及时发现开关本体的机械元件故障。GIS 局部放电在线监测是指监测 GIS 运行过程中的绝缘状态。它的功能是利用高精度传感器持续监测设备运行的有关数据，并通过与历史放电趋势进行比较与分析，判断设备是否存在故障或隐患，不需要进行破坏性的监测。根据分析结果，检修人员可以确定进一步需要采取的措施，大幅度提高电力设备的使用效率，减少检修维护费用。

尽管引起 GIS 发生局部放电的原因有很多种，放电的表现形式也多种多样，但是在多年的工程实践中，根据局部放电的发生特性，可将 GIS 发生局部放电总结为以下几种典型类型：

（1）自由金属颗粒放电。GIS 内自由金属颗粒与其附近的 GIS 部件之间的放电。

（2）沿面放电。固体绝缘表面由于其他物质附着而发生的沿面放电，主要包括固体绝缘表面脏污、固体绝缘表面其他异物引起的放电。

（3）绝缘件内部气隙放电。由于绝缘材料内部存在气泡或裂缝等缺陷导致的放电。

（4）悬浮电位体放电。主要包括非移动金属颗粒和周围设备部件之间的放电，以及松动金属部件的悬浮电位放电。

（5）金属尖端放电。当 GIS 内的金属毛刺、尖端或壳体内部的金属异物处于高电位或低电位时，使周围电场密度畸高，在 SF_6 中发生电晕放电。

（二）GIS 局部放电在线监测

目前，较为常用的 GIS 局部放电在线监测方法可分为两大类：一是电信号检测法，二是非电信号检测法。

电信号检测法主要包括：

（1）脉冲电流法。又称为耦合电容法。其原理是：将电容电极贴在 GIS 外壳上，通过耦合由于局部放电而引起的内导体上的电压变化进行监测。该方法结构简单，灵敏度高，监测范围大，且能够实现故障定位。但是在现场测量时，由于局部放电信号中存在很多的干扰信号，分离这些干扰信号的过程比较复杂，因此脉冲电流法在推广使用时受到了一定的限制。

（2）高压西林电桥或电感比例臂电桥测量法。该方法通过对介质损耗角正切增量的计算来监测局部放电大小，但这种方法灵敏度较低。

（3）超高频法。该方法是通过接收绝缘缺陷激发的超高频率信号进行局部放电监测。目前欧洲生产的 GIS 中大部分安装了超高频传感器，可以通过超高频传感器的天线接收超高频电磁波。该方法不仅灵敏度高，也能够根据不同传感器接收到的局部放电源信号时间差实现放电源定位。

非电信号检测法主要包括：

（1）超声波法。超声波法的原理是通过安装在 GIS 腔体外壁上的超声波传感器接收 GIS 内绝缘缺陷发出的冲击声波来进行局部放电监测。该方法的优点在于抗电磁干扰能力强；缺点则是声波信号在 SF_6 气体中的高频分量衰减较快，通过不同介质时的传播速率也会发生改变，且在通过不同介质时会在边界处发生反射，因此信号模式变得十分复杂，一般作为其他监测设备的辅助设备使用。

（2）化学检测法。由于 GIS 局部放电时会引起腔体内气体含量发生变化，因此，化学检测法通过测量 GIS 腔体内气体成分的变化来判断局部放电的有无以及局部放电程度。该方法的缺点在于 GIS 中的吸附剂、干燥剂以及断路器正常开断时电弧所产生的气体等都会对监测的准确性造成影响；局部放电产生的气体生成物含量相对 SF_6 气体较少，使得灵敏度较差；难以做到在线监测，仅能在检修停电时使用。

（3）光测法。光测法的原理是利用光电倍增器探测绝缘缺陷激发的电磁波射线实现局部放电监测。光电倍增器灵敏度高，甚至可以监测到一个光子的发射。但是由于射线容易被 SF_6 气体和腔体吸收，因此可能存在监测"死角"，在放电源位置已知的情况下，这种方法监测效果较好。

通过对比分析可知，超高频法和超声波法更适于在线监测。试验表明：利用超高频法和超声波法监测 GIS 内部采集电磁波数据的灵敏度接近，而超高频法抵抗外界干扰的能力远强于超声波法。同时，通过试验检测到特高频信号在通过盆式绝缘子后产生的衰减约为 2～3.5dB，而 T 接头处大约为 10dB。因此超高频法一直受到学者专家的重点关注。

当 GIS 发生局部放电时，畸变电场在很短的时间内就会击穿故障点附近很小范围的 SF_6 气体，同时产生边缘非常陡峭的脉冲电流。进行频谱分析可以发现脉冲电流信号包含频率高达数吉赫兹的超高频成分，超高频的脉冲电流同时会发生电磁感应，产生频率高达数吉赫兹的超高频电磁波，并向四周辐射。研究发现，超高频电磁波的传播方式不仅有横向电磁波（TEM 波），还有横向磁场波（TM 波）以及横向电场波（TE 波）。TE 波和 TM 波一般存在一个下限值为数百兆赫兹的截止频率，在 TE 波和 TM 波的信号传播过程中，当信号频率大于截止频率时衰减将会非常缓慢，而当信号频率小于截止频率时将发生很大衰减。TEM 波为非色散波，任何频率的 TEM 波在 GIS 同轴波导中都可以传播，但导体损耗和介质损耗会造成信号的衰减，且频率越高衰减越快，信号的衰减幅值与信号频率上升速度成正比。根据相关的实验测量，TEM 波在 GIS 内频率为 100MHz 左右时达到最大值，随着频率的增高，TEM 波的幅值会不断减小。

根据超高频电磁波在 GIS 内的传播特性,利用 GIS 的金属同轴结构作为同轴波导,以同轴波导理论来分析信号的传播。

由于实际的金属同轴结构波导不可能达到理想状态,电磁波信号在传播时仍会产生一定的功率损耗,而且这种损耗在 GIS 内的 SF_6 气体介质中同样存在,这就使得电磁波信号在沿传播方向传播时发生逐渐衰减。这种衰减量要远低于信号在绝缘子处由于反射造成的能量损耗,它的衰减时间常数约为 1μs。在测算中发现,频率为 1GHz 的电磁波在直径为 0.5m 的 GIS 管腔内传播所产生的衰减仅为 3~5dB/km,这种衰减在一般的计算和测量过程中可以被忽略。GIS 中波导率不连续的介面结构普遍存在,如拐弯连接和 T 型接头、断路器、隔离开关及法兰连接的盆式绝缘子等,超高频电磁波信号传播过程中在穿过这些波导率不连续的介面结构时必然发生损耗。信号能量损失的主要原因是信号在绝缘子和 T 型接头处的反射。大量研究表明,T 型接头处的能量衰减约为 10dB,盆式绝缘子处的能量衰减约为 3dB。

超高频电磁波信号虽然拥有很强的自然抗干扰能,但信号强度微弱,只能通过非常精密和灵敏的设备才能检测和显示该频段的电磁波信号。检测方法既可以采用高达数吉赫兹带宽的宽频法,也可以采用只有几个兆赫兹带宽的窄频法。窄频法首先需要利用低噪声高增益的超高频放大器来收集局部放电电磁波信号,再利用频谱分析仪对信号进行分析,其对仪器的精密度也有较高的要求。窄频法适用于存在超高频干扰的情形。宽频法需要用到纳秒级采样示波器和截止频率为 250~300MHz 的高通滤波器,超高频电磁波信号检测实现方式较简单,在一般场合被广泛使用。在线监测系统的传感器等测量装置的可靠性决定了超高频法的灵敏度。GIS 局部放电的缺陷类型和严重程度也将对所产生的电磁波信号的强弱及特性产生直接影响。在实际应用过程中,通过对超高频电磁波传感器安装位置和局部放电信号强度变化的分析,可对发生局部放电的气室进行定位,通过分析不同位置传感器接收信号的时差,可定位局部放电在气室中出现的精确位置。

第三节 智能变电站二次系统运维管理

智能变电站二次系统运维管理是对智能变电站自动化监控系统、继电保护及安全自动装置、调度自动化系统及站内通信、全站时钟同步系统、设备状态监测系统、二次系统图纸、辅助系统、二次设备组柜及布置等智能变电站二次系统进行选型、组网、功能配置等设计，以使变电站实现综合自动化监控及信号远传功能。

一、二次系统的结构及特点

智能变电站二次系统一般采用开放式、分层网络结构，逻辑上由站控层、间隔层、过程层以及网络设备构成。站控层主要有主机兼操作员站、远动通信装置、状态监测及智能辅助控制系统后台主机、网络打印机柜等设备，能够实现管理与控制间隔层、过程层设备的功能，形成全站监控与管理，并与远方监控/调度中心通信。间隔层由保护、计量、测控、故障录波、网络记录分析等若干二次子系统构成，能够实现保护和监控的功能，在站控层及网络出现故障或暂停工作时，还能够独立实现间隔层设备的就地监控功能。间隔层设备可以集中组屏，也可以就地下放。过程层由合并单元、智能终端等构成，直接与一次设备的传感器信号、状态信号接口等相接，通过合并单元、智能终端完成与一次设备属性和工作状态的数字化转换，包括设备运行状态的监测、实时运行电气量的采集、控制命令的执行等。过程层设备通过过程层网络与间隔层设备连接。

（一）二次系统的结构

1. 站控层设备

站控层通过相关网络能够实现与站控层内部设备以及与间隔层、过程层之间的网络通信，能够实现 MMS 报文和 GOOSE 报文的传输。

（1）主机兼操作员站。主机兼操作员站一般采用多核服务器，以保证其性能能够满足整个系统的功能要求，主机的处理能力、存储容量应充分考虑变电站的规划容量。主机兼操作员站的设计与建设应满足运维人员对工作站直观、便捷、安全、可靠的要求。

（2）远动通信装置。将远动工作站按照装置进行设计，采用双机冗余配置，负责解决与调度端接口和规约的转换，并具备足够的通信接口与通信速度，实现与系统调度端的通信。远动工作站具有主、备通道通信功能，从而保证通信的可靠性。此外，监控系统的主机兼操作员站与远动通信装置肩负了全部与控制相关的核心功能。

（3）网络打印机柜。智能变电站通过网络能够实现全站信息的共享，不需要在每个结构或每面屏上设置分打印机，在站控层设置一台公用的网络打印机柜，同时设置一台网络打印机，通过站控层网络即能够实现打印全站报表等功能。配置一台宽行针式打印机（USB 接口），通过操作员主站打印保护实时报警、录波图及事件等。

（4）状态监测及智能辅助控制系统后台主机。状态监测及智能辅助控制系统的主机可以通过 DL/T 860 规约直接采集设备状态监测数据、智能辅助控制系统数据等各类数据，并且可以作为各种数据收集、存储、处理、分析的中心。

（5）故障录波及网络通信记录分析系统。故障录波及网络通信记录分析系统可实现对主变压器、设备的电流、电压、保护动作、断路器分合闸等状态进行监视，并通过过程层网络实时采集的功能。网络通信记录分析系统要求通过端口监听，具备对报文的记录和分析功能。一方面，监视网络流量和通信情况；另一方面，将报文保存为文件，在需要时解析报文内容。

（6）防误操作。取消独立微机的"五防"系统，将微机的防误功能完全内嵌于监控系统。由 GIS 厂家提供完整的电气闭锁回路，主变压器中性点隔离开关等配置就地锁具以实现防误操作。

2. 间隔层设备

间隔层网络能够通过相关网络实现与本间隔层其他设备、与其他间隔层设备以及与站控层设备之间的通信；能够传输 MMS 报文和 GOOSE 报文。变电站间隔层网络的结构一般采用双重化的星形以太网网络结构，间隔层设备可以通过两个相互独立的以太网控制器接入双重化的站控层网络。间隔层设备主要包括继电保护、安全自动装置、故障录波及网络记录分析装置、电能计量装置等。

3. 过程层设备

过程层网络能够完成间隔层与过程层设备、过程层设备之间以及间隔层设备之间的数据通信，能够传输 SV 报文和 GOOSE 报文。其中，合并单元的主要功能是接收一次设备的信号，并对采样的数据进行汇总，是数字互感器、智能化一次设备、智能化二次保护、测控和计量设备的中间连接环节。根据二次系统对于接入设备的要求，能够输出相同或不同的数值和开关信号至智能化一次设备，同时可以接收二次设备的命令输出信号。

合并单元与二次设备之间的数据一般通过光纤传输，符合 IEC 61850—9—1/2 或 IEC 60044—8 的通信标准。目前国内少数厂家正在研究这一方式，可将数据采样、断路器跳合闸、开关位置、遥信等同组在一个 GOOSE 网上，但此种方式的稳定性有待实践的检验。

（二）二次系统的特点

与传统变电站二次系统相比，智能变电站二次系统具备了许多新的特点：

（1）信息数字化。与传统变电站的综合自动化系统相比,智能变电站在测量输入信号和断路器控制信号方面发生了很大变化,主要体现在智能变电站中电子式互感器和智能开关逐渐替代了电磁式电压/电流互感器和断路器。电子式电流互感器大多是采用罗氏线圈将一次大电流转换为二次弱电流的模拟信号,并经过 A/D 转换芯片处理变为数字量后经光纤通道传送给合并单元;而电子式电压互感器,特别是高压互感器,一般采用电容式分压技术将一次高电压转换为二次低电压的模拟信号,同样经过 A/D 转换成数字信号后传送给合并单元;合并单元按照 IEC 618509—1/2,将多个采样间隔的测量信号进行同步处理并打包,经光纤通道分别传送给保护、计量、控制等二次设备。断路器作为保护和控制装置的操作对象,传统控制方式一般是基于模拟信号的开关操作,随着智能断路器技术的发展以及开关设备的集成化,可以将断路器、隔离开关/接地开关等组合在一个 SF_6 气体封闭腔内,同时将操作箱和数字通信接口集成为一次设备本体,并通过光纤通道与二次设备进行连接,进而能够实现基于数字信号的跳闸模式对断路器的快速操作。

（2）信息共享标准化。随着智能变电站二次系统对自动化技术的要求越来越高,针对变电站中各种智能电子设备的管理,不同厂家智能电子设备之间的信息交互,以及设备之间的相互通信需要一种通用的方式来实现等问题,IEC 61850 提出了一种公共通信标准:"通过对设备的一系列规范化,使其通信交换过程处于一种标准化的输入/输出中,实现了系统的无缝连接"。这种信息标准规范直接克服了由于生产厂家不同而标准不同的问题。结合通信平台的网络化技术,统一标准信息的应用也使得智能变电站继电保护和控制装置真正能够达到协同互操作的目的。

（3）通信平台网络化。合并单元测量信号和智能断路器控制信号的数字化传输为变电站的信息共享提供基础。就目前保护配置的要求,同一间隔的保护装置和合并单元采用点对点的直采模式,而不同间隔的保护装置则可以采用基于 SV 网络的网采模式。智能断路器与保护装置之间既可以采用通过 GOOSE 网络通信的网采模式,也可以采用点对点直采通信。相较于基于电缆的传统变电站通信网络,智能变电站采用光纤通信,并建立了基于数字量传输的 SV 网络和 GOOSE 网络的变电站过程层网络,实现了通信平台的网络化。

（4）光纤通信广域化。随着智能配电网中光纤通信网络的大规模建设,光纤通信技术已经被广泛地应用于电力系统广域通信中。目前,我国高压系统的站间通信基本上采用基于 OPGW 或 ADSS 的光纤通信,并采用同步数字体系环网模式,已形成以光纤通信为主,载波通信、微波通信等方式并存的电力系统通信骨干网络,而基于光纤通信的广域监测系统工程也为广域通信系统的构建提供了技术支持。

从物理结构上,智能变电站与传统变电站相比,最大的变化在于过程层。智能变电站在过程层实现了一次设备电气量和状态量的数字化转换,转换后的数字化信息通过光纤在一、二次系统之间进行传递,完成了一、二次系统的电气隔离,因此过程层智能设备的稳定性和可靠性会对整个系统的运行产生深远影响。随着智能电网建设的发展,过程层仍存在一些实际问题需要进一步地研究和解决:

(1)采样值报文的精确同步和可靠传输。智能变电站采用电子式互感器取代电磁式互感器,将一次电信号转换为数字信号,以光纤为传输媒介进行数字信息的交互。在遵循标准的智能变电站通信体系中,智能断路器的状态信息、控制信息和电子式互感器的电气量采样信息以通信报文的形式报文和采样值报文在过程总线上实时传输。采样值报文由时间中断触发,每一帧报文只能在触发时刻发送一次,无法重发,因此,电子式互感器采样值报文的性能将影响智能变电站的稳定性和可靠性。另一方面,将变电站的已知功能分割为一系列逻辑节点,一个功能一般由分布在不同物理装置上的多个设备实现,这样就将传统的集中式功能转变为分布式功能;但在实际应用中,间隔层的保护与测控装置要求各路采样信号在时序上是同步的,以避免误动作。因此分布式功能的出现不可避免地带来了采样值报文的同步问题。精确的采样值报文同步是建设坚强智能电网必须首先解决的基础性问题,寻求一种工程上易于实现的高精度和高可靠性的时间同步算法具有十分重要的现实意义。

(2)电子式互感器的通信灵活性问题。目前电子式互感器普遍采用基于 IEC 61850 的通信接口。IEC 61850 通过预配置的方式固定了采样值控制块的内部通信参数和报文的帧格式,以降低通信的灵活性为代价简化电子式互感器数字接口的设计,这与标准可配置、可遥控、可遥测的灵活性通信互动理念相违背。因此,随着智能配电网的深入发展,电子式互感器的通信灵活性问题将变得越来越重要。

二、智能保护系统运维管理

(一)智能保护系统的发展及应用

电力系统继电保护的发展经历了最早的电磁机电型到现今的数字化微

机保护系统。微机保护在早期实际上已经是一种数字化保护，但由于没有统一的标准规范，还存在许多问题。早期研发的二次设备是分别按照保护、测量、控制、通信等功能进行独立设计的，没有从系统功能整体的优化角度考虑，导致设备协调交互能力缺乏，功能单一、重复，且过程层数据无法共享，造成了资源的浪费。此外，复杂的二次电缆接线还会降低微机保护系统固有的可靠性。

在 IEC 61850 颁布后，变电站也开始向数字化及智能化方向发展。随着通信网络技术的快速发展以及电子式互感器、智能断路器等新型设备的广泛使用，变电站自动化系统完全采用网络通信已成为趋势。在过程层与间隔层之间，采用工业以太网技术的过程总线通信具有广阔的市场前景。

美国通用公司推出的数字化保护系统，主要功能是将互感器与断路器的模拟信号通过 A/D 转换为标准的数字信号，并将这些信号发送至间隔层网络设备。该方案的最大优点在于需要外部同步时钟，多个保护智能电子设备连接到同一个 Brick 单元上，各智能电子设备也可以根据实际需要采用不同的采样分辨率。其缺点则是采用了专用的数字化通信接口，与其他厂家智能电子设备的兼容性有待进一步改善。图 3-11 为 ABB 公司采用的过程层系统，ELK-CP3 为组合式电压、电流互感器，它能够同时采集电压和电流信号，并将一组同步的电压和电流信号按照 IEC 61850—9—1 或 IEC 61850—9—2 规定的格式组帧，发送给相应的保护和测控装置。

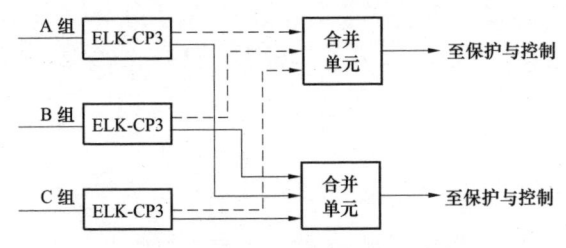

图 3-11　ABB 公司的过程层系统

该方案有利于实现合并单元功能冗余，采用组合式非常规互感器不但可以降低成本，还可以提高过程层系统的可靠性。

AREVA 采用的继电保护系统方案如图 3-12 所示，CVCOM 为合并单元，可将常规互感器和非常规互感器的采样信号数字化，按照 IEC 61850—9—2 LE 格式打包，通过网络发送给保护装置。该系统的合并单元、保护装置等 IED 节点的时钟同步可通过 IEEE 1588 时钟同步协议实现。

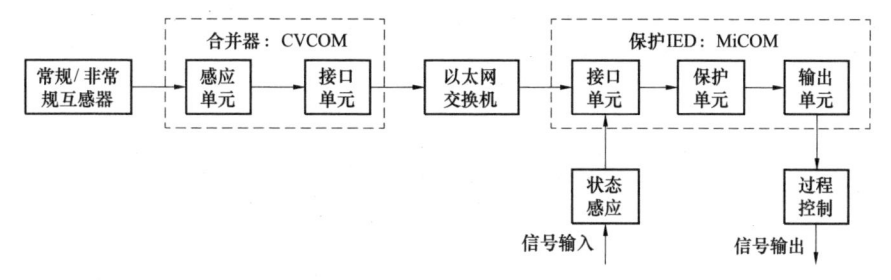

图3-12 AREVA 的继电保护系统方案

我国南瑞继保公司根据过程层的不同需求，推出了两种数字化保护方案，其中一种采用了电子式互感器和智能控制柜，该方案将二次保护测控和 GIS 智能控制功能有机整合后下放至 GIS 本体旁，对下与 GIS 机构通过标准化接插端子连接，优化二次回路设计，对上节省了大量电缆。

（二）继电保护装置运维管理

1. 继电保护概述

电气设备运行过程中，由于外力破坏、内部绝缘击穿、过负荷、误操作等原因，可能造成电气设备故障或工作状态异常。在各种故障中最常见的是短路故障，其中包括三相短路、两相短路、大电流接地系统的单相接地短路，以及变压器、电机类设备的内部绕组匝间短路。

当电气设备发生短路故障时，继电保护装置能自动迅速地将故障设备从电力系统切除，将事故尽可能限制在最小范围内。当正常供电的电源因故突然中断时，通过继电保护和自动装置还可以迅速投入备用电源，使重要设备能继续获得供电。

电气设备发生短路故障时，产生很大的短路电流；电网电压下降，电气设备过热烧坏；充油设备的绝缘油在电弧作用下分解产生气体，出现喷油甚至着火；导线被烧断，供电被迫中断。特别严重时，电力系统的稳定运行被破坏，发电厂的发电机被迫解列，甚至可能引起电网瓦解。

针对电气设备发生故障时的各种形态及电气量的变化，设置了各种继电保护方式：电流过负荷保护、低电压保护、过电压保护、过电流保护、电流速断保护、电流方向保护、电流闭锁电压速断保护、差动保护、距离保护、高频保护等，此外还有反映非电气量的瓦斯保护等。

为了能正确无误又迅速准确地切断故障，使电力系统能以最快的速度恢复正常运行，要求继电保护具有足够的选择性、快速性、灵敏性和可靠性。

（1）选择性。当电力系统发生故障时，继电保护应该有选择性地切除故障部分，让非故障部分继续运行，使停电范围尽量缩小。

（2）快速性。快速切除故障，可以把故障部分控制在尽可能轻微的状态，减少系统电压因短路故障而降低的时间，提高电力系统运行稳定性。

（3）灵敏度。灵敏性是指继电保护装置对其保护范围内故障的反应能力，即继电保护装置对被保护设备可能发生的故障和不正常的运行方式应能够灵敏地感受和反应。

（4）可靠性。可靠性是指需要动作时不拒动，不需要动作时不误动，这是继电保护装置正确工作的基础。

继电保护作为电力系统"三道防线"中的第一道防线，是电网安全和稳定运行的重要保障。随着我国经济社会的高速发展，电网的电压等级越来越高，同杆并架线路和直流输电技术得到大量应用，可控电抗器、晶闸管控制串联补偿器（TCSC）、静止无功补偿器（SVC）等补偿装置也相继投入运行，电网的系统结构及其运行方式越来越复杂，对继电保护可靠性的要求也越来越高。而随着智能配电网规模的不断扩大，依赖于就地信息的传统继电保护也遇到了越来越多的问题：

（1）主保护因灵敏度低或设备硬件故障等原因，在拒动时造成过长延时或扩大范围的跳闸，可能引发配电网局部用电故障。

（2）在配电网发生大负荷潮流转移时可能引起线路后备保护非预期连锁跳闸，这是导致配电网事故扩大甚至大面积停电的一个主要原因。

（3）传统后备保护的整定配合采用固定的运行方式，缺乏自适应应变能力。当配电网的网架结构及运行方式发生大幅改变时，容易导致后备保护动作特性失配，甚至可能造成误动或扩大事故。

为了从根本上克服传统继电保护存在的诸多问题，随着近年来智能配电网变电站信息共享技术和光纤通信技术的迅速发展，基于多源信息的继电保护技术受到了广泛的关注。基于多源信息的继电保护主要是站域保护和广域保护。与传统间隔保护不同，站域保护是集中了变电站内站域多源信息所构建的新的保护方案，而广域保护则是集中了区域配电网多源信息所构建的新的保护方案，二者的目的都是通过利用多源信息构建新型继电保护，进而解决传统继电保护存在的问题，并提高配电网继电保护的可靠性。实现站域保护和广域保护后，间隔保护不再需要复杂的保护配置。而智能变电站过程层网络的变化，使保护的实现方式也随之发生变化。从信息共享的角度分析，基于间隔保护、站域保护与广域保护的信息层次所构建的新型层次化继电保护方案，对研究智能配电网中继电保护的发展具有重要意义。

2. 基于多源信息的继电保护系统分层架构

随着智能配电网信息共享技术的不断发展，继电保护和控制系统在获取更多信息的同时，其自身的构建模式和性能也随之发生了变化。基于多源信息的继电保护系统架构体系如图 3–13 所示。这种新型的继电保护架构体系体现了一种分布式与集中式相结合的体系结构，既体现了分布式和集中式相结合的优点，又能符合配电网通过分区域划分之后的格局，是今后配电网分区域安全稳定的基础。

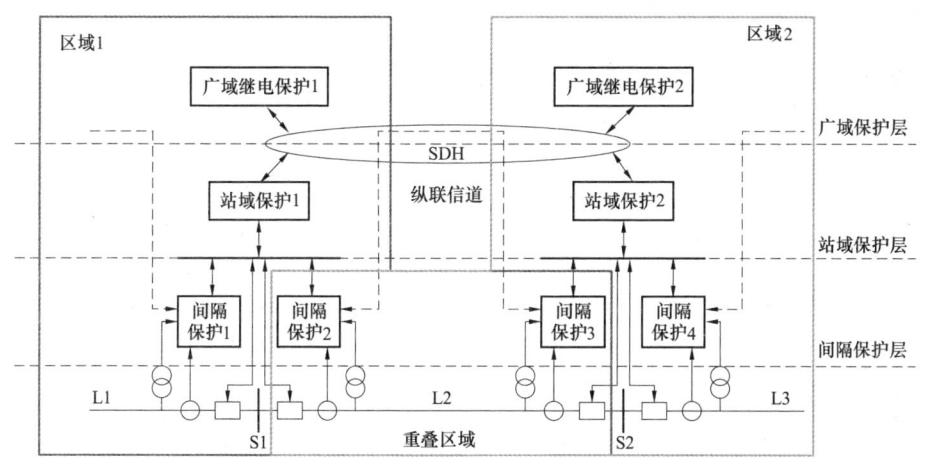

图 3–13　基于多源信息的继电保护系统架构体系

（1）间隔保护。间隔保护保留了常规主保护功能，实现了简化后的备保护功能，能够简化常规后备保护的复杂整定配合，改善其性能，同时也作为站域保护的节点接入站域保护系统，与站域保护配合，实现对变电站的保护与安全控制。间隔保护设备从过程总线网络捕获采样数据，并通过智能终端实现对一次设备的测量和控制功能；可以实时监视断路器开关及其二次通信回路的状态。

（2）站域保护。基于变电站信息共享的保护和控制系被统称为站域保护（Substation protection），其定义为："以快速切除故障，提高电网运行安全为目标；利用变电站内的站域信息，整合并集成实现变电站继电保护和紧急控制的功能，以简化后备保护配置，改善保护及紧急控制的性能。它主要适用于具有信息共享功能的数字化变电站或智能变电站"。较之传统的继电保护系统，站域保护系统能够获得更多的故障特征信息与设备运行信息。不仅对于解决传统继电保护存在的问题有很大帮助，而且所构建的新型继电保护模式在减少变电站投资、简化二次系统、运行维护智能化等方面起到了至关重要的作用。例如，利用冗余测量信息可以解决电磁式电流/电压互感器保护中断线、磁饱和等问题对继电保护的影响；通过站域信息和采集的少量远方信息，可以有效简化后备保护的整定，并通过相互之间的有效配合，实现后备保护快速、有选择性地动作；基于冗余信息的综合判断同时可以大幅提高保护动作的可靠性；对于没有预装母线保护的传统低压母线，能够自动地增设母线差动保护，从而快速切除母线故障。

另外，站域保护还可以完成对全站控制功能的协调与集成，包括电压无功综合控制、低频低压减载、设备自投切、切负荷等。站域保护系统能够实时地获取站域电信息与非电信息，从而综合判断变电站的实时运行状态，并通过智能决策的方法实现对上述控制功能的优化，提高配电网的供电可靠性和安全运行水平。

站域保护的最大特点是能够简化智能变电站继电保护系统和控制系统的结构，大幅改善系统性能，同时也可以作为单元接入广域保护系统，与广域保护相互配合，实现区域配电网保护与控制优化，具有十分广泛的应用前景。

由层次化继电保护架构体系定义，间隔保护和站域保护的技术要求针对高电压等级和中低电压等级有所不同，其构建模式也有较大的差别。

1）高电压等级站域保护构建模式实现方案。目前，智能变电站测量信息的采集一般采用直采和网采两种模式，站域保护在实现其功能过程中，依据不同的信息采集方式可以采用不同的架构方案。

a. 基于直采网跳模式的集中式站域保护构建模式。直采网跳即测量信息由合并单元采用点对点的方式与保护装置进行通信。在实施过程中，站域保护直接通过 GOOSE 网络获取间隔保护的判断信息，综合多个间隔信息从而实现站域保护，再通过 GOOSE 网络完成对断路器的控制。其构建模式如图 3-14 所示。

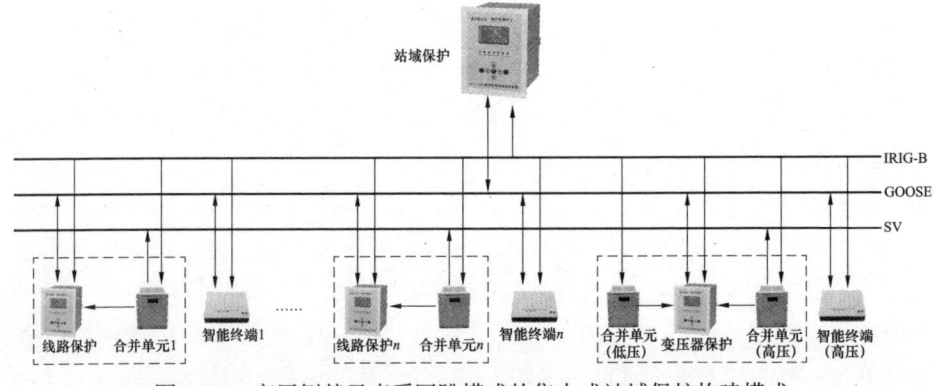

图 3-14　高压侧基于直采网跳模式的集中式站域保护构建模式

由图 3-14 可知，间隔保护采用直采网跳模式，实现了主保护和简化后备保护的功能。站域保护则通过 GOOSE 网络从分散的间隔保护装置中获取初判信息并进行综合评估与判断，最终实现站域保护功能。在该种架构模式，在不影响继电保护快速性的前提下，间隔保护采用直采模式能够摆脱对于 SV 通信网络的依赖，使同步测量更容易实现；通过 GOOSE 网络从间隔保护装置获取初判信息，能够减少站域保护的数据处理量，降低变电站 SV 网络的通信量。

b. 基于网采网跳模式的集中式站域保护构建模式。网采网跳即测量信息经过 SV 网络直接和保护装置进行通信，而对于间隔保护装置，根据技术要求可以采用直采模式也可以采用网采模式。站域保护经 SV 网络获得测量信息，并能够通过独立计算、保护判断等功能实现对变电站的保护，并经 GOOSE 网络发送决策命令以实现对断路器的控制。其构建模式如图 3-15 所示。

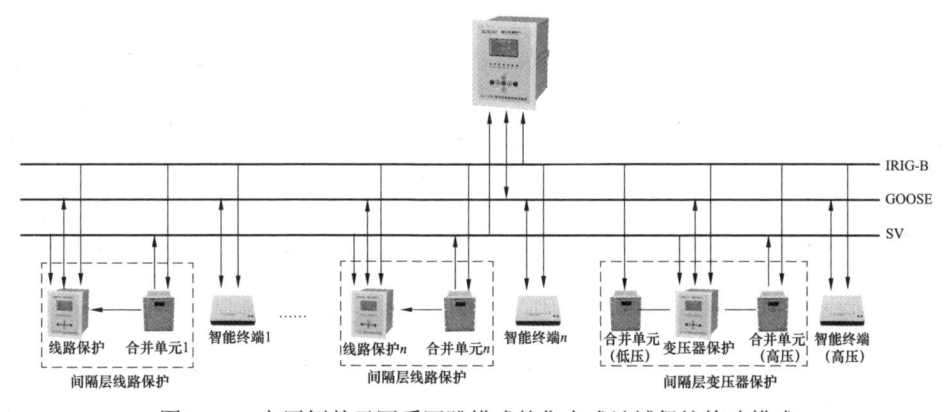

图 3-15　高压侧基于网采网跳模式的集中式站域保护构建模式

由图 3-15 可知，站域层保护通过 SV 网直接获取站内测量信息，实现输电系统的后备保护功能。在该种构架构模式下，间隔层保留主保护功能，不降低继电保护的快速性；间隔保护在直采模式下不依赖于 SV 通信网络，同步测量容易实现；站域保护与间隔保护之间相互独立，无需对间隔保护装置进行修改；当站域后备保护失效时，间隔保护配置的简化后备保护仍起作用，简化后备保护采用固定整定值并具有高灵敏度和长延时，提供切除故障的末级后备措施。

2）中低电压等级站域保护构建模式实现方案。中低压侧系统结构较之高压侧更为复杂，主要体现在出线多、信息量大等方面。站域保护将集中同一电压等级下的主保护与后备保护，除实现自身的功能之外还需要对一些特殊问题进行解决，如光纤端口的供能、大量信息的计算。基于直采模式，可构建基于直采网跳模式的集中式站域保护构建模式。

测量信息不经过 SV 网络直接和保护装置通信。站域保护子单元获取测量信息后，经过简单地计算后将结果发送给站域保护装置，由站域保护进行集中决策以实现主、后备保护功能，并通过 GOOSE 网络实现断路器控制。中低压侧站域保护构建模式如图 3-16 所示。

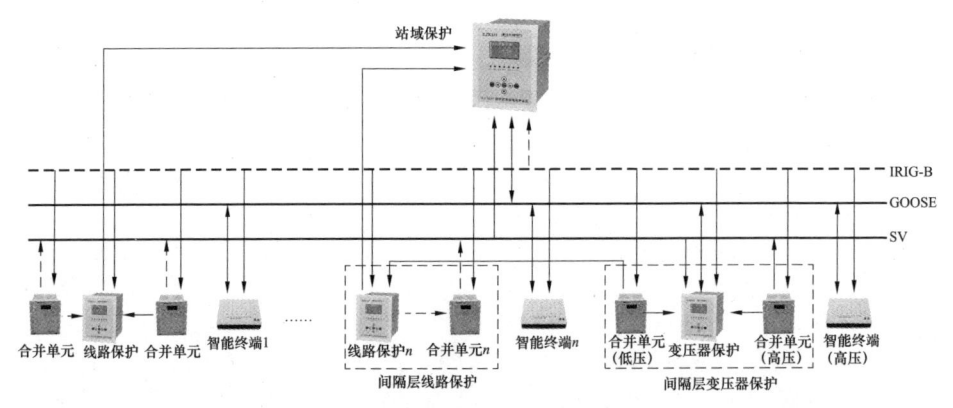

图 3-16　中低压侧站域保护构建模式

由图 3-16 可知，为适应直采模式，增加了站域层保护子单元。一个站域保护子单元可以获取多个合并单元的信息。加入子单元后可以降低对硬件的设计要求，为站域保护预先计算测量信息，降低站域保护信息集中的计算量；同时，子单元的分布式设计避免了中低压多个光纤端口集中在一个装置从而增加装置直流电源设计的难度和发热严重的问题。站域保护读取子单元的初判结果，综合实现主保护和后备保护功能。这种架构模式中，站域保护子单元采用直采网跳模式，不依赖于 SV 网络同步采样；站域保护集中站域信息，不仅可以实现常规保护和控制功能，还可以利用冗余信息来优化保护配置和改进保护、控制功能。

（3）广域保护。广域保护系统是在通信技术不断发展完善的基础上，为满足大规模互联电网对安全稳定运行的要求，解决现有保护和控制系统存在的若干问题的背景下提出的，到目前为止尚无统一的定义。从广域保护系统所实现功能的角度，可以提出建立满足"三道防线"要求的广域保护系统，并定义如下：借助通信获得电力系统多测点的信息，对故障进行快速、可靠、准确地切除，完成传统意义继电保护功能的同时，根据故障切除前后电网潮流分布和拓扑结构的变化，判断切除故障可能对系统安全稳定运行产生的影响，进而有选择地采取切机、切负荷、电网重构等预防性控制措施，使受扰动的系统从一个运行状态平稳地过渡到另一个稳定的运行状态，在预防性控制措施万一不能奏效的情况下，可根据系统多测点电气量的变化情况，采取协调一致的控制措施，防止发生大规模连锁跳闸和崩溃，即把传统的"三道防线"功能融合到一个系统中完成。计算机技术和通信技术的发展为快速、可靠地获取电力系统广域信息提供了基本保证。

广域保护具有以下特点：

1）在区域内设置一个变电站主站并以该主站为中心，其他变电站为子站。

2）在主站内，设置广域保护决策单元。广域保护决策单元既可以是一台装置，也可以是一套系统。决策单元作为广域保护的核心，能够通过集中本区域内全部变电站的信息来准确判断故障元件，同时制定动作策略并将指令发送至各子站。

3）站域保护与广域保护间可采用 SDH 光纤环网通信，对于没有直接接入光纤环网的变电站，可以通过纵联通信信道与相邻变电站通信，间接接入环网通信。

区域集中式广域保护的构建模式如图 3-17 所示。

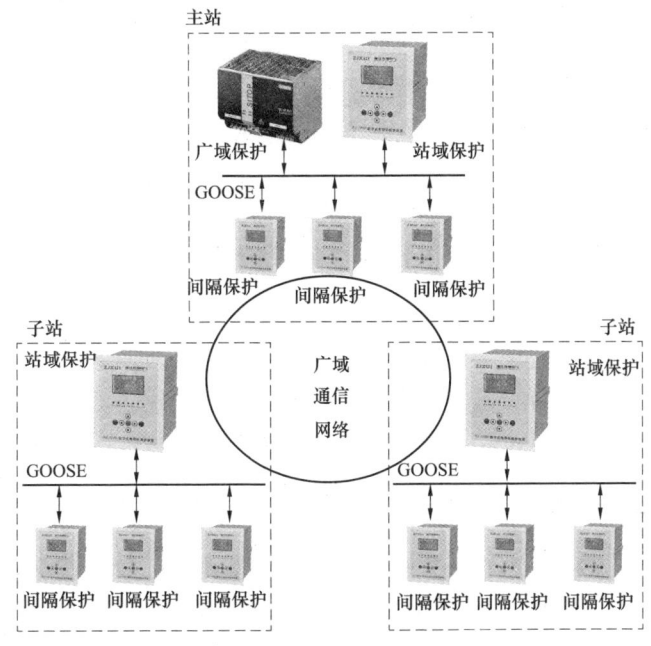

图 3-17 区域集中式广域保护构建模式

由图 3-17 可知，广域保护并不是直接获取区域内站域保护的测量信息，而是通过 SDH 光纤环网获取区域内各站域保护装置的处理信息，而主站内的站域保护与广域保护决策中心的通信也可以利用 GOOSE 网络完成。这种构建模式具有以下优点：

1）广域保护获取站域保护的决策信息，能够大幅降低广域通信网络中的数据传输量，同时也减轻了广域保护装置的计算量，降低了广域保护对硬件的设计要求。

2）基于广域通信技术，广域保护可以获取区域内多源信息，有利于改善区域电网的后备保护性能，加快后备保护动作速度，解决后备保护整定配合复杂以及在大负荷潮流转移时可能导致的后备保护非预期连锁动作等问题。

3. 基于 IEC 61850 的广域保护系统通信服务模型

广域保护系统既要具备判断故障位置和切除故障元件的继电保护功能，又要具备对故障或受扰动后的系统进行稳定控制的功能，将确保电力系统安全稳定运行的"三道防线"功能集成到一个系统中。要实现广域保护系统中的各项功能，必须有强健、可靠的通信系统为各种信息的交换提供平台。这里所说的通信系统不仅指物理上可见的通信设备和通信网络，还包括该网络所采用的通信协议、网络所能提供的通信服务等上层内容。电力系统发生故障时将会有大量类型不同的数据在网络中传输，在这种情况下，必须要有适应这种特定环境的通用数据通信模型和通信协议，并有强大的底层通信网络进行承载，否则有可能造成通信阻塞和数据丢失。但是在目前的通信系统中还没有一个统一的数据交换模型，并且所使用的大部分通信规约不支持网络通信。在通信层也采用一般的点到点小通信模式和传统的局域网通信技术，无法保证广域同步信息传输的快速性和可靠性。

（1）通用变电站事件。对于广域保护系统来说，IED 之间无论是出自同一厂家型号相同，还是出自不同厂家型号不同，必须能够快速可靠地交换信息，既要满足应用数据的互用性要求，又要保证数据传输的快速性和可靠性。这就需要建立一种高效、通用的数据对象模型，用于 IED 之间的数据交换，并对其进行标准的语义定义。在 IEC 61850 中定义了一种数据通信模型，称为通用变电站事件（Generic substation status event，GSSE）。该模型基于自动分布的概念，提供了在全系统范围内快速可靠地传输输入、输出数据值的功能。这种模型完全支持 TCP/IP 协议，支持局域网和广域网通信，并采用了组播技术，便于向多个物理设备同时传输一个 GSSE 信息。此外，IEC 61850 还对 GSSE 报文的通信性能要求进行了严格的规定，确保用于 IED 之间的工业级信号的传输延时不超过 4ms，这些标准能够达到广域保护系统对通信性能的技术要求。

根据应用特点的不同，GSSE 又分为两种不同的控制类型和报文结构：一种是 GOOSE 报文，它支持由数据集组织的公共数据的交换。另一种是 GSSE 报文，它用于传输状态双比特变位信息。IED 根据这些标准定义构建数据对象，并采用标准的 GOOSE/GSSE 报文传输数据对象，就可以达到不同 IED 之间应用数据的互用性，并从上层对通信质量提供保证。GSSE 报文有如下特点：

1）在报文中必须包含一些信息以便让接收装置知道报文已经丢失，如，数据状态发生变化的时间以及上次数据状态发生变化的时间。

2）一个新激活的设备（上电或重新服务）将发送当前数据值当作初始 GOOSE/GSSE 报文。如果数据值没有发生变化，该设备将循环发送初始报文，这样可以保证所有激活的设备知道其对等设备的当前状态。

3）GSSE 报文采用组播方式发送，发送后不返回确认信息。但是如果 IED 发送的是一些和继电保护相关的信号，如断路器跳闸信号、失灵保护启动信号等，它们的重要级别是非常高的，为了保证重要信号传输的可靠性，只要信息状态在维持期间就不断重复发送报文。

GSSE 信息交换采用发布/订阅服务机制。在这种服务中，希望获取数据的一方充当客户的角色，提供数据的一方充当服务器的角色。同一台物理设备既可以是服务器，也可以是客户。发布/订阅服务机制支持本设备主动向其他设备传送数据，这一特性对继电保护系统而言十分重要，因为传统的客户服务器模型一般采用应答式或轮询式的通信模式，这种主从式的通信方式难以满足继电保护系统快速性的要求。在发布/订阅服务机制中，一旦有数据产生，即可按照事先确定好的订阅路径主动传送，无需外界的任何干预，有利于保证通信的快速性。

（2）采样测量值传输类模型。在广域差动保护系统中，IED 采集各自安装点的电流信息，借助通信网络与其他 IED 交换电流采样值，完成广域差动保护功能。由于 GSSE 报文交换的是双比特状态位信息，GOOSE 则支持由数据集（DATA-SET）组织的公共数据的交换，理论上可以用来传输模拟量采样值信息。但差动保护系统对采样值的传输延时和可靠性有特别的要求，应该与变电站自动化系统中一般测量值的传输区别开来。在 IEC 61850 中专门定义的采样测量值传输类模型提供了以有组织的和时间上受控的方式报告采样测量值的方法，采样抖动最小，传输时间快并且能够保持采样的次数和顺序恒定，适合传输广域差动保护系统所需要的电流采样信息。

(3) 广域保护通信系统设计方案。当前在电力系统的高压和超高压变电站内都敷设了光纤以太网，各变电站之间依靠光纤网络连接成环，有的在光纤网络之上还运行 ATM 业务，这为构建广域保护的通信系统提供了必要的物质条件。广域保护的通信系统在物理上完全可以采用这样的结构。在 IEC 61850 中定义 GSSE 的通信服务模型位于应用层之上的用户数据层，它独立于具体的通信网络和通信协议，因此可以保证数据的互用性。如果要将抽象的通信服务模型运用到实际的通信网络当中，就要借助具体的通信服务映射。

在物理层采用同步光纤网络 SDH，其定义的基本速率为 51.84Mbit/s。SDH 制定了传输信号的光导纤维网标准，广域网技术如 ATM 可在其上运行。由于采用了信元中继技术，而不是变帧长技术，因此很容易提高 SDH 的传输率，该技术还允许不同厂商的产品和通信公司的系统互连。使用这种技术，可以提供很大的带宽，来承载以太网的数据流。

数据链路层采用以太网和 ATM 技术，传统的以太网采用共享式总线的通信方式，这种方式下数据链路层的载波侦听/冲突检测协议会导致网络通信的非确定性，因为网络上所有节点都是通过竞争获得网络资源的使用权。

当网络负荷较大时，竞争加剧，数据极易发生冲突，造成网络通信性能大大降低，带来网络的拥堵或信息的丢失。而这些特点正是广域保护系统所不能接受的。因此在广域保护系统中应该优先采用交换式以太网，交换式以太网虽然不能增加网络带宽，但它可以提供数据缓冲及具有确定接收数据的网段智能，能最大限度地减少数据碰撞。此外，交换式以太网可以提供 100Mbit/s 甚至是 1Gbit/s 带宽的高速网络，其通信性能完全能够满足继电保护系统的要求。

当 IED 与其他变电站内的 IED 通信时，需要通过广域网完成信息交换。广域网的骨干网是基于光纤的网络。IED 产生的数据被封装成 IP 数据包，采用 IP-over-SDH 或 IP-over-ATM 协议在广域网中传输，例如将 IP 数据包在 ATM 层全部封装为等长度的 ATM 信元，以 ATM 信元形式在网络中传输。IP 作为互联网的网络层专用协议已经非常成熟，能很好地支持系统间的互连和互通，采用该协议可以使数据在整个局域网以及广域网中共享。

IP 数据包经过路由器时需要运行路由算法查找目标地址，往往会产生通信瓶颈。在 ATM 中提供了虚电路（Virtue circuit）连接，一旦建立连接，IP 数据包将以直通（Cut-through）方式传输，而不再经过其他路由器，有效地解决了路由器瓶颈问题，并会将 IP 数据包的转发速度提高到交换速度。

在应用层采用制造报文规范（MMS）—ISO 9506,该标准提供了丰富的读、写、定义以及形成数据对象等通信服务,并定义了当执行相关服务时,设备所应表现出的网络可见行为。MMS 还具有定义和处理逻辑对象的强大能力。通过定义设备对象、服务、行为,使设备之间具有很高的互操作性。这些定义不妨碍设备和应用内部使用不断创新的新技术,为用户提供了一个独立于所完成功能的通用通信环境。同时,IEC 61850 也完全支持从其抽象服务接口到 MMS 的映射,因此将 GSSE 信息模型映射到 MMS 是非常简单的。

三、通信系统运维管理

（一）IEC 61850 协议

国际电工委员会第 57 技术委员会（IEC TC57）制定的变电站通信网络和系统系列标准——IEC 61850 是一个庞大的通信协议体系,它不仅定义了变电站自动化系统的数据交换和通信要求,还对整个通信系统的对象模型、体系结构、通信网络及项目管理方法等方面有详尽系统的规范和说明。较之于传统的通信协议,IEC 61850 有下列突出优点:

（1）使用抽象通信服务接口（ACSI）和特殊通信服务映射（SCSM）技术;

（2）使用制造报文规范（MMS）;

（3）提供自我描述的数据对象与服务;

（4）使用面向对象的建模技术;

（5）实现 IED 之间的互操作性;

（6）采用分布、分层的结构体系;

（7）具有面向未来的开放式的体系结构。

IEC 61850 的这些特点使得不同制造厂商生产的设备之间能够自由地进行信息交换,变电站自动化通信系统的开发和扩展也变得更加容易。IEC 61850 使得电力通信系统能支持不同的通信规约并能跟上网络通信技术飞速发展的步伐,从而能有效地解决目前通信技术中存在的诸多问题。IEC 61850 的主要目标是实现自动化变电站之间的互操作,同时也考虑到了通信标准自身的各种适应性问题,使得标准的内涵更加丰富。

智能配电网通信中的各种报文都需要使用相应的通信协议栈来实现。根据报文类型和具体要求,其使用的通信协议栈如图 3-18 所示。

IEC 61850 系列标准共包含 10 个部分,具体如下:

（1）IEC 61850—1:DL/Z 860.1《变电站通信网络和系统　第 1 部分:概论》;

（2）IEC 61850—2:DL/Z 860.2《变电站通信网络和系统　第 2 部分:术语》;

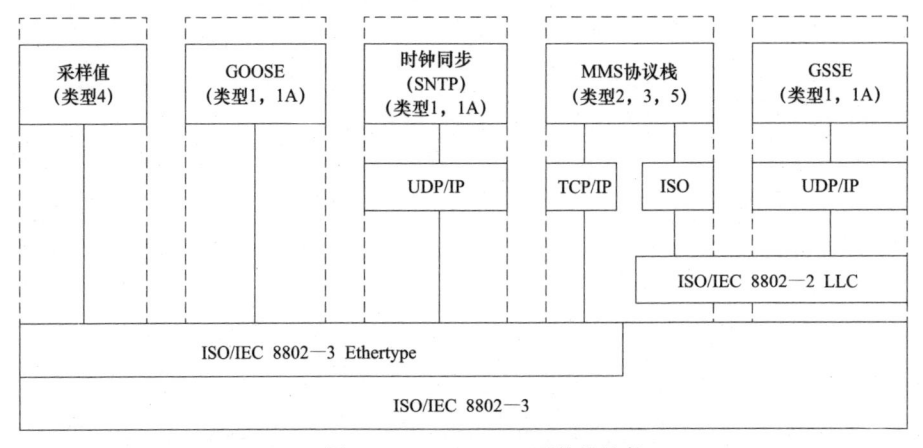

采样值 (类型4)	GOOSE (类型1, 1A)	时钟同步 (SNTP) (类型1, 1A)	MMS协议栈 (类型2, 3, 5)	GSSE (类型1, 1A)
		UDP/IP	TCP/IP | ISO	UDP/IP
			ISO/IEC 8802—2 LLC	
ISO/IEC 8802—3 Ethertype				
ISO/IEC 8802—3				

图 3-18　IEC 61850 通信协议栈

（3）IEC 61850—3：DL/T 860.3《变电站通信网络和系统　第 3 部分：总体要求》；

（4）IEC 61850—4：DL/T 860.4《变电站通信网络和系统　第 4 部分：系统和项目管理》；

（5）IEC 61850—5：DL/T 860.5《变电站通信网络和系统　第 5 部分：功能的通信要求和装置模型》；

（6）IEC 61850—6：DL/T 860.6《电力企业自动化通信网络和系统　第 6 部分：与智能电子设备有关的变电站内通信配置描述语言》；

（7）IEC 61850—7—1：DL/T 860.71《电力自动化通信网络和系统　第 7-1 部分：基本通信结构原理和模型》；

（8）IEC 61850—7—2：DL/T 860.72《电力自动化通信网络和系统　第 7-2 部分：基本信息和通信结构—抽象通信服务接口（ACSI）》；

（9）IEC 61850—7—3：DL/T 860.73《电力自动化通信网络和系统　第 7-3 部分：基本通信结构　公用数据类》；

（10）IEC 61850—7—4：DL/T 860.74《电力自动化通信网络和系统　第 7-4 部分：基本通信结构　兼容逻辑节点类和数据类》；

（11）IEC 61850—8—1：DL/T 860.81《变电站通信网络和系统　第 8-1 部分：特定通信服务映射（SCSM）对 MMS（SO9506—1 和 ISO 9506—2）及 ISO/IEC 8802—3 的映射》；

（12）IEC 61850—9—2：DL/T 860.92《变电站通信网络和系统　第 9-2 部分：特定通信服务映射（SCSM）映射到 ISO/IEC 8802—3 的采样值》；

（13）IEC 61850—10：DL/T 860.10《变电站通信网络和系统 第 10 部分：一致性测试》。

（二）二次系统总线通信方案

根据 IEC 61850，智能变电站保护系统采用过程总线（交换式以太网）通信。过程总线是一种基于交换式以太网技术的智能通信网络，其主要功能特征有：

（1）通信网络智能电子设备能够读取变电站网络配置文件，并自动完成网络配置。

（2）根据网络负载的变化自动调整和优化网络资源，能够利用最少的网络资源发挥出最大的网络性能。

（3）具有自检功能，当网络出现故障时，能够以最快的速度进行修复，最大程度地保证信息传输的可靠性。

过程总线数据传输模型（与继电保护相关）主要有两类，即 SV 模型和 GOOSE 模型。两者的传输性能决定了继电保护的速动性和可靠性。为了保证关键数据（如 GOOSE 跳闸命令）传输的可靠性，过程总线通常采用独立式组网方案，即 SV 和 GOOES 两种数据分开组网。这种组网方案的优点在于能够有效避免 GOOES 跳闸命令的传输受到大流量的 SV 数据干扰而发生延时、丢包等问题，但会浪费一定的网络资源。目前，工业以太网技术的发展已经非常成熟，采用快速以太网、千兆以太网技术并结合现有的高级网络管理功能，能够解决变电站的网络通信问题。在保证网络性能的前提下，采用 SV、GOOES 统一组网方案，可以大幅提升网络资源利用率，降低变电站网络设计成本。因此，研究 SV、GOOES 的传输特性，建立两者共网传输模型，对保护系统网络性能分析及其方案设计具有十分重要的指导意义。

（1）SV 传输模型。SV 数据是指电流、电压互感器采集到的电流、电压信号，经过合并单元整合处理后，形成标准格式的网络报文。SV 数据有两种传输模式，即点对点式和点对多点式。前者可直接通过光缆传输，后者还需要交换式以太网模块转发。

SV 报文是保护、测控、监控等的基础数据，主要分为，IEC 61850—9—1 和 IEC 61850—9—2 两类。目前变电站 SV 主要依据 IEC 61850—9—2 报文格式及其通信协议设计，其支持采样值的网络化传输，并支持数字化变电站"数据一处采集、全站共享"的基本要求。为保证基础数据传输的实时可靠性，应单独组网，在网络允许的状况下也可与 GOOSE 报文共享同一网络。相比于 IEC 61850—9—1，点对点光纤链路数量大为减少，解决了传统变电站的复杂硬接线问题。

（2）GOOSE 信息模型。GOOSE 信息模型主要分为两种：一种是控制信息，如，控制器（如：保护、测控）发送给执行器（如：断路器）的保护出口信息和测控信息等；另一种是状态信息，如，执行器执行完动作后将状态反馈给控制器的隔离开关动作情况和设备运行情况等。其采用发布/订阅服务机制来进行数据传输。为了保障数据传输的可靠性，采用心跳重发机制，当出现一次设备故障时，报文数量激增，将对网络基本负荷造成冲击。在设计网络带宽时，需留有相当的裕量，以保证实时性要求。

GOOSE 信息流主要承载着开关状态信号以及跳闸等控制命令，对通信可靠性、实时性要求很高。IEC 61850 采用心跳重发机制发送 GOOSE 报文，如图 3-19 所示。在无变电站事件发生的情况下，GOOSE 报文以周期 T_0 重发 GOOSE 报文，每一帧报文的内容相同，唯一不同的是报文中的发送序号会随着每次重发报文而逐步递增，此时 GOOSE 报文为周期性报文，流量较低。当有新的变电站事件如跳闸命令等发生时，事件序号增加 1，发送序号清零并重新计数，并立刻以较小的时间间隔 T_1 发送这条事件报文，之后以时间间隔 T_2、T_3、…重发报文直至时间间隔为 T_0 时结束这一条事件报文的发送，此时 GOOSE 报文为非周期性报文，具有突发性，报文流量大。

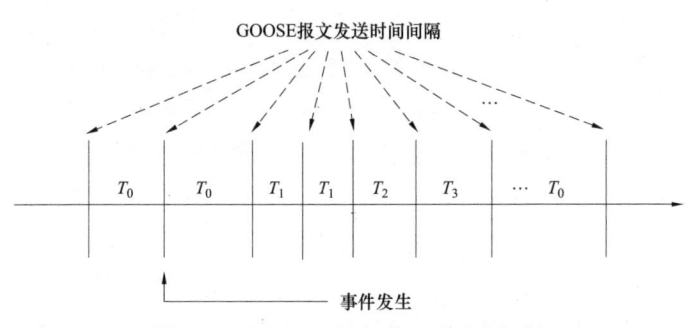

图 3-19　GOOSE 报文的心跳重发机制

由于智能变电站保护系统采用过程总线进行通信，因此过程总线的可靠性在一定程度上决定了保护系统可靠性。目前，保护系统采用网络通信主要存在如下问题：

（1）实时性问题。过程总线采用交换式以太网技术实现。以太网的媒体访问控制（MAC）采用带避撞的载波侦听多路访问/冲突检测（CSMA/CD），传输延时具有不确定性。虽然交换式以太网技术已经解决了通信网络的逆向阻塞问题，但是单向阻塞问题尚缺乏有效的解决方案，只能利用更高速率的网络去保证数据传输的实时性。而高速、高性能的网络往往需要较大的成本，因此过程总线设计还需要从经济性角度考虑才能满足实际工程要求。

（2）可靠性问题。过程总线网络是由电子设备及通信光缆组成的智能系统，电子设备的故障特性与常规变电站一、二次系统中单纯铜接线（电缆）的连接有很大差别。由电子设备组成的网络系统更容易发生瞬时故障，而瞬时故障具有潜在性和不可测性等特点。由于通信故障而造成继电保护误动或拒动是电力系统无法接受的，因此针对过程总线通信故障的应对措施是亟待解决的问题。

（3）安全性问题。通信网络的安全问题与网络资源开放性有着密切关系。IEC 61850 在解决了不同厂商产品相互之间兼容问题的同时，也带来了网络安全的问题。变电站通信采用统一网络标准，重要数据（如采样值信号、跳闸命令等）采用明文传输，这就使得不法分子很容易识破和篡改这些数据，通过数据伪造、重播等手段对电力系统发动攻击。

（三）通信标准的未来发展

IEC 61850 在第 2 版中对第 1 版所存在的含糊不清的内容进行了修改，名称也已从"Communication Networks and Systemsin Substations"（变电站通信网络和系统）变成"Communication Networks and Systems for Power Utility Automation"（公用电力自动化事业的通信网络和系统）。这些改进都表明在未来电力领域中，IEC 61850 将会起到更为深入和更为广泛的作用。在模型应用方面，相关模型的应用将会扩展到水电领域和分布式能源领域，未来甚至会向配电网领域扩展。而 IEC 61850 面向对象的建模思想在发布之初就被应用于风电标准 IEC 61400—25，因此，以 IEC 61850 为基础的信息模型在变电站中得到广泛应用和推广后，将扩展应用到配电网乃至整个电力系统。因此，智能变电站所涉及的信息模型的发展也会更加的完整和完善，尤其是在变电站与分布式能源相结合的领域。当前，在 IEC 61850 相关标准中所定义的模型均是以设备作为对象，即针对具体对象定义其具体的逻辑设备和逻辑节点，逻辑节点作为信息模型的功能主体，其所包含的数据对象是组成其实体的关键。不同厂家产品模型之间相互协调的主体就是对相同逻辑节点的数据对象的扩充，数据对象又都来源于公共数据类型，因此公共数据类型中所包括的才是最基础的数据属性。智能变电站当前所采用的数据对象都是沿用 IEC 61850 所定义的，在 IEC 61850 第 2 版中，也新增了一系列数据对象类型。在 IEC 61850 第 1 版中定义的公共数据类型有 29 项，而在智能变电站设计、运行过程中实际使用了 18 项；之后针对信息模型的标准均以此为基础。IEC 61850 第 2 版根据自身应用领域扩展的需求，新增了 11 项数据类型，这些都在 IEC 61850—7—3 第 2 版中有明确的定义。目前，国内对于这些数据类型正在整理，暂未应用于实际工程。

在 IEC 61850 第 2 版中还增加了 IEC 61850—80—1 和 IEC 61850—90—2 来规范变电站与控制中心之间的通信，而这一问题的关键就在于变电站与主站之间的信息模型。IEC 61850—80—1 基于变电站公共数据类型实现与 IEC 60870—5—101/104 之间的信息交换。IEC 61850—90—2 则是应用 IEC 61850 实现变电站与主站之间的通信，其关键仍然是信息模型。

四、一体化监控系统运维管理

与传统变电站相比，智能变电站拥有通信平台网络化、管理运维自动化、设备检修状态化、高级应用互动化、全站信息数字化等技术优势，并采用统一的通信标准和数据模型实现站与站、变电站和调度中心之间的数据共享。智能变电站一体化监控系统的建设也正在全面开展，但是仍然存在着一些问题：

（1）站内多种信息系统并存，且相互之间独立建设，导致数据及信息交叉重复采集，利用率低。站内监控系统、状态监测系统和辅助应用系统之间信息交互困难，无法进行综合分析，且涉及安全分区限制。站外与调度主站、PMS 信息传输受规约限制，信息交互困难。

（2）对于站内全景数据的一体化信息平台和高级应用功能缺乏详细说明和具体规定。

（3）原始数据的准确性和可靠性成为影响分布式状态估计等高级应用发展的瓶颈。

（4）站内高级应用、主站系统缺乏变电站系统全面的信息。

由此可见，智能变电站一体化监控系统的建设应突出体现集成、优化思想，将设备和系统都进行整合，减少设备（系统）配置数量，实现信息共享，推动结构紧凑、功能集成、信息融合的智能变电站建设，引领智能变电站关键技术的发展。目前正在开展面向新建变电站的一体化系统和整合型设备的技术研究与应用。

在此背景下，国家电网公司大力提倡建设智能变电站一体化信息平台，并制订了一系列的规范和标准。对于智能变电站一体化监控系统的定义是："按照全站信息数字化、通信平台网络化、信息共享标准化的基本要求，通过系统集成优化，实现全站信息的统一接入、统一存储和统一展示，实现运行监视、操作与控制、综合信息分析与智能告警、运行管理和辅助应用等功能"。

可以说，一体化监控系统不仅是变电站高级应用功能实现的关键，也是调度中心高级应用的重要支撑。一体化监控系统纵向贯通调度、生产等主站系统，横向连通变电站内各自动化设备，处于体系结构的核心部分。一体化监控系统直接采集站内电网运行信息和二次设备运行状态信息，通过标准化接口与输变电设备状态监测、辅助应用、计量等进行信息交互，实现变电站全景数据采集、处理、监视、控制、运行管理等。

一体化监控系统和状态在线监测、计量系统等辅助应用共同组成智能变电站综合自动化系统，其中一体化监控系统处于核心地位。智能变电站一体化监控系统是体系的关键环节，包括故障录波系统、测控系统、保护系统等，并通过数据通信网关机与调度中心及其他变电站进行信息传输。

智能变电站一体化监控系统构架如图 3-20 所示。

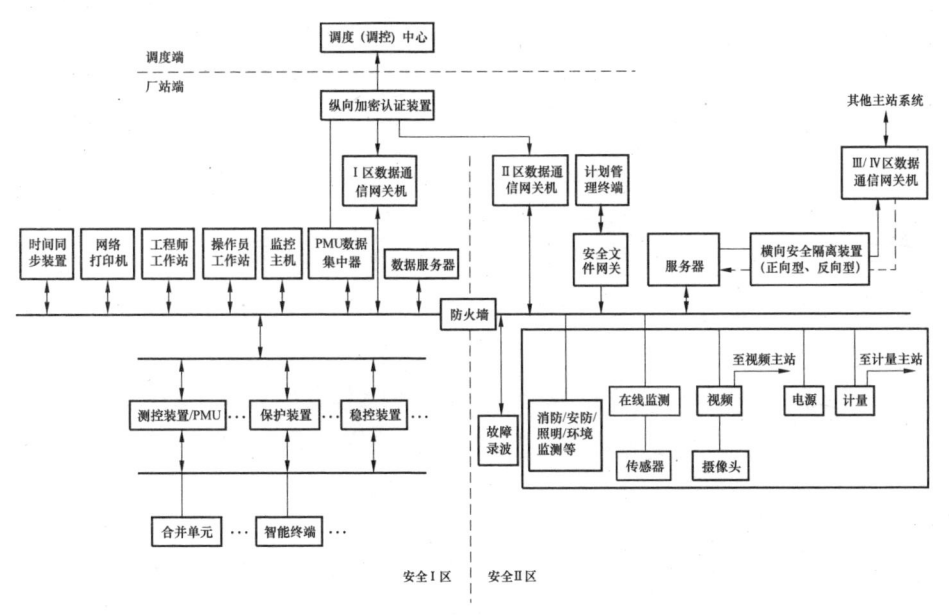

图 3-20 智能变电站一体化监控系统构架

从图 3-20 中可以看出，一体化监控系统在其内部可以分成两个安全分区，分别是安全Ⅰ区和安全Ⅱ区，两个安全区之间通过防火墙进行隔离。在安全Ⅱ区，虚线框内的设备和系统并不直属于一体化监控系统，但可以通过网络与一体化监控系统实现信息交互。

安全Ⅰ区包含一体化监控系统监控主机、Ⅰ区数据通信网关机、操作员工作站、数据服务器、工程师工作站、测控装置、保护装置、PMU等设备。在安全Ⅰ区，监控主机对配电网运行状态和设备工况等数据进行实时采集，经过分析和处理后进行统一展示，并将数据存入数据服务器。Ⅰ区数据通信网关机通过直采、直送的方式实现与调控中心的数据实时传输，并提供运行数据浏览服务。

安全Ⅱ区包含计划管理终端、综合应用服务器、Ⅱ区数据通信网关机、变电设备状态监测装置、视频监控、安防、环境监测、消防等设备。综合应用服务器与智能变电站设备状态监测和辅助设备进行通信，采集系统电源、计量、安防、消防、环境等监测信息，经过分析和处理后进行可视化展示，并将数据存入数据服务器。Ⅱ区数据通信网关机通过防火墙从数据服务器获取Ⅱ区数据和模型等信息，与调控中心进行信息交互，提供信息查询和远程浏览服务。

智能变电站一体化监控系统从功能上划分主要涉及操作与控制、运行监视、信息综合分析与智能告警、运行管理、辅助这五大应用，与此五大应用紧密相关的还涉及数据的输入和输出，数据的采集和信息的传输等。此五大应用又可以根据其特点进行再划分：操作与控制包括调度控制、站内操作、无功优化、负荷控制、顺序控制、防误闭锁和智能操作票七个部分；运行监视包括运行工况监视、设备状态监测和远程浏览三个部分；信息综合分析与智能告警包括站内数据辨识、故障综合分析和智能告警三个部分；运行管理包括源端维护、权限管理、设备管理、定值管理和检修管理五个部分。

第四节 智能变电站运行管理与设备维护

一、智能变电站运行管理
（一）运行管理要求
1. 对运行方式的要求

随着智能变电站建设规模的不断扩大，不仅智能变电站的数量会日益增多，站内设备的数量以及复杂程度也会不断增加。目前，控制配电网实现某个运行方式变化时，主要依靠调度人员把每个控制命令细化为设备具体的操作步骤，再通过人工具体操作来实现这些控制。因此，当智能变电站内设备不断增加时，这种人工操作的工作量也将会随之增加。智能变电站能够将调控系统对配电网的操作意图自动地解析成为具体的单步骤指令，同时反馈给调度人员。此外，智能变电站还能预先对每一步操作进行分析，对可能发生的风险进行预测并提出应对策略，从而保证了配电网运行的可靠性和安全性。

2. 对设备管理模式的要求

在传统变电站中，设备的管理与运行是彼此分开的。设备的管理通常由生产部门采用专业化管理策略，即电网部门设立专业运维人员对所辖的某种设备的技术、检修、试验、缺陷等方面进行管理，而设备的运行方式则是由调度部门根据电网的运行需求来决定的。这种分离带来了许多弊端，例如当调度不了解设备的实际运行状况，但又需要满足供电的安全可靠性时，一般会采取冗余的运行方式。随着配电网规模的不断扩大，冗余的设备将随之增多，这就必然会对配电网建设的经济性造成严重影响。在智能变电站中，需要构建一种全新的设备管理理念，从设备管理的层次上升到变电站管理的层次，再从变电站整体角度对设备管理与运行方式管理的结合进行考虑。智能设备在智能变电站中的大量应用，可以使变电站自动采集站内设备的状态，并进行自动评估，同时向管理人员提出试验、检修方面的请求，从而使得变电站具有了自主管理的能力，并且大幅提高了设备管理的有效性和实时性。由此可见，新的运行管理模式不仅是发展智能变电站的必然结果，也是构建智能变电站的必要条件。

3. 对信息保障体系的要求

智能变电站与传统变电站相比更加依赖于信息和网络。不仅智能变电站内站控层、过程层和间隔层依赖网络，智能变电站之间的数据交互同样依赖于坚强的网络和通信系统。因此智能配电网的建设，智能变电站的建立，与建立坚强的信息保障体系是密不可分的。

信息的交互与传递是整个智能配电网和智能变电站的基础。智能配电网要求建立一个完善、坚强的信息传输系统，一个具有配电网和整个变电站高度的信息系统。信息系统要有快捷的信息访问途径，并且有畅通的信息上传通道。但是，目前整个配电网信息系统现场都很难满足这样的要求，配电网的信息系统还不够完善，各系统之间联系松散，缺乏统一规划。如果这些信息来自于多个相互孤立的系统，信息的统一性和完整性就更加难以保障。由此可见，智能变电站需要统一、强大、坚强的信息保障体系。

（二）运行管理架构

智能变电站由智能电气设备组成，且每个智能变电站都要具备一个智能处理核心。智能处理核心可以将智能设备的当前状态信息反馈给调度中心，并对操作可能带来的风险进行评估和提示。之后，智能配电网生成调度策略，调度中心会对所有智能变电站发出调度指令。智能处理核心在得到调度确认后，对智能设备下达控制命令。因为智能处理核心能够接收调度指令,并将调度指令分解成独立的操作步骤,故调度指令不再被人为分解。

基于智能变电站的智能化特点,智能变电站设备的运维管理需要从具体技术、具体设备的专业管理模式逐步发展为着眼于整个变电站和整个配电网的管理模式。新的设备运维管理模式中,智能变电站的信息源头不仅来自站内设备,还来自设备管理中心的信息支持。设备管理中心可以接收多方面的外部信息。此外,智能变电站不仅要了解内部设备的信息,还需要对出线线路的风险情况有足够的了解,从而实现着眼于配电网层面的设备管理,提高了供电可靠性,降低了配电网运行风险。

智能变电站运行管理架构主要分为智能变电站设备管理架构和设备管理中心的信息体系架构两个方面。

(1)智能变电站设备管理构架。设备管理要做到为调度运行服务,就必须做到设备监测、风险预测和辅助决策。因此智能变电站设备管理和运行方式的结合成为智能变电站设备运维管理必然的发展趋势。智能变电站设备管理架构如图3-21所示。

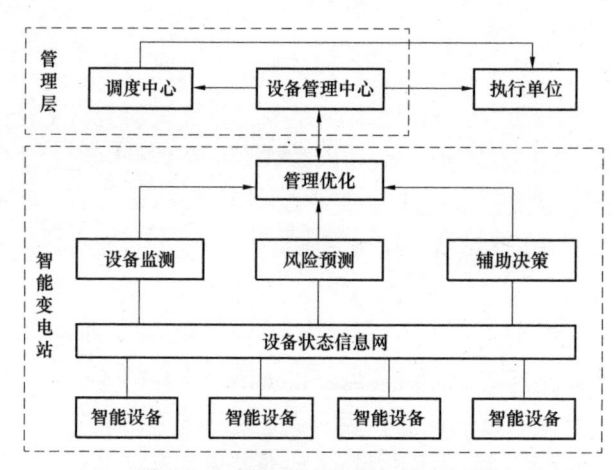

图3-21 智能变电站设备管理架构

从图3-21可以看出,设备管理是运行方式的基础。对智能设备运行状态进行采集,并将设备的运行状态通过信息网络发送至辅助决策、风险预测和设备监测等处理模块,各处理模块自动形成建议后发送给管理优化模块并形成最终的优化管理建议。设备管理中心接收到意见后,会将意见发送给需要这些意见和信息的调度部门和执行单位。这样不仅使得调度和运维工作能够做到有的放矢，而且便于调度部门形成基于所辖网络的整体、统一的综合性决策。

（2）设备管理中心的信息体系架构。设备管理中心的信息体系主要可以分为两个方面的构架：一个是智能变电站的信息工作站；另一个是设备管理中心。信息工作站是从整个智能变电站角度出发的一个信息平台。通过信息工作站，智能变电站能够对站内、外的信息进行加工处理，从而形成局部决策信息。信息工作站是智能变电站的信息融合中心。设备管理中心能够实现各个智能变电站之间的事项决策，是一个相对于智能变电站信息工作站更高层次的平台。二者相辅相成构成了支持智能变电站设备运维管理的信息体系架构。图3-22所示是某配电网通过对已有系统进行整合，构建的适应智能电网的设备管理中心的信息体系架构。

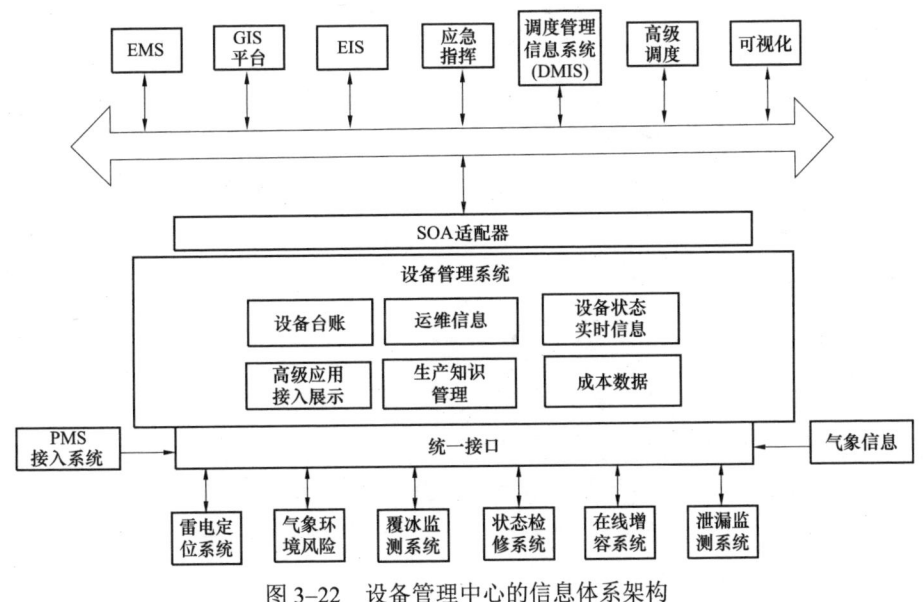

图3-22 设备管理中心的信息体系架构

从图3-22可以看出，设备管理中心不仅要承担智能变电站的管理职能，形成局部决策，而且要保障信息安全并且担当数据接口的职能。

二、智能变电站智能巡检技术

（一）巡检的一般原则

巡检指的是为及时发现设备缺陷或异常，并将情况立即汇报站长和上级有关部门，以便实施零缺陷运行管理，而定期对变电中心站各类型设备运行状况进行的检查。巡检分为周期性巡检和特殊性巡检两类。

（1）周期性巡检指按照规定的时间段进行巡检，如日巡、夜巡，晚班的时候做夜巡，日班的时候做日巡，巡检一般由两个人员参与。

（2）特殊性巡检指特殊性季节、情况下的巡检，如高温天气的巡检、雷雨后的巡检、节假日巡检及各种保电巡检等。迎峰度夏时期，每日简报中会有前一天负荷超过80%的变电站列表，作为特殊性巡检要求。

为了满足智能设备的运行要求，将巡检方式细分为一般巡检和精细巡检，分别制定规范。一般巡检原则上是对设备运行环境、设备上肉眼可以检查的部分进行巡检和记录；精细巡检应携带巡检工具，如红外成像仪、局部放电测试仪等，对设备进行深入检查，旨在发现设备存在的内部隐患，总结规律，及时消除隐患，提高巡检的有效性。智能变电站巡检的操作原则为：

（1）每月组织相关专业人员对智能输变电设备状态进行分析，根据状态评价结果对巡检周期进行调整。

（2）智能变电站设备巡检基准周期为3天，线路设备巡检基准周期为1个月，可根据设备状态评价结果调整巡检周期，但最多不超过3个基准周期。重大保电、气候突变以及高温、高负荷期不得延长巡检基准周期。

（3）对巡检周期进行了调整的输变电设备，在巡检中如发现重大缺陷和隐患，应立即汇报，并纳入特殊性巡检范围，直至重大缺陷和隐患消除后，重新进行评价，实施巡检周期调整。

（4）实施状态巡检后，每季度仍需对设备进行一次集中、全面的巡检。

（二）智能变电站设备智能在线自检

智能在线自检是实现变电站信息数字化、通信平台网络化、信息共享标准化的必要条件，并可根据需要支持电网实时自动控制、在线分析决策、协同互动等高级功能，实现与相邻变电站、电网调度等的互动。不仅可以掌握电力设备当前的运行情况，还可以通过专家系统对电力设备进行综合诊断，分析设备的当前状态及未来趋势，在发生故障之前提出检修计划，做到防患于未然。

智能在线自检系统主要由前端状态在线监测系统和变电站故障诊断专家系统组成。

状态在线监测技术指在电气设备的运行状态下，通过开关柜测温、变压器油色谱在线监测、SF_6密度及微水在线监测、红外成像测温在线监测、直流在线监测、保护信息管理系统、避雷器在线监测、高压室环境在线监测等技术，对被测的电气设备进行检测，用于发现运行中的电气设备所存在的潜在性故障。需要说明的是：各种设备报警的上、下限值以设备出厂说明书、测试报告为准。

前端状态在线监测系统一般采用分层分布式结构，由传感器、IED等组成，各个状态监测单元通过统一的 IEC 61850 协议与监测后台系统通信。传感器是状态监测系统的关键组成部分，其性能直接决定了整个系统测量的准确性，传感器层不仅包括简单的电压、电流传感器，也包括复杂的采集装置，如油色谱、密度微水传感器；IED 主要对监测数据做初步的分析，然后将监测数据及分析结果上传至监测后台。

监测后台具有数据采集存储、故障报警、故障诊断等功能，其中，变电站故障诊断专家系统是监测后台最重要的组成部分，也是智能巡检系统的核心技术和最终目标。包括数学模型和专家评估模型两大块：数学模型是指利用改进的数学模型，对历史数据库中的监测数据进行推理分析，结合神经网络理论、灰色轨迹理论、数据库技术、模糊理论模型等各种算法，诊断出运行电力设备的健康状况；专家评估模型是指利用知识库和推理机制诊断运行电力设备的故障情况，也可以采用人机交互诊断混合推理策略，对运行电力设备提出维护方案。智能状态监测专家系统能够利用电气故障诊断领域内专家多年积累的经验与知识，通过"知识+推理"的结构，模拟人类专家思维过程，达到智能监测、智能判断、智能管理、智能验证的目的。智能在线自检系统的典型结构如图 3-23 所示。

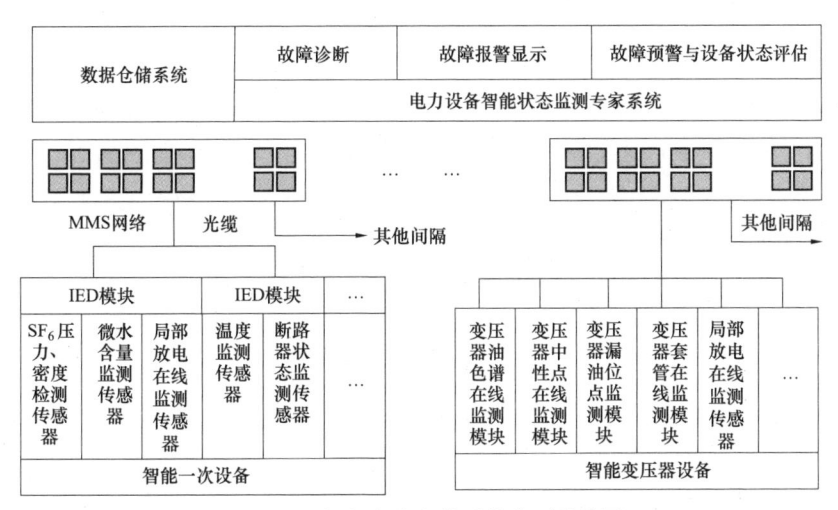

图 3-23 智能在线自检系统典型结构图

（三）智能变电站巡检机器人应用

变电站值班员进行人工巡检，主要是通过看、触、听、嗅等感官来实现对运行设备的简单定性判断。人工巡检能够发现设备外部可见、可听、可嗅的缺陷，例如：油位、油温、压力、渗漏油、外部损伤、锈蚀、冒烟、着火、异味、异常声音、二次设备指示信号异常等。但其受人员的生理、心理素质、责任心、外部工作环境、工作经验、技能技术水平影响较大，存在漏巡、缺陷漏发现的可能性。当运行人员无专业仪器或者仪器精确度太低时，不能通过人工巡检发现设备内部缺陷，例如：油气试验项目超标、设备特殊部位发热、绝缘程度降低等。

再者，中国地域辽阔，有很多变电站的地理和气象条件十分恶劣，如高海拔、酷热、极寒、大风、沙尘、多雨等，只靠人工在室外进行长时间的设备巡检工作十分困难，特别是在站内出现事故或大风、大雪及雷雨后，因集控站无法出车，不能及时巡检，造成集控站值班员不能及时了解现场设备状态及发现隐患，危及电网的安全运行。

此外，巡检人员巡检设备时需要站在离设备较近的地方，这对巡检人员的人身安全也有一定的威胁，特别是在异常现象查看、恶劣天气特殊性巡视，事故原因查找时危险性更大。

综上所述，人工巡检存在及时性、可靠性差，劳动强度大，工作效率低，检测质量不确定，管理成本高等问题。

智能变电站巡检机器人为智能变电站的运行管理提供了一种创新的设备检测和监控手段，是基于自主导航、精确定位、自动充电等优点的室外全天候移动平台，集成可见光、红外、声音等传感器。基于磁轨迹和路面特殊布置的无线射频识别（RFID）标签，可实现巡检机器人的最优路径规划和双向行走，将被检测设备的视频、声音和红外测温数据通过无线网络传输到监控室；巡检后台系统通过设备图像处理和模式识别等技术，结合设备红外图像专家库，实现对设备热缺陷、分合状态、外观异常的判别，以及仪表读数、油位计位置的识别；并配合智能变电站顺序控制操作系统实现被控设备状态的自动校核。典型的智能变电站巡检机器人工作状态图如图 3-24 所示。

智能变电站巡检系统包括基站控制中心、通信层和现场巡线机器人，其组成结构如图 3-25 所示。基站控制中心是整个巡检系统的数据接收、处理与展示中心，由数据库（模型库、历史库、实时库）、模型配置、数据处理（实时数据处理、事项报警服务、日志服务等）、视图展示（视频视图、电子地图、事项查看等）等模块组成。通信层由网络交换机、无线网桥基站及无线网桥移动站等设备组成，为站控层与终端层之间的网络通信提供透明的传输通道。巡检机器

(a)   (b)

图 3-24 　智能变电站巡检机器人工作状态图

(a) 变电站室外；(b) 变电站室内

人包括多种监测设备，如红外热像仪、气体探测器等，巡检机器人与监控后台之间为无线通信，固定视频监测点与监控后台之间可采用光纤通信；充电室中安装充电机构，巡检机器人完成一次巡检任务后或电量不足时，自动返回充电室进行充电。

基站控制中心							
电子地图GIS展现			巡检监测数据处理			机器人远程遥控操作	
电子地图制作	电力设备位置及状态展现	机器人工作状态	图像、现场和各项采集处理	电流设备状态巡检	电流设备检测数据显示	电流设备检测数据存储备份	行走控制	云台控制

⇅

无线网络

⇅

现场巡检机器人							
机器人本体	故障诊断与保护	机器人导航、定位	机器人远程遥控操作	基于RFID的设备识别	现场图像、视频和音频信号的采集、传输	红外热像检测

图 3-25 　智能变电站巡检系统组成结构图

巡检机器人的主要功能包括：

(1) 检测功能。通过在线式红外热像仪检测一次设备的热缺陷,包括电流致热型、电压致热型设备的本体及接头的红外测温;通过在线式可见光摄像仪进行一次设备的外观检查,包括破损、异物、锈蚀、松脱、漏油等;检测断路器、隔离开关的位置;检测表计读数、油位计位置;通过音频模式识别,分析一次设备的异常声音等。

(2) 导航功能。按预先规划的路线行驶,能动态调整车体姿态;能差速转向,原地转弯且转弯半径小;磁导航时超声自动停障;能按最优路径规划和双向行走,指定观测目标后计算最佳行驶路线。

(3) 分析及报警。能对设备故障或缺陷进行智能分析并自动报警;自动生成红外测温、设备巡检等报表,报表格式可由用户定制,可通过 IEC 61850 接口上送信息一体化平台;按设备类别提供设备故障原因分析及处理方案的辅助系统,提供设备红外图像专家库,协助巡检人员判别设备故障。

(4) 控制功能。设备巡检人员可在监控后台进行巡检;可对车体、云台、红外及可见光摄像仪进行手动控制;可实现变电站设备巡检的本地及远方控制;与顺序控制系统相结合,可代替人工实现开关、隔离开关操作后位置的校核。

(5) 特殊性巡检。当因天气恶劣或设备附近存在安全隐患等,运行人员不便靠近该设备时,巡检机器人可代替运行人员到达指定设备的观测位置,运行人员在后台通过调整巡检机器人云台位置对准被观测设备进行检测。

(6) 固定视频点接入。巡检机器人系统还可接入变电站的固定视频监测点,覆盖巡检机器人无法到达的观测死角,实现全站的视频监测。

(7) 与变电站综合自动化系统交换。获取设备实时负荷电流,进行设备温升分析;作为 IEC 61850 服务端与综合自动化或智能变电站信息一体化系统接口,配合遥控或顺序控制进行被控设备的位置校核。与生产管理信息系统(MIS)接口,上送红外测温和设备外观异常信息。

第四章

智能配电线路运维管理

10kV 智能配电线路的安全可靠运行直接关系到广大电力客户的用电质量，随着国民经济的飞速发展，国内对智能配电线路的研究越来越重视，主要体现在以下几个方面：

（1）在配电线路故障方面，主要开展了配电线路故障定位技术、故障识别与诊断方法、配电线路故障分析及自动化技术、配电线路防雷技术等专业技术研究，但对于配电线路故障一般限于个体故障原因分析，缺乏统一全面的分析诊断，对于故障防范措施缺少系统的研究。

（2）在线路防雷方面，一般采用电磁分析法建立仿真模型，分析线路的防雷水平，研究影响线路防雷水平和雷击跳闸率的因素，并根据研究结果，采用加强线路绝缘、降低杆塔高度、降低接地电阻、安装线路避雷器和避雷线等措施来提高线路防雷水平。

（3）在线路防舞动方面，采用增加线路分段、安装防舞动设备等措施来提高线路防舞动水平。

（4）在线路防外力破坏方面，通过对历年来的事故统计数据及原因进行分析，提出增设安全警示标识、加大宣传、强化管理等技术措施和管理措施，降低了线路外力破坏事故发生率。

第一节 架空配电线路运维管理

一、架空配电线路在线监测

架空配电线路是智能配电网的重要组成部分，为保证其安全运行，目前主要通过建设架空配电线路状态监测系统，创新架空配电线路运行管理模式，以有效的集中监测与管理手段来获取线路自身运行及周边环境状态，为线路生产管理、设备运行维护、状态检修、应急防灾提供动态信息，实现架空配电线路安全预警和辅助决策，促进运行维护、电网差异化设计工作，提高运行维护、生产管理的精益化水平，推动配电环节工作的开展。架空配电线路在线监测的原理主要有：

1. 视频/监测子系统

视频监控是最能够直观反映架空配电线路外力破坏的监控模块，可实现对线路的外力破坏点、危险点、重点线路通道的实时监控，并部分代替人工巡线。利用视频监控子系统，可以在监控中心实时、快速地掌握架空配电线路通道的具体情况，一旦发现线下施工或者有威胁线路安全的行为时，可以通过喊话等方式快速制止，并派出巡线人员第一时间到达现场，对相关人员进行劝说和教育。此外部分取代人工巡线，节约了人力物力成本，提高了对架空配电线路的监控可靠率。

视频监测子系统是目前较为简单、有效的监控手段，可对架空配电线路及周边环境进行全天候监控，可使特殊区段受微气象和地理环境影响的架空配电线路运行于可视可控之中。

进行视频采集时，对视频信号的处理采用 CMAC 视频压缩算法，该算法在色度压缩上进行特殊处理，在实现高压缩效率的同时保证了很好的清晰度和色彩还原质量，具有压缩效率高、占用系统功耗小的特点。

架空配电线路远程视频监视系统是在对视频处理技术、无线通信技术、环境防护技术、新能源技术和低功耗技术深入研究应用的基础上开发的产品。该系统通过无线方式采集现场视频、图像或图片，实现对架空配电线路绝缘子表面污秽状况和污闪现象、横担、金具、防振锤、阻尼线等的工作状态及周边情况的全天候全方位监测，还可对线路状况进行监测。

2. 导线温度监测子系统

导线温度监测子系统的工作原理是利用安装在导线上的温度传感器，测出导线实际温度，并结合变电站电流互感器测得的电流，如果电流值也很大，那就说明导线有过热的可能。同时，也可以通过导线温度计算导线弧垂，从而判断交叉跨越距离或者导线对地距离，防止发生外力破坏。

首先需要确定最容易引起导线发热的位置。根据大量的实际经验分析，导线与线夹结合处经常是导线温度最高的地方，因为导线和线夹结合处会产生接触电阻，因整条线路上的电流是相等的，电阻越大，发热自然越多。因此，把温度传感器安装在导线和线夹结合处才具有实际应用价值，通常，安装一个热电偶作为温度传感器。

3. 微气象监测子系统

架空配电线路的安全、维护等均与气象条件有着密不可分的关系，充分利用微气象信息有助于分析和研究、导线舞动、覆冰、杆塔倾斜等线路运行危害，合理安排线路运行及状态检修，可有效保证线路安全，实现经济运行，保障电力建设施工。微气象监测子系统为掌握复杂条件下线路的运行实况提供了一种有效的技术手段，特别是大雨、大雪、大风等气象条件下，积累了大量线路运行的第一手资料，为线路的规划设计及状态检修的实施提供了依据。对于线路覆冰，虽我国北方地区少有此现象，而云贵川地区由于易发生冻雨，是线路覆冰的重灾区，相关科研部门也已对此进行了重点研究。

4. 舞动在线监测子系统

线路舞动曾给世界各国输变电工程造成了重大损失和危害，是国际上普遍关心的科技难点。在舞动治理方面，我国虽起步较晚，但也取得了一定的成效，特别是在架空配电线路舞动在线监测技术上进行了大力发展。

通过一档内多个舞动点处加速度的计算分析，及相应档内线路的基本信息，可计算舞动线路的舞动半波数及导线运行轨迹等相关参数，分析线路是否发生舞动危害。若是，则发出报警信息，避免发生相间放电、倒塔等危害。一般情况下，舞动在线监测需要结合导线弧垂、导线温度、导线覆冰、微气象环境监测等共同分析研究。

进行在线监测的同时，还应加入防护措施，如避开易形成舞动的覆冰区域与线路走向；从机械与电气的角度出发，提高架空配电线路抵抗舞动的能力；从改变与调整导线的参数出发，采用各种防舞动装置与措施，抑制舞动的发生。

二、架空配电线路接地故障智能处理

配电网密布城乡及山区，终年处于户外，经受风雨冰霜、雷电及日益严酷的环境污染等恶劣影响，加上不可预测的人为因素，发生故障的概率很高，尤其是架空配电线路。统计数据表明，电网的故障大多发生在配电网，而配电网故障中80%是单相接地故障。我国中压配电网广泛采用中性点非有效接地（不接地和经消弧线圈接地）运行方式，发生单相接地（小电流接地）故障后，三相之间的线电压基本保持不变，故障电流微弱，断路器不跳闸，系统可带故障继续运行一定时间，显著提高了供电可靠性，且对电力设备、通信和人身危害小。但是小电流接地故障时，健全相对地电压升高，特别是间歇性弧光接地故障时，过电压容易使系统出现新的接地点，使事故扩大。同时，故障电流可能使故障点永久烧坏，最终引起短路故障，使系统跳闸断电。

目前，小电流接地故障选线技术已基本成熟，能够比较准确地确定故障线路，由于配电网采用辐射状网络，分支众多、结构复杂，即使确定了故障线路也很难查找故障点。

随着社会对供电可靠性的要求越来越高，小电流接地故障的快速准确定位对于提高供电可靠性、减少停电损失具有重要意义，但目前小电流接地故障定位技术还处在理论研究阶段，很多方法理论上可行，实际应用效果并不理想，且很多现场应用的关键技术问题没有得到有效解决。

对于小电流接地故障定位，按照定位利用的信号方式不同可分为主动式故障定位方法与被动式故障定位方法两大类。主动式故障定位方法是在线路故障发生后向系统注入特定信号，根据相应的定位原理确定故障位置；被动式故障定位方法是利用线路故障前后线路本身电压、电流信号特征的变化设计定位判据，确定故障位置。

（一）主动式故障定位方法

1. "S"注入法

"S"注入法是在故障发生后，利用信号注入装置通过母线处安装的电压互感器向接地线路注入特定频率的电流信号。注入信号会沿着故障线路故障相经接地点注入大地，用信号探测器检测每一条线路，有注入信号流过的线路被选为故障线路。选出故障线路后，手持探测器沿线查找，利用信号寻迹原理即可确定故障点的位置。

该方法在现场应用中有一定的效果，且不受消弧线圈的影响，不要求线路上装设零序电流互感器。其缺点在于：注入信号的强度受电压互感器容量限制；接地电阻较大时，线路中的分布电容会对注入的信号分流，给故障定点带来干扰；如果接地点存在间歇性电弧现象，注入的信号在线路中将不连续，给检测带来困难；沿线寻找故障点花费时间较长，有可能在此期间引发系统的第二点接地，造成线路自动跳闸；不能检测瞬时性和间歇性接地故障。

2. 中电阻法

中电阻法是在接地故障发生后，人为地在系统中性点投入一中值电阻，在故障线路故障相与系统母线间形成一人为的故障工频电流，在故障线路故障点上游可以检测到此故障工频电流，而在故障点下游和非故障线路检测不到此故障工频电流，通过检测此故障工频电流就可以实现线路接地故障的定位。利用中电阻法实现小电流接地故障的检测原理图如图4-1所示。

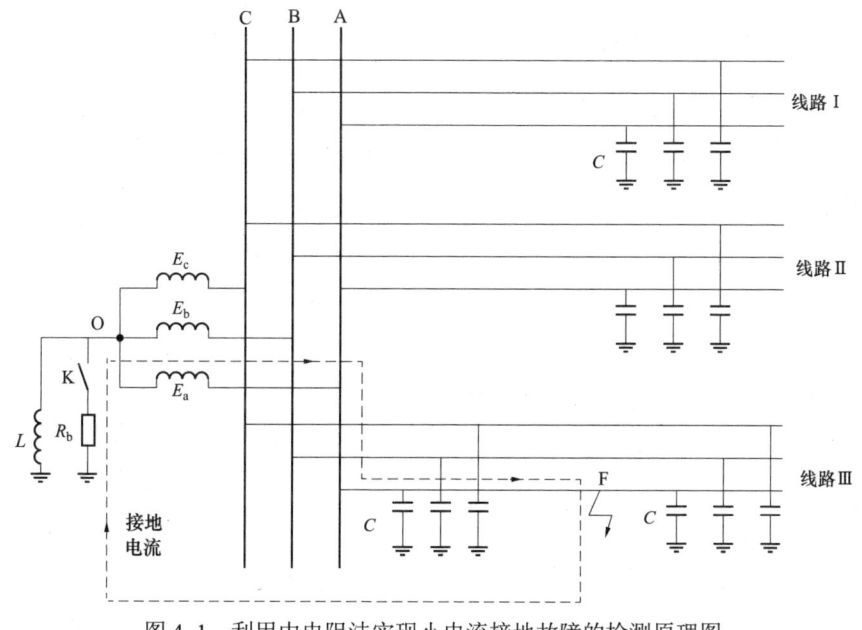

图 4-1　利用中电阻法实现小电流接地故障的检测原理图

根据图 4-1，系统正常工作时，真空接触器 K 处于断开位置，并联电阻 R_b 不投入系统。对于瞬时接地故障，由于消弧线圈的灭弧作用，系统可自动恢复正常。对于永久性接地故障，在经过一定延时后，按一定规律投切并联电阻，并联电阻投入后，将产生阻性工频电流，该电流主要流经故障线路故障相的故障点与母线间，且按中值电阻的投切规律变化，检测此电流信号可以测定出故障点的位置。

中电阻法人为增大了接地故障电流，使得接地点容易检测，目前与消弧线圈配合使用，得到了比较理想的效果。但该方法所需的中性点电阻设计困难，所需投资较高，且人为增大的接地电流增加了系统安全隐患和对通信系统的干扰，也不利于人身安全，该方法也不能检测瞬时性和间歇性接地故障。

3. 交直流综合注入法

由于定位的可靠性与所注入信号的频率成反比，且与接地电阻的大小、故障点后的线路长度有关。交直流综合法定义了电阻—长度积，即接地电阻与线路长度的乘积，用该值表示定位的有效范围。当电阻—长度积较小时，采用 60Hz 交流信号注入法；当电阻—长度积较大时，采用直流信号注入法。其故障定位方法分别与"S"注入法和中电阻法相同。

采用 60Hz 交流信号注入法相比于前述 220Hz 信号注入法（"S"注入法），

其作用范围可以增加 3 倍以上，提高了定位的有效性。直流注入信号在线路中没有衰减，不怕线路有分支，不受故障点接地电阻、线路分布电容的影响，但是直流信号的检测比较麻烦，需要检测人员通过登杆，将具有一定长度绝缘杆的直流检测器挂于线路之上，且所加入的直流信号的电压很高，具有一定的危险性。在实际应用中，电阻—长度积计算困难，且该方法也不能检测瞬时性和间歇性接地故障，故障定位时间长，费时费力。

（二）被动式故障定位方法

1. 阻抗法

阻抗法的原理是假定线路参数单一，在不同故障类型条件下计算出的故障回路阻抗或电抗与测量点到故障点的距离成正比，从而通过计算故障时测量点的阻抗或电抗值除以线路的单位阻抗或电抗值得到测量点到故障点的距离。

阻抗法具有投资少的优点，但受路径阻抗、负荷电流、系统运行方式等因素的影响，故障测距误差较大。对于带有多分支的架空配电线路，阻抗法无法排除伪故障点，因此，阻抗法只适合于结构比较简单的线路。

2. 行波法

行波法是利用线路故障时产生的向故障点两侧传播的暂态行波进行故障测距，主要包括单端法和双端法两种。单端法的原理是利用线路故障时在测量点感受到的第一个正向电压或电流行波浪涌与其在故障点反射波之间的时延计算测量点到故障点之间的距离。双端法的原理是利用线路故障时产生的初始电压或电流行波浪涌到达线路两端测量点时的绝对时间之差值计算故障点到两端测量点之间的距离。利用行波信号的故障测距原理如图 4-2 所示。

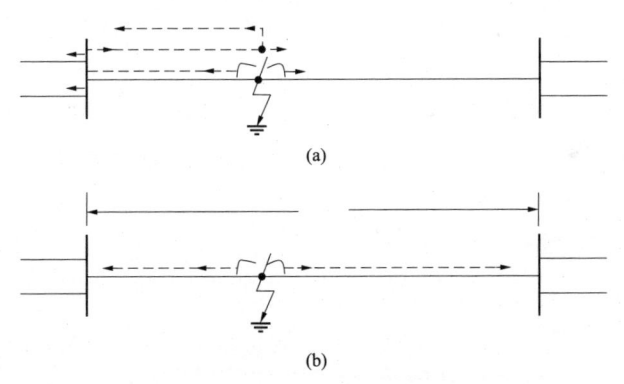

图 4-2 利用行波信号的故障测距原理
（a）单端法；（b）双端法

单端法具有很高的准确性,但可靠性难以保证,有时很难准确识别出故障点反射波。双端法具有很高的可靠性,并且能够单独使用,是一种主要的测距原理。但它需要在线路两端装设检测装置以及两端时间的精确同步,并且需要两端检测装置交换数据的数据通道,成本相对较高。

行波法在输电线路中已经获得成功应用,配电线路结构复杂,分支众多,线路距离短,在配电网中应用行波法关键要解决故障波头的识别及混合线路波阻抗变化的问题,同时考虑其经济成本。行波法适用于分支少,距离长的高压输电线路及中压配电线路,不适用于线路短,分支众多,结构复杂的配电线路。

3. 稳态零序电流比较法

对于不接地系统,故障点上游检测点的零序电流为所有健全线路对地分布电容电流与该检测点到母线区段(包括期间的分支线)的分布电容电流之和,而下游检测点的零序电流等于该检测点到线路末端(包括期间的分支线)的对地分布电容电流。对于拥有多条出线的架空配电线路,故障点上游紧邻检测点的零序电流幅值最大,且故障点两侧零序电流幅值存在较大差距。而无论故障点上游或是下游的健全区段,其两侧零序电流差仅为本区段对地分布电容电流,幅值接近。因此,可选稳态零序电流幅值最大检测点的下游区段为故障区段。考虑到电流互感器等带来的测量误差,可在零序电流幅值最大的几个检测点中选择两侧幅值差最大的区段为故障区段。

稳态零序电流比较法实现简单,可利用开关自带的三相电流互感器合成零序电流信号,不需要额外投资。但是该方法仅适用不接地系统,对于城区普遍存在的经消弧线圈接地系统则不再适用。

4. 稳态零序无功功率方向法

鉴于中性点不接地系统零序网络主要由线路对地电容构成,线路中零序功率主要为容性无功功率,可顺着母线至线路负荷终端的方向查找故障位置。根据故障分支的零序功率方向与查找方向逆向,非故障分支零序功率方向与查找方向顺向,即故障分支零序电流滞后零序电压 90°,非故障分支零序电流超前零序电压 90° 的特点确定故障分支。根据故障点前零序功率方向与查找方向逆向,故障点后零序功率方向与查找方向顺向确定故障点位置。利用 GPS 实现零序电压和零序电流的相角同步测量,利用 GPRS 来实现数据的无线通信。

稳态零序无功功率方向法的优势是不受线路分布电容的影响,但是只适用于中性点不接地系统,不适用于中性点经消弧线圈接地系统。且装置复杂,每个检测点必须安装 GPS 和 GPRS,以实现同步测量和零序电压数据的远传,成本较高。

5. 5次谐波法

根据故障点前向支路、后向支路和非故障支路的零序电压、零序电流的特点，通过测量空间电场和磁场的5次谐波并分析其幅值和相位关系判断小电流接地系统单相接地故障点。但由于5次谐波幅值较小，不易检测，如何提高检测装置的灵敏度和抗干扰能力，是其推广应用的关键。

6. 暂态零序电流比较法

故障产生的暂态电流幅值大于工频分量，且消弧线圈对高频信号的补偿作用明显下降。在经消弧线圈接地系统中，可利用各检测点暂态零序电流在一特定频段内分量的幅值和极性差异确定故障区段。其定位原理和判据与适用于不接地系统的稳态零序电流比较法完全相同。

由于各检测点FTU或其他故障检测装置无法实现精确时间同步，基于暂态零序电流幅值和极性比较的原理无法应用。

7. 相关法

相关法是一种通过判断相邻检测点的暂态零模电流相关性确定故障区段的故障定位方法。故障点同侧的暂态零模电流初始极性相同，波形变化一致，具备相似性。故障点异侧的暂态零模电流初始极性相反，波形差异很大，不具备相似性。可通过式（4-1）求取相邻检测点的暂态零模电流的相关系数 ρ

$$\rho = \sum_{n=1}^{N} i_{01}(n) i_{02}(n) / \left[\sum_{n=1}^{N} i_{01}^2(n) \sum_{n=1}^{N} i_{02}^2(n) \right]^{1/2} \quad (4-1)$$

式中，i_{01}、i_{02} 分别为相邻两检测点的暂态零序电流；n 为采样序列，采样起始点 $n=1$ 为故障发生时刻；N 为数据长度。

相关系数 ρ 反映了两个固定波形 $i_{01}(n)$ 和 $i_{02}(n)$ 的相似程度。当两个信号波形完全相似（成比例关系）时，ρ 取最大值1；完全不相似（无关）时，则为0。

相关法仅需暂态零模电流信号，避免了安装电压互感器带来的问题，且检测灵敏度较高，不受中性点运行方式的影响。但是该方法对所应用系统的通信网络要求较高，通信数据量大。

8. 暂态无功功率方向法

零序网络中健全线路和故障线路故障点至负荷区段上各检测点，从检测点看进去，可看作末端开路的传输线，输入阻抗的频率特性在第一次串联谐振之前成容性。故障点至母线区段上各检测点，由于所有健全线路可看作此段线路的负荷，在第一次串联谐振之前成容性，从检测点向母线方向看进去，输入阻抗频率特性在第一次串联谐振之前也为容性。对于消弧线圈接地系统，暂态信号频率大于 3 次谐波（150Hz）时，可以忽略消弧线圈的影响，即从 3 次谐波到第一次串联谐振频率之间的输入阻抗仍然呈现容性。选取所有线路成容性的低频段为特征频段，在该频段内，所有线路可等效为电容。

定义暂态无功功率 Q_0 为电压信号的 Hilbert 变换与电流信号在暂态时段内的平均功率，即

$$Q_0 = -\frac{1}{T}\int_0^T i_0(t)\hat{u}_0(t)\mathrm{d}t = -\frac{1}{\pi T}\int_0^T i_0(t)\int_{-\infty}^{+\infty}\frac{u_0(\tau)}{t-\tau}\mathrm{d}\tau \mathrm{d}t \quad (4-2)$$

式中，$\hat{u}_0(t) = \int_{-\infty}^{+\infty}\frac{u_0(\tau)}{t-\tau}\mathrm{d}\tau$，是电压 u_0 的 Hilbert 变换。

在零模网络中，在特征频段内，故障线路故障点至负荷段检测点检测到的功率为检测点到负荷段等效电容吸收的无功功率，故障点至母线段检测点检测到的功率主要为所有健全线路等效电容吸收的无功功率。对于故障线路故障点到母线区段上的检测点，$Q_0<0$；对于故障线路故障点至负荷段检测点，$Q_0>0$。利用该特征即可确定故障区段。

利用暂态无功功率方向法，只需检测点处线路自身的故障暂态电压、电流信息即可判断故障，不需要其他检测节点的信息，不需要额外注入信号，本方法具有自具性。但是该方法需要获得各检测点的零序电压。在每个检测点安装零序电压互感器不仅增加投资，电压互感器产生的接地点也易成为系统的安全隐患。因此，该方法一直未获得实际应用。

9. 基于暂态零模信息的检测方法

基于暂态零模信息的检测方法是近几年迅速发展的、较为先进的小电流接地检测法，具有极好的工程应用前景。本书将对基于暂态零模信息的近似熵（Approximate Entropy，ApEn）法和零模复合导纳法进行讨论。

对于三相系统，由于各相线路间存在电磁耦合，即互感和分布电容的影响，直接在相域分析单相接地故障的暂态过程十分困难，因此，需要通过坐标变换，将相域系统变换为没有耦合的模域系统。根据 Karrenbauer 变换，三相系统可以变化为没有耦合的 0、1、2 模系统。当发生小电流接地故障时，相当于在故障点附加一个与故障前电压幅值相等、极性相反的虚拟电压源。暂态过程由电感和电容之间的谐振产生，基于分布参数的故障模型含有多个谐振过程，暂态零模电流的完整形式可表示为

$$i_{0f} = \sum_{i=0}^{N} e^{-\delta_i t} A_i \cos(\omega_i t + \alpha_i) \qquad (4-3)$$

式中，A_i 为幅值；ω_i 为角频率；α_i 为初相角；δ_i 为衰减因子。

研究表明，对于线路零模阻抗，可用 π 型电路进行等效。分别将故障点上游（包括健全线路）、下游的线路零模阻抗用 π 型电路进行等效后，得到基于 π 型电路的零模网络简化模型如图 4–3 所示。

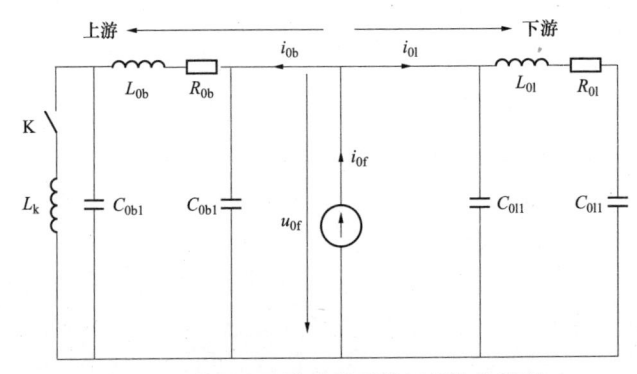

图 4–3 基于 π 型电路的零模网络简化模型

图 4–3 中，L_{0b}、L_{0l} 分别为故障点上游线路（包括故障点至母线段及所有健全线路）、下游线路的零模电感；C_{0b1}、C_{0l1} 分别为故障点上游（包括故障点至母线段及所有健全线路）、下游线路的零模电容；R_{0b}、R_{0l} 分别为故障点上游（包括故障点至母线段及所有健全线路）、下游线路的零模电阻。

（1）基于近似熵法的小电流接地故障定位法。近似熵是最近发展起来的一种度量序列复杂性和统计量化的规则。近似熵是用一个以概率形式存在的非负实数，表示某时间序列的复杂性，越复杂的时间序列对应的近似熵越大。换句话而言，近似熵是从衡量时间序列复杂性的角度来度量信号中产生新模式的概率大小，产生新模式的概率越大，序列的复杂性越大，相应的近似熵也越大，包含的频率成分越丰富。近似熵对谐振频率敏感，不仅能反映两信号主谐振频率的不同，在主谐振频率相同时，还能够反映其他谐振频率信号的不同。当发生小电流接地故障时，故障点同侧的相邻两检测点检测到的暂态零模电流波形基本相同，两波形的近似熵基本相同。故障点两侧的暂态零模电流相差较大，波形的复杂程度不同，近似熵也相差较大。

对于健全区段（不包含故障点的两相邻检测点之间区段），两端点处的暂态零模电流近似熵基本相同，近似熵比值接近 1；对于故障区段（包含故障点的区段），两端检测点检测到的暂态零模电流的近似熵相差大，近似熵的比值小（数值小的与数值大的之比）。因此，选择两端暂态零模电流近似熵之比最小的区段为故障区段。实际应用中，利用沿线安装的 FTU 或其他故障检测装置检测线路暂态零模电流信号，计算近似熵，并将其上传定位系统主站，主站求取两相邻检测点近似熵的比值，根据故障区段近似熵比值最小确定故障区段。同时，近似熵法也可以解决带分支线路的架空配电线路故障定位。以图 4-4 中某带分支线路的架空配电线路为例：若故障发生在分支线路上的 F 点。检测点 1、2、3、8 检测到的暂态零模电流幅值相差不大，波形基本相似，零模电流从故障点流向母线。检测点 9 检测到的暂态零模电流为分支线路故障点至负荷段线路本身对地电容电流，方向为从故障点流向负荷。检测点 4、5、6、7 检测到的暂态零模电流为检测点至负荷段线路电容电流，方向为从检测点流向负荷。可从出口检测点开始，依次求取该点与其下游的相邻检测点的暂态零模电流近似熵之比。若该点下游只有一个相邻检测点，例如检测点 1 下游只有一个相邻检测点 2，若检测点 1、2 的暂态零模电流近似熵比值很小，则该区段为故障区段，故障点位于检测点 1、2 之间；若两检测点近似熵比值接近 1，则该区段为健全区段，故障点位于检测点 2

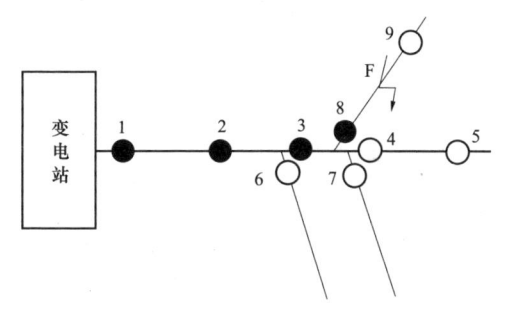

图 4-4　某带有分支线路的架空配电线路

下游，可继续计算检测点 2 与下游相邻检测点的近似熵比值。若考虑分支线路，检测点下游有多个相邻检测点时，逐个计算该检测点与下游相邻检测点的近似熵比值，故障点位于比值接近于 1 的检测点的下游，若所有的比值都很小，则故障点位于该检测点与下游检测点之间区段。例如检测点 3 下游有 3 个相邻检测点 8、4、7，分别计算检测点 8、4、7 点与检测点 3 的暂态零模电流的近似熵比值，只有检测点 8 与检测点 3 的近似熵比值接近 1，而检测点 4、7 与检测点 3 的近似熵比值很小，则故障发生在检测点 8 下游。按照上述方法从出口处检测点开始，直至找到故障区段。

近似熵法的优点在于：实现简单，不需要不同监测点时间精确同步，数据传输量小，具有较强的抗干扰能力。其缺点在于：只检测线路的暂态零模电流信号，虽然也具有较高的可靠性，但是还是存在一些不足；对于间歇性接地故障检测效果不好，在间歇性接地故障中，两相邻检测点比较不同燃弧过程产生的暂态零模电流近似熵是没有意义的，容易导致定位错误。

（2）基于零模复合导纳法的小电流接地故障定位法。当发生小电流接地故障时，线路中的暂态零模电流分布不同，幅值相差较大，若仅以暂态零模电流作为装置启动和故障判据，会存在一些问题。发生接地故障时，整个线路中的零模电压基本相同，且故障时工频及暂态零模电压变化明显。零模复合导纳法就是利用暂态零模电压和暂态零模电流共同作为故障判据，从而提高故障定位的可靠性。

在特征频段内，小电流接地故障零模网络故障点上游和下游线路入端阻抗成容性，可用集中参数电容等效。各检测装置利用记录到的暂态零模电压和暂态零模电流计算暂态零模复合导纳，并将暂态零模复合导纳相角上报故障定位主站。故障定位主站根据故障点上游暂态零模复合导纳相角接近、极性为负，故障点下游暂态零模复合导纳接近、极性为正的特征确定故障区段。故障点位于最后一个极性为负的检测点和第一个极性为正的检测点之间。若所有检测点暂态零模复合导纳相角均为负，则故障点位于最后一个检测点与线路末端区段。

零模复合导纳法的优点在于：可靠性更高，不受线路参数（等效电容）变化的影响，不受多频率信号混叠的影响，抗干扰能力强，不受间歇性电弧的影响。其缺点在于：需要同时检测线路零模电压和零模电流信号，线路中需要加装零序（零模）电压互感器或者其他的零模电压检测装置。

（三）故障定位方法比较

对上述接地故障定位方法比较见表4–1。

表4–1　　　　　　　　接地故障定位方法比较

定位方法	可靠性	安全性	经济性	是否受消弧线圈影响	是否需要不同监测点时间精确同步	是否需要批量传输数据	是否需要零模电压
"S"注入法	较高	低	低	否	否	否	否
中电阻法	较高	低	低	否	否	否	否
稳态零序电流比较法	低	高	高	是	否	否	否
稳态零序无功功率方向法	低	高	较高	是	否	否	是
5次谐波法	低	高	较高	否	否	否	是

续表

定位方法	可靠性	安全性	经济性	是否受消弧线圈影响	是否需要不同监测点时间精确同步	是否需要批量传输数据	是否需要零模电压
暂态零序电流比较法	高	高	低	否	是	是	否
近似熵法	较高	高	较高	否	否	否	否
零模复合导纳法	高	高	较高	否	否	否	是

三、架空配电线路的巡视检查

（一）运行前的检查

（1）线路上有无杆号、相位等标志，影响安全运行的问题是否全部解决。

（2）线路上的临时接地线和障碍物是否全部拆除。

（3）线路上是否有人进行登杆作业，在安全距离内的一切作业是否全部停止。

（4）线路继电保护和自动装置是否调试完好，确认具体试运行条件后，才能闭合送电。

（二）运行中巡视检查周期

应根据线路的电压等级、季节特点及周围环境来确定巡视检查的周期。对于配电线路的巡视检查，市区应每月一次，郊区应每季度不少于一次，若遇自然灾害或发生特殊情况，应临时增加巡视检查次数。架空配电线路巡视检查周期见表4-2。

表4-2　　　　　　架空配电线路巡视检查周期

名　称	周　期	备　注
定期巡视	至少每月一次	根据线路环境、设备情况及季节性变化，必要时增加次数
特殊性及夜间巡视	特殊性巡视：不予规定；夜间巡视：每半年一次	由领导决定
故障性巡视	不予规定	由领导决定
监察性巡视	一年至少二次	应在雷雨季节或其他高峰负荷前以及其他必要的时间进行
维修队的人员负责各段线路的巡视		
领导对其进行抽查	一年至少一次	

（三）巡视检查的种类

1. 定期性巡视

定期性巡视是线路运行人员主要的日常工作之一，通过定期性巡视能及时了解和掌握线路各部分的运行情况和沿线周围的状况。

2. 特殊性巡视

在导线结冰、大雪、大雾、冰雹、河水泛滥和解冻、沿线起火、地震、狂风暴雨之后，对线路全线或某几段、某些部件进行详细查看，以发现线路设备发生的变形或遭受的损坏。

3. 故障性巡视

为查明线路的接地、跳闸等原因，找出故障地点及故障情况，无论是否重合良好，都要在事故跳闸或发现有接地故障后，立即进行巡视检查，并注意下列事项：

（1）巡视时要进行详细的检查，不应中断或遗漏杆塔。

（2）夜间巡视时应特别注意导线是否落地，对线路交叉跨越处应用手电看清楚后再通过。

（3）巡视时若发现断线，不论停电与否，都应视为有电。在未取得联系与采取安全措施之前，不得接触导线或登上杆塔。巡视检查后，无论是否发生故障，都要及时上报。在故障巡视检查过程中，对一切可能造成故障的物件或可疑物品都应收集带回，作为事故分析的依据。

（4）夜间巡视应检查线路导线连接处、绝缘子、柱上开关套管和跌落熔丝等异常情况。

（5）应由主管领导或技术负责人进行监察性巡视，目的是在于了解线路及设备状况，并检查、知道运行人员的工作情况。

（6）应用专用工具或仪器对绝缘子、导线连接器、导线接头、线夹连接部分进行专门的预防性检查试验。

（7）登杆检查是为了检查杆塔上部各部分连接、腐朽、断裂及绝缘子裂纹、闪络等情况，应注意与带电设备的安全距离。

（四）巡视检查项目

1. 沿线巡视检查

（1）沿线有无易燃易爆物品和强腐蚀性物体，若有应及时搬移。

（2）在线路附近新建的化工厂、水泥厂、道路、管道工程、林带和倒下足以损伤线路的天线、树木、烟囱和建筑手架等。

（3）检查在线路下或防护区内的违章跨越、违章建筑、柴草堆或可能被风刮起的草席、塑料布、锡箔纸等。

（4）有无威胁线路安全的施工工程，如爆破、开挖取土等。

（5）检查线路防护区树木对导线的安全距离是否符合规定。

（6）线路附近有无射击、放风筝、抛扔杂物、飘洒金属和在杆塔、拉线上拴牲畜等。

（7）查明沿线污秽情况。

（8）其他异常现象，如洪水期巡视检查检修用的道路及桥梁情况、线路设备情况及威胁线路安全运行的情况。

2. 杆塔巡视检查

（1）杆塔有无倾斜、弯曲，各部位有无变形、外力损坏；钢筋混凝土杆有无裂纹、酥松、混凝土脱落、钢筋外露，焊接处有无开裂、锈蚀；木杆有无劈裂、腐蚀、烧焦，绑桩有无松动。

（2）杆塔基础有无下沉，周围土壤有无挖掘、冲刷、沉陷等现象；基础有无严重的裂缝；寒冷地区电杆有无冻鼓现象。

（3）杆塔各部位的螺栓有无松动或脱落，金具及钢部件有无严重的锈蚀和磨损等现象。

（4）杆塔位置是否合适，有无被撞的可能；保护设施是否完好；路名及杆号相位标志是否清晰齐全。

（5）杆塔有无被水冲、淹的可能，防洪设施有无损坏。

（6）杆塔周围有无杂草和蔓藤类植物附生，杆塔上有无鸟巢、鸟洞及杂物。

3. 导线巡视检查

（1）导线上有无铁丝等悬挂物、导线有无断股、损伤、腐蚀、闪络烧伤等现象。导线接头连接是否完好，有无过热变色现象。不同规格不同型号的导线应在弓子线处连接，跨越档内不准有接头。

（2）线路交叉时，导线间跨越距离及导线对地距离是否符合规定；在交叉跨越处，电压高的电力线应位于电压低的电力线上方；电力线位于弱电流线路上方，其距离和交叉角应符合规定。

（3）气温变化时弧垂的变化是否正常；三相弧垂是否一致，有无过紧、过松现象。

（4）弓子线有无损伤、断股、歪扭，与杆塔、横担及其他引线间的距离是否符合规定。

（5）线夹、护线条、铝带、防振锤、间隔棒等有无异常现象。

4. 绝缘子巡视检查

（1）绝缘子有无裂纹、破损、闪络放电痕迹、烧伤等现象，表面脏污是否严重。

（2）针式绝缘子是否有歪斜，铁脚、铁帽是否有锈蚀、松动、弯曲现象。

（3）悬式绝缘子的开口销子、弹簧销子是否有锈蚀、缺少、脱出或变形。

（4）固定导线用的绝缘子绑线有无松弛或开断现象。

（5）吊瓷是否缺弹簧销子，开口销子未分开或小于60°。

5. 横担和金具巡视检查

（1）铁横担有无锈蚀、歪斜、变形。

（2）木横担有无锈蚀、歪斜、开裂、变形。

（3）瓷横担有无裂纹、损坏，绑线有无开脱，与金具固定处的橡胶或油毡垫是否缺少。

（4）金具有无锈蚀、变形；螺栓是否紧固，有无缺帽；开口销子、弹簧销子有无锈蚀、断裂、脱落、变形。

6. 拉线、地锚、保护桩巡视检查

（1）拉线有无腐蚀、松弛、断脱和张力分配不均等现象。

（2）水平拉线对地距离是否符合规定，有无下垂现象。

（3）卡线有无影响交通或被车碰撞。

（4）拉线固定是否牢固，地锚有无缺土、下沉等现象。

（5）拉线杆、顶（撑）杆、保护桩等有无损坏、开裂、腐朽或位置角度不符合要求等现象。

（6）拉线棍有无异常现象和开焊变形。

（7）上、下把连接是否可靠，附件是否齐全，拉线底把铁线绑扎有无松脱及外力损伤痕迹。

7. 风雨天的特殊性巡视

（1）电杆有无倾斜，基础有无下沉及被雨水严重冲刷。

（2）导线弧垂有无异常变化，与绝缘子绑扎有无松脱，有无打连、断股、烧伤、放电现象。

（3）横担有无偏斜、移位现象。

（4）上、下弓子线对地部分的距离有无变化。

（5）绝缘子有无受雷击损坏及被冰雹破坏的外力损坏现象。

(6)接户线或引下线有无被风刮断或接地现象。

8. 发生故障后巡视检查

(1)导线有无打连、烧伤或断线现象。

(2)绝缘子有无破碎及放电烧伤等现象。

(3)电杆、拉线、拉桩等有无被车辆撞坏的现象。

(4)导线上有无金属导体残留物。

(5)有无其他外力破坏痕迹。

9. 巡视检查的注意事项

(1)不论线路是否停电,都应视为带电,并应沿线路上风侧行走,以免导线落到人身上。

(2)单人巡视时,不得做任何登杆工作。

(3)发现导线断落在地面或悬挂在空中时,应设法防止他人靠近,保证断线周围8m以内不得进入,并派人看守,迅速处理。

(4)应注意沿线地理情况,如河流水变化,不明深浅的不应涉渡,并注意其他沟坎变化情况。

(5)应将巡视中发现的问题记入巡视路线的记录本内,较重要的异常现象应及时报告上级主管领导,以便采取措施迅速处理。

各种巡视检查的注意事项见表4-3。

表4-3　　　　　　架空配电线路巡视检查的注意事项

名 称	周 期	注意事项
木质杆塔的腐蚀情况检查	至少1年1次	根据木材的种类、防腐处理方法及当地条件,由供电局(所)总工程师按运行经验决定在线路投入运行后应开始检查的年份
混凝土杆件缺陷情况的检查	发现缺陷(裂缝、剥落、露筋)后,每1~3年1次	—
铁塔锈蚀情况的检查	镀锌的:投入5年后,3~5年1次;涂漆的:投入3年后,每年1次	锈蚀严重时,登杆检查
铁塔金属底脚、拉线及接地装置地下部分锈蚀检查	每5年1次	在有侵蚀性土壤应适当增加次数
杆塔接地电阻测定	至少5年1次	—

续表

名　称		周　期	注意事项
绝缘子的测量	35kV 以上悬垂绝缘子串	至少每 4 年 1 次	（1）针式绝缘子按供电局（所）的规定，或定期（4~5 年 1 次）轮换作耐压试验。 （2）污秽地区及绝缘子本身劣化严重的应增加次数。 （3）110kV 以上的绝缘子串，不能用检查杆检查者，应在停电检修时用绝缘电阻表测量。 （4）运行 10 年后的耐张绝缘子串，应拆几回串做机电联合试验
	耐张绝缘子串和 35kV 及以下悬垂绝缘子串	至少每 2 年 1 次	
导线连接器的测量	铜线的连接器	每 5 年至少 1 次	—
	铜线及钢芯铝线连接器	每 2 年至少 1 次	
	连接铜、铝、钢芯铝线等不同金属导线的螺栓及跨越连接器	每年至少 2 次	
	线路金具的检查	检修时进行	—
导线、避雷线及避雷器的检查		检修时进行	在线路停电检修时，打开线夹检查；严重复冰后，进行抽查
线路接地装置电气设备	避雷器	—	按照《电气设备绝缘预防性试验规程》进行
	变压器		
	开关设备		
	熔断器		
杆塔周围培土、除草、防汛设施及沿线情况的检查		每年 1 次	—
镀锌铁塔紧螺栓		每 5 年 1 次	新线路投入运行 1 年后须紧 1 次
绝缘子清扫	定期清扫	每年 1 次	根据线路的污秽情况才去的防污措施，可适当延长或缩短周期
	污秽区清扫	每年 2 次	
杆塔倾斜扶正		—	根据巡视测量结果决定
并沟线夹紧螺栓		每年 1 次	配合检修进行
混凝土杆内排水		每年 1 次	结冻前进行（不结冰地区不进行）
巡线道、桥的修补		每年 1 次	根据巡视结果决定

四、柱上开关智能化管理

（一）柱上开关分类

目前，我国用电量不断增加，用户对于供电可靠性以及供电质量的要求也不断提高。配电线路作为电网的末端，直接与用户连接，因此其运行的方式也直接影响到了用电的可靠性。柱上开关作为配电线路保护中的重要器件，所承担的任务就显得尤为重要。目前，柱上开关的形式多种多样，其结构与性能也有着较大的差异。一般而言，柱上开关种类的划分依据为：① 触头的灭弧能力；② 绝缘介质；③ 操动机构；④ 控制方式；⑤ 出线套管的材质；⑥ 性能。

柱上开关按照性能可分为断路器、重合器、分段器以及负荷开关。

（1）柱上断路器。柱上断路器是配电线路中非常重要的开关设备，它不仅能够安全地切合负荷电流，而且能够迅速和可靠地切除短路电流，并且可以配备含嵌入式系统的控制器，以实现对分支线路的保护。当出现故障时，按照整定电流和时间跳闸，一般配备电磁感应线圈和脱扣联动机构，既能开断、又能关合短路电流的断路器，开断故障电流能力较高，用于线路保护。按照绝缘介质的不同，可以将柱上断路器分为真空柱上断路器和 SF_6 断路器。SF_6 断路器和真空柱上断路器开断电流在 20kA 及以上，开断短路电流次数应大于 30 次，保证 10~20 年免维护，同时应具有电动操作和控制器以实现智能化和"四遥"（遥测、遥信、遥控、遥调）功能。

（2）负荷开关。负荷开关是介于断路器和隔离开关之间的开关电器，具有简单的灭弧装置，能切断额定负荷电流和一定的过负荷电流。负荷开关的结构相比于断路器要简单，有着和隔离开关一样明显的可间断开点。负荷开关与柱上断路器的主要区别在于能否断开短路电流。将负荷开关与高压熔断器串联形成负荷开关和熔断器的组合电器，用负荷开关切断负荷电流，再利用熔断器切断短路电流及过负荷电流，在功率不大或不太重要的场所，可代替价格昂贵的断路器，以降低配电装置的成本，同时其操作和维护也较简单。按照绝缘介质的不同，可以将负荷开关分为真空负荷开关和 SF_6 负荷开关。负荷开关需要智能控制器以实现智能控制。

（3）重合器。重合器开关的本体与柱上断路器完全相同，其主要区别在于控制方式的不同。柱上断路器的控制控制方式与功能较为简单，仅具备远程控制以及线路的电流保护等功能；而重合器的控制除了具有断路器所包含的功能，还包括了 3 次以上的重合闸、相位判断、程序恢复、自主判断等功能，且价格较高。具体而言，重合器有电流型与电压型两种。当发生电流故障跳闸后能够重合的，即为电流型重合器。电流型重合器既能用于跳闸保护，又能实现多次的重合闸，可通过多次重合的方法识别故障段，适用于分支线路和辐射型线路。电压型重合器是指能够在线路因失压而跳闸、恢复供电后延时重合闸的重合器。当变电站的出线断路器因故障断开时，需要进行两次重合以完成故障的隔离与供电的恢复。第一次重合为故障段的检测并通过开关闭锁进行隔离；第二次重合则是用于恢复非故障区域的供电。电压型重合器适用于环网型线路。

（4）分段器。分段器的主要作用是线路的分段开关，记录故障电流脉冲的次数，当故障电流次数达到预设值就自动分闸闭锁，构成电流脉冲计数型分段器。分段器多数需要与重合器配合使用，以实现自动完成预期的分合及闭锁操作，具有检测与控制操动能力。

柱上开关的参数要求见表4-4。

表4-4　　柱上开关的参数要求

项 目		单位	真空柱上断路器	SF$_6$断路器	真空负荷开关	SF$_6$负荷开关
额定电压		kV	12	12	12	12
额定频率		Hz	50	50	50	50
额定电流		A	630	630	630	630
额定短路开断电流		kA	20、25	20、25	—	—
额定短路关合电流		kA	50、63	50、63	50、63	50、63
额定峰值耐受电流		kA	50、63	50、63	50、63	50、63
额定短时耐受电流(有效值)		kA	20、25	20、25	20、25	20、25
额定短路持续时间		s	4	4	3	3
额定操作顺序			分—0.3s—合分—180s—合分	分—0.3s—合分—180s—合分	—	—
三极分、合闸不同期性		ms	<2	<2	<5	<5
额定短路电流开断次数		次	≥30	≥30	—	—
额定负荷电流开断次数		次	—	—	≥100	≥100
机械寿命		次	≥10 000	≥10 000	≥2000	≥2000
额定短时工频耐受电压(有效值)	开关断口	kV	48	48	48	48
	相间、相对地	kV	42	42	42	42

续表

项　目		单位	真空柱上断路器	SF$_6$断路器	真空负荷开关	SF$_6$负荷开关
额定雷电冲击耐受电压（峰值）	开关断口	kV	85	85	85	85
	相间、相对地	kV	75	75	75	75
温升限值		K	按GB/T 11022要求	按GB/T 11022要求	按GB/T 11022要求	按GB/T 11022要求
操动机构			手动、手动/电动	手动、手动/电动	手动、手动/电动	手动、手动/电动
操动机构额定电压		V	按GB/T 11022要求	按GB/T 11022要求	按GB/T 11022要求	按GB/T 11022要求
外绝缘爬电比距		mm/kV	≥25	≥25	≥25	≥25
SF$_6$气体年泄漏率			—	≤0.1%	—	≤0.1%
壳体防护等级			≥IP67	≥IP67	≥IP67	≥IP67
回路电阻		μΩ	≤85	≤85	≤85	≤85

注　GB/T 11022—2011《高压开关设备和控制设备标准的共用技术要求》。

（二）柱上开关的运维管理

早期的柱上开关通常安装在配电线路的中段，以保证支线发生故障（特别是短路故障）时能够及时地切除故障支线，以免故障波及整条主线。随着柱上开关智能化进程的不断发展以及10kV用户密度的逐步增加，柱上开关更多的被置于智能变电站的出线终端，在正常运行时处于分断状态，智能变电站可以通过两条线路分别送电。而当母线隔离开关需要检修时，可以通过闭合柱上开关使线路合环，避免造成停电。另外，当出现外力破坏等故障时，通过断开故障点，改为单侧输电，可将停电的范围降至最小。

柱上开关的运维管理可以从以下几个方面进行分析：

（1）不同类型柱上开关的优化组合与应用管理。如偏远地区长线路适宜采用电流型重合器与分段器相互配合使用；环网型线路适宜采用电压型重合器。

（2）延时时间的整定。对于电压型重合器而言，每一级的延时整定应当比下一集延长一段时间（7s），而对于环网型供电线路，环网点处的时间应当大于每一侧延时时间之和。

（3）柱上开关的控制方式。针对不同的需求，可将柱上开关的控制方式分为就地控制方式、分布式智能控制方式以及远程控制方式三种。

1）就地控制方式。利用分段器、重合器等设备，依据预设的条件实现故障的隔离与供电的恢复。就地控制最大的优点在于不需要利用通信，只需利用重合与动作时限的相互配合即能实现故障的隔离与恢复。但是，就地控制方式自动化程度低，对于分段多的线路的隔离与恢复时间较长，且在故障区段定位时的多次开闭容易对线路造成冲击，影响供电质量。

2）分布式智能控制方式。通过 FTU 监控终端断路器（重合器），可在一定区域内实现的断路器故障隔离和恢复供电，但需建设该区域内断路器之间的通道。要求柱上断路器具有电动操动机构，FTU 将检测到的电流、电压信号及断路器状态信号进行比较处理，通过点对点通信，FTU 把故障后的断路器状态及记录信息传送到临近断路器的 FTU，识别出故障区段并自动隔离，然后对非故障区段自动恢复供电。分布式智能控制方式的特点是增加了断路器间通信，技术较为先进，是配电网自动化的过渡阶段。

3）远程控制方式。该方法由配调中心站 FTU 监控终端负荷开关，而控制中心负责判断故障、隔离故障、恢复供电。但是，远程集中控制方式的实现需要建设通信通道和控制中心，投资相对较高。通过分布式的集中智能控制，将 FTU 检测的信息通过通信网络传送至配调控制中心，进行全面的计算机管理；在馈线发生故障时，控制中心自动判别故障位置，然后遥控断路器隔离故障区段并恢复非故障区段供电。该模式是一种技术上更为先进的馈线自动化，是配电自动化的最高级阶段。

（三）柱上开关带电作业

虽然国家对于柱上开关的开闭次数及使用寿命等参数有着非常明确的规范，但是对于这种长期运行在户外的设备，其运行过程无法避免地会受到各种因素的影响，从而造成损坏，如何在保障供电可靠性的同时完成故障设备的修复与更换就成了亟待解决的问题。因此，对故障柱上开关进行带电作业是必不可少的。

常用的带电作业方法有地电位作业法、等电位作业法、中间电位作业法等。由于配电线路相间以及相对地距离较小，综合考虑柱上开关带电作业的复杂程度，适宜采用中间电位作业法进行带电作业，即利用绝缘斗臂车进行作业。

对于开口杆顶负荷开关的带电作业，应采用高于 17m 的绝缘斗臂车进行操作。作业时应首先停用线路重合器，同时，为避免避雷器可能发生的单相接地故障，作业前应当退出避雷器运行。

对于闭口杆顶负荷开关的作业,还需要选用适当的负荷转移的引流工具。针对线路引流,应着重考虑以下几点:

(1) 引流线的通流能力一般选用 300A,因此,作业前应先用钳形电流表对三相导线电流进行测量,保证相电流不超过 250A。

(2) 将避雷器退出运行后,进行绝缘横担和引流线的安装,当所有引流线中有稳定电流时才可以进入下一步的工作,严禁在所有引流线安装完毕前进行分闸操作。

(3) 安装新的柱上开关后,应在所有引线搭接完毕后再进行合闸。

(4) 合闸后进行引线电流测量,只有当所有引流线中电流稳定时才可拆除引流线。

第二节 电缆线路运维管理

随着我国城乡电网改造的实施和经济建设的发展,用电规模不断增加,电力电缆敷设量日益增多,电力电缆线路的安全运行对电力系统供电可靠性的影响也越来越大。目前采用的交联聚乙烯(XLPE)电缆具有绝缘性能好、供电可靠性高等特点,自 20 世纪 60 年代以来取得了迅速发展,已经在电力系统各电压等级的线路中广泛应用,特别是在中低压配电网中完全取代了油纸绝缘电缆,并正在向高压、超高压领域发展。

虽然 XLPE 电缆绝缘性能优越,但由于其敷设位置主要在电缆沟、排管或者隧道中,运行环境潮湿,在土壤中酸、碱、盐、微生物等的影响下,电缆极易受到腐蚀,再加上电缆在制造过程或现场安装过程中的局部缺陷,会在电缆绝缘内引发树枝状老化现象,同时会有局部放电产生,进而导致电缆绝缘击穿。一般认为 XLPE 电缆在正常环境稳定运行的使用寿命为 30 年,但是,由于其运行所处的恶劣环境,导致电缆的使用寿命大幅减少。较早应用的 XLPE 电缆在运行过程中绝缘被击穿并且造成停电的事故屡见不鲜,电缆一旦发生绝缘故障,如果不能及时排除,将对电力系统的稳定造成严重破坏,严重影响用户用电,甚至对连续运行的生产单位造成极大损失。

目前,我国对电缆绝缘状态的评估主要采取预防性试验的方法,包括交、直流耐压,介质损耗角测量等。但是,由于数据资料单一,测量数据难以准确反映绝缘状态,预防性试验的手段满足不了智能配电网的要求。因此,如何对电缆绝缘故障进行探测,一直是工程技术人员研究的热点。

一、电缆局部放电在线检测

研究表明,除了人为破坏,局部放电是造成电缆绝缘损坏的主要原因。当局部放电量发生变化时,电缆绝缘可能存在危及电缆安全运行的缺陷,因为局部放电会引起电缆绝缘内产生电树枝,电树枝的进一步发展将导致绝缘击穿;在电缆故障中,电缆终端及中间接头位置极易发生绝缘破坏,这是由于现场安装时容易产生缺陷,发生局部放电的概率更大。对局部放电进行监测是发现早期故障隐患、防止绝缘击穿事故发生的最有效的电缆故障诊断方法之一,也是IEEE、IEC、CIGRE 等国际电力权威机构一致推荐的最佳方法。造成局部放电的原因主要有:

(1)绝缘老化。电缆在长期使用的过程中,如果导线表面出现毛刺或者绝缘层含金属杂质,都会出现局部放电现象,严重时会导致材料碳化引起耐点强度下降,形成电树枝劣化。

(2)电缆受潮。安装时,终端接头和中间接头的结构密封不良将会导致进水或因制作工艺不良导致绝缘层中有水分、气泡。

(3)制作工艺不良。主要指电缆接头在制造过程中的金属保护层缺陷,即在绝缘层包缠过程中,纸绝缘层上出现的褶皱、破口和重叠间隙,铸造砂眼,零件组装不密封等。

由于绝缘老化和制作工艺不良引起的电缆线路局部放电如图 4-5 所示。

电缆发生局部放电的同时,会伴随很多物理、化学现象,如高频的脉冲电流、超声波、电磁波、光及气态物质等。目前,针对局部放电的检测主要分为电测法和非电测法两类,电测法中较为常用的有以下几种:

图 4-5 电缆线路局部放电

1. 电磁耦合法

电磁耦合法的基本原理是对脉冲电流进行检测,即利用罗氏线圈检测电缆终端或者中间接头处流过电缆屏蔽层的局部放电脉冲来检测局部放电。瑞士在这一方面有着比较成功的经验,检测灵敏度可低于 5pC。电磁耦合法的优点在于检测频带宽,可以捕捉到大部分的局部放电信息,能够真实地反映脉冲波形,而且操作简单,安装方便。缺点在于易受到地线电磁信号的干扰,且这些干扰难以简单地利用硬件滤波排除。

2. 电容耦合法

电容耦合法作为离线式局部放电检测的典型代表。其原理是：剥去 XLPE 电缆的部分外护套，将金属箔片贴在外半导电层上作为检测电极，然后将切断的金属屏蔽层用导线重新连接起来。当工作在工频时，外半导电层阻抗远小于绝缘层，而随着电流频率的增加，外半导电层的阻抗也随之增加。故可将外半导电层视为工频地，金属屏蔽层视为高频地，这样电容传感器的接入既不影响电缆的绝缘效果，又有利于对高频信号的获取。实验表明，该方法的灵敏度可小于 3pC。

3. 电感耦合法

电感耦合法即利用局部放电信号所产生的磁场获取局部放电信息。其原理是：当电缆中的局部放电脉冲沿电缆屏蔽层传播时，该脉冲电流信号可被分解为切向分量和径向分量。由于脉冲电流的切向分量会产生一个轴向的磁场，穿过磁场的传感器会产生双极性脉冲电压信号，因此，可以根据此信号的大小来判断电缆内局部放电量的大小，检测灵敏度一般为 10~20pC。该方法的缺点在于只能用于绕包铠装电缆，并且由于高频信号在沿电缆传播时会出现严重衰减，因此，该方法的有效测量距离较短（10m 左右），更多地被用于对电缆终端或者中间接头等电缆附件的局部放电测量。

4. 差分法

差分法属于电缆局部放电的在线检测技术。其原理是：在中间绝缘接头连接盒外护套表面，金属护套绝缘分段处的接头左右两端分别固定两个金属铂电极，外接一选用适当的高阻值检测阻抗 Z_d，利用电缆绝缘层的等效电容作为耦合电容，当接头内产生局部放电信号时，就可以被阻抗耦合并检测到。该方法的优点在于操作简单安全，不需要额外使用高压电源或者耦合电容等测试设备，且无需改变现场检测时的电缆接线；其对于线芯的噪声干扰信号良好的抑制性使其更适合于在线检测。但是，由于两边等效电容难以做到严格的相等，检测回路有时会将线芯的干扰信号误判为局部放电信号。

5. 高频电容传感器法

高频电容耦合法的原理是：剥开一段电缆的保护层与金属屏蔽层，将一定宽度的锡箔缠于电缆屏蔽层作为耦合传感器，用 BNC 头引出输出端，并连接外屏蔽层。电压为工频时，半导电层阻抗远小于绝缘层阻抗，半导电层电位与金属屏蔽层几乎相当，此时，外半导电层可看作工频地电位。超高频下，金属屏蔽层可看作高频地。该方法适用于对高频信号的检测。

6. 超高频法

超高频法作为一种新的局部放电检测方法，近年来有了长足的发展。超高频法最早被应用于 GIS 的局部放电检测，其特点是抗干扰能力强，灵敏度高，能对局部放电源的定位以及对不同缺陷类型进行精确识别。超高频法的原理是通过超高频传感器耦合电缆局部放电产生的电磁波信号来进行局部放电信号的检测。目前，超高频法主要还是应用于 GIS 以及大型电机。可将电缆绝缘系统内部的局部放电看作一个脉冲信号源，同时产生超高频电磁信号。同轴电缆结构可看成电磁波信号的波导，使电磁脉冲沿着电缆传播。虽然电缆本体有屏蔽层，但是超高频电磁波（UHF）可以通过电缆的接地引线、电缆终端或中间接头的屏蔽断开处向自由空间传播，因此将 UHF 检测技术应用于电缆局部放电的检测是可行的。

在电缆中，局部放电单个脉冲的上升时间一般小于 70ps，宽度为几纳秒，这就意味着局部放电信号具有吉赫兹数量级的电磁波频带，并且具有很宽的频谱范围。与传统的脉冲电流法相比，超高频法的优点是可以有效避开低频噪声干扰，有极高的信噪比和灵敏度。缺点则是超高频分量在传输时极易衰减，信号获取困难，这些都是制约其在实际应用中的难题。

7. 方向偶合法

方向耦合法的原理是：在电缆中间接头两侧电缆的外半导电层和金属护套之间分别安装一个方向耦合传感器，在不影响电缆绝缘性能的前提下，两个传感器引出 4 个测量端口，分别记为 A、B、C、D，利用 4 个端口测得的信号，可以判断出测量信号是来自中间接头内部的局部放电信号还是来自外部的噪声干扰信号，因此，该方法最大的优点在于良好的抗干扰性。现场测试结果表明，其检测灵敏度可小于 0.1pC。

8. 超声波检测法

超声波检测法作为较早用于电缆局部放电检测的方法，其原理是：利用超声波传感器检测由电缆局部放电时辐射出的超声波信号，可以判断出电缆本体或附件中是否发生了局部放电。由于局部放电产生的超声波频率范围分布较为广泛，在数万到数十万赫兹范围内，且考虑到超声信号在电缆绝缘层传播过程中高频分量衰减较快，以及声波的散射等原因，需要提高超声波传感器的灵敏度和抗干扰能力。

绝缘层发生局部放电是一个非常复杂的物理过程，微观上放电区域的分子之间会发生剧烈的撞击，宏观上则表现为一种压力波。由于局部放电是一连串的脉冲电流，由此产生的压力波也表现为脉冲形式。一般情况下，局部放电所激发出的声信号频带较宽（10～10^7Hz 之间，其中频率超过 10kHz 的波段称为超声波）。局部放电源可以被认为是点脉冲波声源，以球面波的形式向四周传播，且与机械波一样，在不同介质中传播速度有所不同，在介质交界处同样会发生反射和折射现象。若在设备外部安装超声波传感器即可接收到设备内部局部放电所产生的超声波信号。超声波检测法一个非常显著的优点就是可以定位局部放电的位置，而局部放电的定位是根据所产生超声波传播方向和时间来确定的。超声波检测法作为非侵入式的检测方法，受电气干扰小，主要被用作定性地判断局部放电信号的有无，适用于不需断电的局部放电在线检测，如开关柜内的局部放电，但不适合电缆局部放电的检测。目前，由于绝缘劣化程度与发射的超声波信号之间的定量关系尚不能确定，故该方法在设备局部放电检测中只能作为一种辅助测量手段。

9. 高频脉冲电流检测法

高频脉冲电流检测法的原理是：在被测设备接地线上安装穿芯式电流传感器或钳型电流传感器，可以在足够宽的频带范围内检测局部放电的脉冲信号，因此也称为高频电流互感器方法。如通过在 XLPE 电缆接地线上或电缆本体上安装高频电流传感器（HFCT），来检测高频脉冲电流流经通路上所产生的电磁场信号。

HFCT 实际上是一种宽频带罗氏线圈型电流传感器，其优点在于检测频带宽，通常在数十万到数千万赫兹之间，能够有效地获取局部放电信号。电流传感器由磁芯、线圈、金属屏蔽盒等组成。磁芯采用耐磨耐蚀、损耗小、高频高导磁率、稳定性好的磁性材料，由两个半环经金属屏蔽盒的闭合结构形成圆环。金属屏蔽盒为两半环结构，尺寸稍大于磁芯，用于安放和固定磁芯，具有屏蔽现场空间磁场干扰的作用，可有效减少现场测量局部放电时的干扰。

二、电缆腐蚀的预防措施

电缆腐蚀一般指的是电缆金属铅包或铝包的腐蚀，是导致电缆故障的一个重要因素。电缆腐蚀又可分为化学腐蚀和电解质腐蚀两种。

一般情况下，在接头套管与电缆铝包层焊接的部位，两种不同金属连接所形成的腐蚀电池作用，以及周围土壤、水等媒介的作用，对铝包的腐蚀性很大。铝作为比较活泼的一种金属，它的标准电极电位比中间接头现用的其他金属材料要低，因此当构成腐蚀电池时，铝成了阳极，更易受到强烈腐蚀。

电缆线路附近的土壤中含有酸或碱溶液、有机物腐蚀质和炼护灰渣等时易发生化学腐蚀。硝酸离子和醋酸离子是铅的烈性溶剂，氯化物和硫酸对铝包极易腐蚀；氨水对铅包没有大的腐蚀，但对铝包腐蚀较为严重。由于化工厂内腐蚀性介质多，更加容易引起电缆的化学腐蚀。在通风不良和干湿变化大的地方，电缆也比较容易受到腐蚀，比如在保护管内的电缆。

在设计电缆线路时，要充分调查，收集线路所经地区的土壤资料，进行化学反应分析，判断土壤和地下水的侵蚀程度。必要时应采取紧急措施，如更改路径，部分更换不良土壤，增加外层防护，将电缆穿在耐腐蚀的管道中等。

在已运行的电缆线路上，要做到随时了解腐蚀程度比较困难，只能在已经发现电缆有腐蚀或电缆线路上有化学物品渗漏时，挖开泥土检查电缆，并对附近土壤做化学分析，并确定损坏程度。

为预防电缆腐蚀，通常采取以下措施：

（1）对于室外架空敷设的电缆，每隔2年或3年（化工厂内1~2年）涂刷一遍零防腐漆，这对保护电缆外层有非常明显的作用。

（2）加强电缆包皮与附近巨大金属物体间的绝缘。

（3）加装遮蔽管。

第三节　智能环网柜运维管理

智能环网柜是10kV智能配电网的重要组成部分，通常也被称为户外小型开闭站，因其具有占地少、造价低、供电可靠性高、施工周期短等特点，近年来在配电网中的应用愈发的广泛。

环网柜就是在每条配电线路支路设立的一台开关柜（出线开关柜），其母线也是环形干线的一部分，即环形干线是由若干台环网柜的母线相互连接共同组成的。随着环网柜的广泛应用，其已经跳出了环网结构配电系统的应用范畴，在非环网结构的配电系统中也得到了应用，这样的环网柜用以指代以负荷开关为主开关的高压开关柜。如今，网络通信技术、应用计算机技术及传感技术等新技术已被广泛地应用于环网柜之中。

作为智能配电网的重要设备，环网柜在配电设备中数量多、投资大，其性能的可靠性直接关系到电力系统的安全运行，一旦环网柜发生故障，有可能造成巨大的财产损失和人员伤亡。近些年，环网柜故障的案例屡见不鲜，例如，2012年7月，广东深圳因受台风影响，连日阴雨，某社区一座变压器因湿气太重，导致环网柜的电线绝缘故障，引发爆炸。因此，加快智能环网柜建设和加强智能化的运维管理已成为必然趋势。

一、智能环网柜的构成

智能环网柜是利用现代电力电子、传感测量、自动化控制等技术，将10kV负荷开关柜、断路器柜、熔断器柜、互感器与保护装置、通信装置、计量仪表等模块组合在一起，实现电网一次设备与二次设备的良好结合。目前常用的环网柜绝缘方式可分为空气绝缘方式、固体绝缘方式和SF_6绝缘方式三种，其中以SF_6绝缘方式最为常用。

智能环网柜主要由智能环网柜本体、电子式互感器、智能操动机构、智能通信终端、集中式智能控制器、智能电源等组成。智能环网柜中所用的互感器多为组合式光电互感器，其特点是能够给电源系统充电以及采集环网柜各回路的电流、电压信号。智能电源能够给环网柜各回路提供操作电源，并需要配备后备电源，在环网柜进线失电时保证供电可靠性。集中式智能控制器与传统配电终端单元（Distribution Terminal Unit，DTU）相比，安装方便、体积小巧，能够很好地监测环网柜各条回路电气量和非电气量的采集信号。集中式智能控制器将采集到的信号经过处理之后传送给通信终端，由通信终端完成环网柜的对外通信，实现环网柜的配电网自动化。

1. 智能环网柜本体

智能环网柜本体由气箱、电缆室、操动机构室和母线连接室构成，采用上断路器下负荷开关的形式。断路器的优点是重量轻、体积小、灭弧能力强、适于频繁操作、机械寿命及电气寿命长；负荷开关采用三工位、真空灭弧的开关本体，具有断口可视、全绝缘、可防内燃弧等优点。智能环网柜本体一般采用共箱式结构，开关装置和硬母线密闭在同一个金属封闭外壳内，利用SF_6作为灭弧介质和绝缘介质，具有开关动作优异、安全可靠、结构紧凑及免维护等特点。

2. 智能操动机构

智能操动机构能够对智能环网柜的开关本体进行操作，从而完成环网柜的分合闸动作。操动机构一般分为手动操动机构和弹簧操动机构。手动操动机构是通过人工进行分合闸操动的操动机构；弹簧操动机构则是利用已储能的弹簧作为动力来对机构进行操作，弹簧的储能过程是由电动机的驱动来完成的。智能操动机构的可靠性是保证智能环网柜可靠供电的前提，由于传统操动机构过于简单，只能简单地完成合分闸的动作，但是智能环网柜要求其操动机构必须具备智能化的特点，且通用性应进一步提高，能够满足常见的如直流24、48、110、220V和交流220V等电压等级。操作机构在接受用户的操作指令后，首先应判断操作是否满足五防联锁的闭锁条件，如不满足，控制装置会给用户明确提示，以免用户误动作。同时，操动机构本身也应具备机械五防的要求，确保机构的正常动作。

3. 电子式互感器

互感器是用来给环网柜的保护装置提供电流、电压采集信号，从而实现继电保护功能，电压互感器还可以为环网柜的控制回路提供操作电源。以组合式光电互感器为例，其重量轻、体积小、抗干扰能力强的特点有利于环网柜测量精度的提高。组合式光电互感器还配备防开路保护模块，使用一体化设计，确保发生故障时不会感应出危险电压威胁操作人员和设备的安全，最大限度地提高设备使用的安全性。

4. 集中式智能控制器

集中式智能控制器是将 SCADA、故障检测、继电保护、远程控制、馈线自动化控制集于一体的智能配电终端。集中式智能控制器能对环网柜进行可靠监控，同时会配合配电主站实现配电线路的正常监控、故障识别与隔离、非故障区段恢复供电，从而实现配电自动化。集中式智能控制器具有如下几个特点：

（1）体积小、可扩展性较好的特点有助于环网柜向小型化、智能化方向发展。

（2）将环网柜中的一些功能模块都整合在控制器当中，能够节省环网柜的整体空间，使环网柜更加简洁。

（3）能够同时对电流互感器的保护侧和测量侧电流进行采集，不需要再另外配置单独的保护模块，既能提高电流的采样精度，也能满足在故障时可靠动作。

（4）可采集多种信号，保护功能全面，低气压事故、超温、装置异常等都能做到保护跳闸与故障报警。

（5）减小了环网柜的维护量，操作起来更加方便，以后逐步会实现免维护。

5. 智能通信终端

通信终端将集中式智能控制器的电信号转换为光信号，使智能环网柜能够通过光缆与主站/子站快速安全可靠地通信，通信的高实时性能够保证对环网柜的实时在线监控以及对智能配电网中故障的快速处理。通信终端配备以太网接口、GPRS/CDMA 通信接口、RS232/485 接口，以实现主站/子站的不间断通信。

6. 智能电源

智能环网柜的控制器、操动机构、通信终端等二次设备都需要实现不间断供电。为了提高供电可靠性，要求在供电电源掉电时，二次回路仍然有稳定的电源，保证继续可靠地动作，因此，智能环网柜中必须配备备用电源。环网柜的电源可采用双进线的方式，即两条进线互为备用，给电源的充电模块供电。当其中一条进线掉电时，继电器动作，将另一条进线的 220V 电源转给充电模块，以保证环网柜的二次回路正常供电。当两条进线都出现掉电现象的时候，为了使二次回路继续供电，需要由备用电源继续供电。备用电源一般采用不间断电源（UPS）和蓄电池，对于供电稳定性要求极高的系统，还需要采用超级电容进行掉电后的电压快速稳定。智能电源方案如图 4-6 所示。

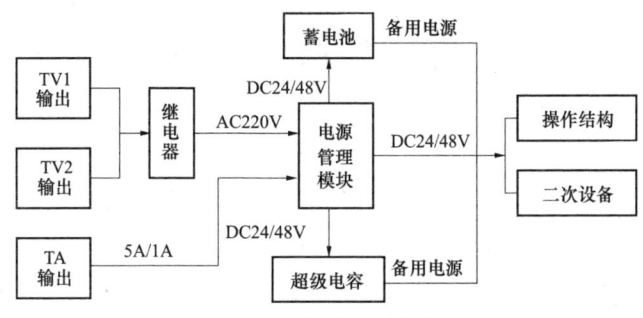

图 4-6 智能电源方案

智能电源的电源管理模块主要有以下功能：

（1）充电功能。在充电电源正常时，对备用电源进行可靠的充电。

（2）保护功能。包括短路保护、过流保护、过压保护以及过放电保护等。

（3）告警功能。在充电电源失电、电池欠压、过压、过热等异常情况以及电池活化时发出告警信号。

（4）不间断供电功能。充电电源与备用电源的控制回路之间相互独立，以保证在一方出现问题时不影响二次设备的正常供电。

二、智能环网柜状态监测与故障预警

智能环网柜状态监测与故障预警对于智能配电线路的正常运行、故障监控、故障预警、故障排除等方面起着至关重要的作用，是电力监控中不可或缺的一项。

（一）状态监测与故障预警系统架构

典型的智能环网柜状态监测与故障预警方案采用三层架构，分别为环网柜传感器—监控服务器—监控站，通过带电指示、测量电流、进出线以及柜内温度等参数对环网柜实时监控并预警。可将上述架构分别抽象提取为监测数据采集层、监测数据分析层和监测数据表示层,三层之间相互协作,共同完成智能环网柜的状态监测和故障预警,系统架构如图4-7所示。

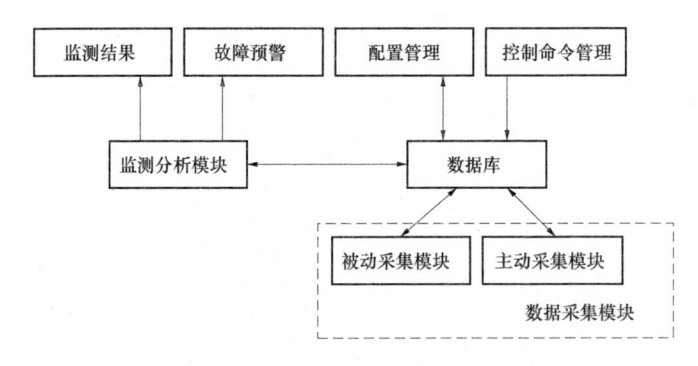

图4-7 智能环网柜状态监测与故障预警系统架构

1. 监测数据采集层

监测数据采集层的主要功能是采集智能环网柜的运行参数,采集设备以传感器为主,采集的内容主要包括智能环网柜内的温度值、电压、电流、进出线情况以及其他参数。智能环网柜监测数据采集层的功能为:

(1) 采集智能环网柜监测数据。

(2) 定时向服务器上报监测信息。

(3) 定时向服务器发送心跳包。

(4) 实时监听并执行来自服务器的命令包。

(5) 执行服务器发来的命令。

2. 监测数据分析层

监测数据分析层是智能环网柜状态监测与故障预警系统数据分析的核心,该层对监测数据分析的精度将直接影响到整个系统状态监测的质量和故障预警的精度,所以需要设计的合理监测数据分析算法,对监测数据进行准确分析。监测数据分析层应满足的目标为:

(1) 每个服务器可支持至少10 000台智能环网柜监测参数采集端同时在线监测。

(2) 可以方便地添加部署新的服务器,以便动态线性扩容。

(3) 服务器具有较高的运行稳定性。

(4) 系统资源占用要满足一定限制。

综合考虑设计目标,典型的服务器线程设计框架如图4-8所示。

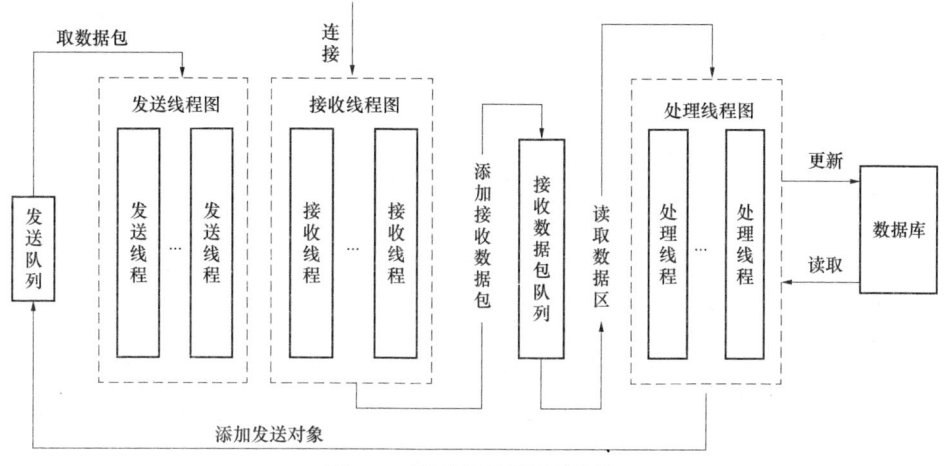

图 4-8　服务器线程设计框架

为了满足至少 10 000 台智能环网柜状态参数采集端同时连接的要求，需要引入多线程并发处理机制，以及数据包缓冲队列机制，这样既可以防止数据丢包，又能提高系统性能。

接收线程组负责接收智能环网柜状态参数采集端发送到监控服务器的数据包，并将接收到的数据包放入接收数据包队列。数据包处理线程组的职责是从接收队列中读取数据包，同时解析数据包，并根据数据包的具体类型作出响应，如更新数据库、发送确认包等。如果对线程处理时需要发送数据，要向发送队列添加数据包发送对象。发送线程组负责从发送队列中读取要发送的数据包，将数据发送到环网柜监测参数采集端。

3. 监测数据表示层

监测数据表示层的主要功能是向用户展现监测性能和故障预警提醒功能。该层又可分为以下几个模块：

（1）监测数据分析结果展示模块。监测数据分析结果展示模块的主要功能是向用户呈现当前网络的实时运行状况和历史数据分析结果，并以统计图表的形式直观地表现出来。

（2）故障预警模块。在系统运行过程中，故障预警模块将不间断地监听本地故障预警端口，等待来自监控数据分析层的故障报警信息。一旦监听到故障报警信息，故障预警模块将立即以图形的形式将报警信息的详细内容展示给用户。

（3）配置管理模块。配置管理模块的功能是对监测数据采集层的参数进行配置，主要配置的参数有：心跳包的发送频率、监测参数的类型等。通过该模块可以及时、动态地更改监测数据采集层的相关配置。

（4）控制命令管理模块。控制命令管理模块的主要功能是对监测数据采集层进行实时控制。可控制的内容主要有：远程诊断命令、远程查询命令等，其中，远程诊断命令用于诊断监测参数采集层的网络故障情况，远程查询命令用于远程查询智能环网柜的监测参数，以方便管理员随时手动查看智能环网柜的运行情况。

监测数据表示层采用客户机/服务器结构（C/S 架构），通过对监控数据库的远程读取，实现对智能环网柜的实时监控。同时，故障预警模块通过管理员设置的阈值判断故障情况并发出预警，且系统支持多个管理员同时登录进行监控。监控站运行流程图如图 4-9 所示。

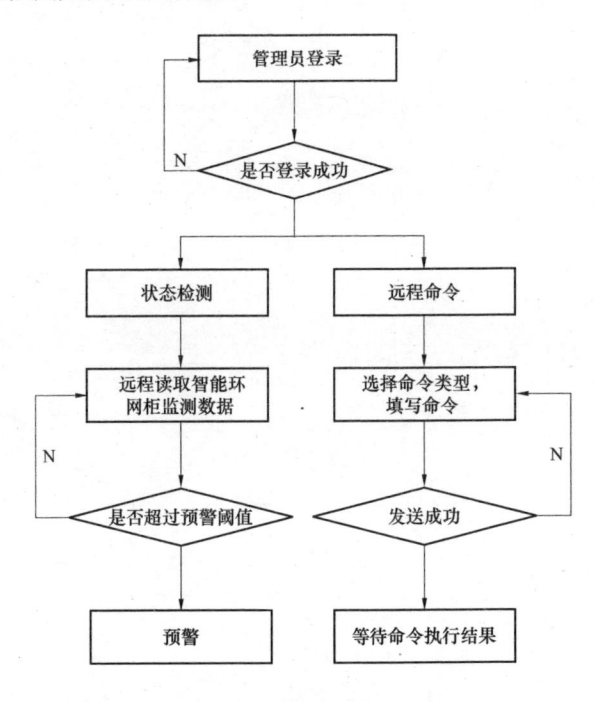

图 4-9 监控站运行流程图

在操作之前，首先需要判断管理员登录情况，如果登录成功，则可以进行远程环网柜的状态监测并向远程智能环网柜发送配置命令。其中，智能环网柜远程状态监测是从服务器数据库读取监测数据，而向远程智能环网柜发送配置命令是向服务器数据库写入配置命令。

（二）状态监测与故障预警原理

智能环网柜的状态监测与故障预警功能需要在环网柜端、服务器端和监控站端同时运行相应的程序来实现。在智能环网柜状态监测与故障预警系统中，环网柜状态参数采集程序安装在环网柜状态参数采集系统中，服务器程序安装在计算机端，控制程序安装在监控站端。智能环网柜状态监测与故障预警的基本原理为：

（1）服务器端正常运行，使服务器一直工作在监听状态，保证能够随时接收到来自智能环网柜状态参数采集端的连接。同时，服务器需要监听另外一个端口，以便接受来自监控站的数据读取命令和控制命令。

（2）智能环网柜状态参数采集端相当于一个远程被控端口，需要读取本地配置文件，包括服务器端的 IP 地址。

（3）采集端运行起来之后，向全网搜索服务器端的 IP 地址，搜索到指定 IP 地址的设备或计算机之后，采集端便会向服务器发出 TCP 连接请求。此时，如果服务器端的该 TCP 端口处于监听空闲状态，则接受采集端的连接请求，同时根据规则向采集端发送连接确认信号，要求采集端进行登录操作。

（4）采集端输入登录信息，向服务器端发送登录账号和密码；若登录信息正确，则允许登录。

（5）登录成功后，采集端定时向服务器发送智能环网柜状态监测参数；服务器将接收到的监测参数保存到服务器数据库；监控站则通过远程读取服务器数据库来获得智能环网柜的状态信息，并将状态进行显示。

（6）服务器在完成将智能环网柜状态参数存入数据库的同时，对该参数进行分析，判断其是否超过某个设定的阈值。当发现某参数超过阈值时，主动向监控站发送告警信息，监控站接收到告警信息后立即在界面上向管理员报警，以实现故障预警的目的。

（7）管理员在必要的时候可以在监控站对智能环网柜状态参数采集端的配置文件进行远程配置，经过服务器的中转，将远程控制命令发送给采集端；采集端接收到命令后根据命令来进行自身配置。

（三）典型故障及处理

1. 电缆连接故障

在我国，环网柜一般使用三芯电缆，而欧洲则广泛使用单芯电缆。单芯电缆的优点在于易于固定，便于安装，绝缘程度高，不用对单芯电缆套管的扭曲力度做特别的考虑，套管终端装置贴合性好，对于热故障有着良好的预防与减少作用。

与单芯电缆相比,三芯电缆的安装和维护难度均很高,且各类安装和连接过程中的问题也层出不穷。三芯电缆在连接时,由于内部的各个单芯无法固定,只能依靠电缆外部的保护套进行固定。因此,三芯电缆在连接固定之后,极易发生连接故障。受到电缆自身质量、电力以及其他外部不利因素时,三芯电缆极易发生将单相的扭矩传输到外围保护套的情况。

因此,为了尽量避免以上情况的发生,在三芯电缆连接时需要采取相关的应对措施。一般是在电缆固定之前加以外力,实现扭动。进而电缆随外力扭动所产生的内部压力会被逐渐释放,并在套管内部恢复力矩。由此可见,三芯电缆的安装和连接对操作人员的操作技术水平有较高的要求,整个连接固定过程极易受人为因素的影响,稍有不慎就会影响整个环网柜的正常运行。可采用的解决方案有如下几种:

(1) 适当增加环网柜的高度或空间。造成环网柜电缆连接问题频繁发生的一个重要原因就是环网柜的空间设置不合理,运维人员可以因地制宜地对环网柜的安装工作环境进行改善,适当调整环网柜外部结构的高度。同时,也可以使用升高座将电缆周围小室的高度进行扩展,一般可以扩展到800mm左右,使柜内电缆套管的固定部分中心垂直距离不小于750mm。当电缆套管的固定部分中心垂直距离足够大时,三芯电缆在与连接器安装调整时就会有足够的空间对长度进行调整,进而可以有效减少因长度不当造成的电缆连接故障。

(2) 对套管接触面的导电能力进行全面考虑。当环网柜出现电缆连接问题时,接线端子会由于接触不良而导致导电面积缩小。由于环网柜内所有的导电器件都密封于绝缘套内,绝缘套内散热较差,且容易引发降容问题。在比较松散处或大电流通过时,容易出现高温故障。因此,在选购电缆时,要严格选择规格合适的电缆,最好是横截面面积为 $240mm^2$ 或 $300mm^2$ 的电缆,以及额定电流为800A的标准套管,铜管的外径最好控制在32mm,这样可以有效预防和减少热故障的发生。

2. 绝缘问题分析

电缆绝缘老化、受潮、制作工艺不良等原因引起的绝缘故障现象屡见不鲜,其中,局部放电是电缆绝缘故障的主要表现。正常情况下,电缆局部放电能量较小,一般不会影响电缆及环网柜的绝缘特性,但是持续的局部放电所引起的电脉冲会在放电点产生高温,使电缆绝缘层逐渐发热、老化,最终击穿,严重的还会引发电弧短路事故,危及环网柜的正常运行。

绝缘问题产生的原因有很多，其中大部分是由于导电体和绝缘板之间的固定不好，经过多次的开关操作后导电体和绝缘板之间出现松动。此外，操作人员在使用过程中的振动冲击也会触发间歇性放电。上述问题在日常使用的过程中很难被发现。由于环网柜属于整体结构，所有零部件均被密封在环网柜中，出现间歇性放电现象时很难及时找到故障点的位置，直至因频繁放电造成隔热板损坏后故障才会被发现，整个放电过程会持续到故障排除。在间歇性放电的影响下，母联柜电流互感器的外绝缘会出现闪络现象，造成短路。

环网柜的内部组织结构十分紧凑，在进行绝缘问题维护检修时，不但需要更换损毁的零部件，也需要维护和清理其他零部件。具体有如下解决措施：

（1）在选购母线时需要提高对母线的绝缘要求。在环网柜安装调试过程中，母线室内的所有零部件都应该使用绝缘材料。

（2）环网柜内导电体对地和相间的空气净长度要保持在 125mm 以上，有机绝缘材料的爬距要控制在 230mm，瓷器件要达到 210mm。

（3）对于绝缘的关键部位和容易发生间歇性放电的部位进行重点检修。如断路器、中间接头、总线支持绝缘子、座绝缘子、灭弧动触头拉杆绝缘子、接地支座绝缘子等部位。

3. SF_6 气体泄漏的主要检测手段

SF_6 气体是环网柜的绝缘和灭弧介质，纯净的 SF_6 气体无色、无味，常温下具有稳定的化学特性。但当出现局部放电、高温等条件时，SF_6 气体会进行分解，分解产物中含有许多剧毒性气体，如 SF_4、S_2F_2、HF、SOF_2、SO_2 等，人体大量吸入会引发头晕和肺气肿，甚至昏迷死亡。

如果 SF_6 气体出现泄漏，环网柜的电气绝缘性能将大幅度降低。环境温度发生剧烈变化时，在泄漏点处会有空气中的水分渗入，称之为 SF_6 气体的"呼吸"现象，渗进的水分会引起 SF_6 气体的湿度的进一步增大，从而严重影响环网柜的电气性能，严重的还会造成安全事故。另外，由于 SF_6 气体遇水会分解，其分解产物也大多有毒，这就对巡视、运维人员的人身安全造成了极大的威胁。

目前，针对 SF_6 气体的测量方法中较为先进的有半导体传感器测量法、超声波测速法和红外激光成像法等。

（1）半导体传感器测量法。半导体传感器测量法的主要原理是采用镀锡的二氧化锡作为半导体电极，半导体二氧化锡具有较强的亲氟化物特性，当出现 SF_6 气体泄漏现象时，传感器阻值将随之下降，且气体浓度越高，阻值下降越大。

（2）超声波测速法。超声波测速法的基本原理是利用超声波在不同摩尔质量气体中传播速度的不同来检测气体属性。超声波具有波长短、易于定向发射等优点，其传播速度与介质的特性有关，所以通过声波在媒质中传播速度的测定可以判定媒质的特点。由于 SF_6 气体的摩尔质量是空气的 5 倍，所以当 SF_6 气体泄漏到空气中时，空气的摩尔质量发生剧烈变化，随之测出的超声波速度也将发生相应改变，即可反推出 SF_6 气体的含量。

（3）红外激光成像法。红外激光成像法的原理是利用 SF_6 气体对于特定波段的红外光谱具有较强的吸收特性来对气体浓度进行检测。红外激光在气体中传播时，会因气体对辐射的吸收、散射而衰减，因此可以利用不同浓度的气体针对特定波段光谱的吸收率不同来完成对该气体的检测。采用激光探测器检测 SF_6 气体泄漏，探测器测量范围可达 2000μL/L，灵敏度达 1μL/L。目前安全规程中对于 SF_6 泄漏报警浓度为的规定是 1000μL/L，随着国家环保力度的加大，报警限值会不断降低。由于激光探测器的定量检测值可以随时更改，这就可以避免其他检测方法无法定量检测的缺点。

4. 环网柜内温度的检测方法

由于环网柜内空间较小，且长期处于无人职守的状态下。特别是夏日的南方，设备在户外高温下连续长期运行，高温将进一步促使绝缘故障加剧，从而导致柜内温度上升，形成恶性循环，最终引发电气故障。因此，为确保环网柜的安全运行，对柜内温度进行实时监测是非常有必要的。

在安装和制造过程中，环网柜电缆接头处容易出现松动，这就导致运行过程中环网柜各个连接点，如母线间的连接点、隔离开关触头以及 T 型电缆连接头会形成较大的接触电阻，在负荷较大时容易导致这些接触点温度升高甚至引起设备燃烧，引发安全事故。现今，常用的环网柜内温度检测方法有热敏电阻测温法、蜡片测温法和远红外测温法等。

（1）热敏电阻测温法。热敏电阻测温法的原理是利用热敏电阻值随温度变化这一特性，将热敏电阻作为温度传感器，将阻值的变化转换成电压信号，将电压模拟量经过 A/D 转换成数字量，进行各种显示与判断处理。

（2）蜡片测温法。蜡片是一种温度敏感元件，当温度高于临界值时，其颜色会突变。通过检测蜡片颜色的变化来判定温度是否超过上限。

（3）远红外测温法。远红外测温法的原理是利用红外测温原理，以热电堆作为温度传感器进行的温度检测方法。当目标物体的红外辐射透过红外滤光片被传感器黑体吸收后，热电堆的热端受热将产生温差电势，电势的大小直接表征了热电堆参考端与目标物体的温差。此外，传感器内部自带的热敏电阻的输出电压表征了目标物体的温度。远红外测温系统一般包括红外测温头、数据采集系统和主控单元，总体结构如图4-10所示。

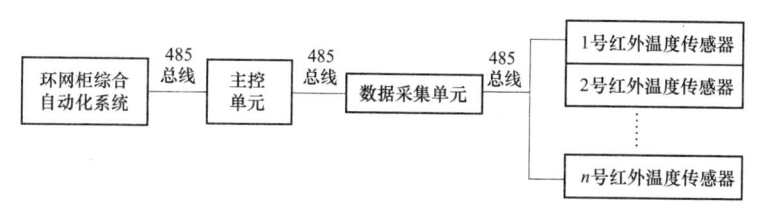

图 4-10　远红外测温系统总体结构

数据采集单元通过 RS485 总线可以连接多个红外温度传感器，通过不同的地址来区分环网柜内各个触点的采集参数设定的报警阈值，当温度超过阈值时，报警信号和当前温度值通过 RS485 总线传输到主控单元。主控单元将所有信息汇总后再通过 RS485 总线将整个温度测量网络与环网柜自动化系统相连。远红外测温法是非接触式的，因此可以测量高压、腐蚀性物体的温度，且温度测量的范围广、速度快，在高压电力设备中得到了广泛应用。

（四）运维管理注意事项

智能环网柜运维管理的注意事项包括以下几个方面：

（1）在智能环网柜选址阶段，应从长远运行的角度出发，避免在低洼处建站；在智能环网柜设计及图纸会审阶段，应注意户内环网柜有无完善的通风设施、户外环网柜的混凝土基础有无开挖通风网、户外环网柜有无防护栏等。

（2）结合状态检修方法，制定智能环网柜的检修计划。制定停电计划，做好智能环网柜的养护。

（3）制定差别化的智能环网柜巡视策略。即对运行环境较好的智能环网柜（如电缆层常年干燥），可适当延长巡视周期；对于运行环境恶劣的智能环网柜，一方面要布置除湿器或空调，另一方面要增加巡视频度，将故障扼杀在摇篮中。

（4）户内环网柜，应配置 SF_6 气体检测系统，一旦有 SF_6 气体泄漏，可智能报警。

（5）有条件的情况下，应实施微机防误保护和安装智能门禁，以全面提升智能环网柜的安全性能。

（6）对于已经进水的电缆层，应尽快将水排尽，并做好电缆层的防水处理，做好封堵。

（7）积极实施智能化监测手段，如在线局部放电检测、在线温度监测等；

适当增加夜巡，以发现微弱的爬电现象。

（8）把好验收关，特别是对隐蔽工程的施工要全程参与，做好持卡验收的工作。

（9）对每个智能环网柜制定事故应急预案；对已经出现轻微放电现象的设备，应采取增加绝缘挡板、绝缘包覆等措施，防止隐患快速扩大。

（10）安装红外测温装置，有条件时建立红外图谱库，以便进行不同时间段的比对，掌握设备发热变化趋势。

第四节　智能箱式变电站运维管理

智能箱式变电站是智能配电线路的主要设备之一，用来变换电压、功率和汇集、分配电能。它是用、配电一体的新型设备，可深入用电负荷中心，使变电站向高效、环保、智能等方面发展。目前，技术成熟的智能箱式变电站已被广泛应用于居民生活的配电系统，高压线直接输入智能箱式变电站，经过高压开关，由变压器变为可直接使用的低电压，然后将低电压经过开关和线路保护装置送至用户。

一、箱式变电站概述

（一）箱式变电站分类

根据产品结构不同及采用元器件的不同，箱式变电站可以分为欧式箱式变电站和美式箱式变电站两种典型风格。

欧式箱式变电站是一种装置组合型变电站，它的高、低压配电装置并不使用成套的集成装置，而是将高、低压控制和继电保护设备等直接装入箱内，使之成为一个整体，大幅减小了箱式变电站的体积。

与欧式箱式变电站相比，美式箱式变电站的特点是体积小、噪声低、供电可靠、结构合理、安装灵活、操作方便、可深入负荷中心等。而美式箱式变电站的另一个重要结构特点是它的负荷开关、环网负荷开关、熔断丝、无励磁调压分接开关等设备都作为变压器的部件装在变压器油箱内。

欧式箱式变电站与美式箱式变电站外形图分别如图4-11和图4-12所示。

（二）箱式变电站结构

箱式变电站是由低压配电装置、变压器和高压开关设备三部分按不同的方式组合安装在一个或几个箱体内的配电装置。按产品结构可分为预装式箱式变电站和组合式箱式变电站。

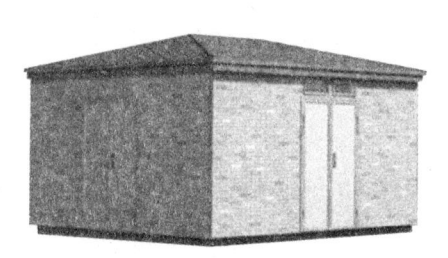

图 4-11　欧式箱式变电站外形图　　图 4-12　美式箱式变电站外形图

预装式箱式变电站即美式箱式变电站，从外形上看是由多个箱体组合在一起，其中包括一个密封的油箱，内装变压器和高压短路开关。低压配电安置在单独的箱内，以方便工作人员操作，安全可靠性增加。由于安全性较高和技术比较成熟等原因，预装式箱式变电站具有良好的发展前景，特别适合在配电网中使用。

组合式箱式变电站即欧式箱式变电站。与预装式箱式变电站相比，组合式箱式变电站将高压线路开关、变压器、低压线路开关和继电保护设备进行紧凑的组合设计，因此其体积更小，更节省空间。并将变压器和低压线路开关进行隔离，以防止相互干扰。组合式箱式变电站被广泛应用于高层建筑场所、商业中心、居民住宅小区等，是目前技术比较成熟、推广范围较大的一种箱式变电站。

箱式变电站的结构一般由低压室、变压器室和高压室三部分组成。

1. 箱体

箱体相当于一个容器的作用，用以安装和保护变电站设备，属于箱式变电站的外观设备。它主要由顶盖、隔板门、侧板和底座等部分组成，是整个变电站的骨架。

2. 低压室

低压室的典型结构主要包含无功补偿柜、计量柜、进线柜和出线柜。无功补偿柜的主要功能是补偿功率因数，计量柜的主要功能是计算用户消耗的电能，进线柜的主要功能是控制与保护低压配电，出线柜的主要功能是控制低压出线端的供电。

3. 变压器室

变压器室的变压器一般为降压变压器，将 10kV 电压降为用户可直接使用的 380V/220V 电压。变压器一般为 160～1600kVA 的容量，其结构有二相五柱或二相二柱。

4. 高压室

高压室主要用以安置高压设备，采用的保护措施也较多，如使用避雷器、限流熔断器、负荷开关等，主要功能有短路和过载保护以及停、送电等，供电方式有终端、双电源和环网三种。真空环网柜和压气式环网柜在我国普通用户中使用较普遍，高端用户使用绝缘式环网柜。

（三）智能箱式变电站与传统箱式变电站的比较

智能箱式变电站的概念是随着智能电网概念的提出而出现的。作为电力传输的重要节点，箱式变电站的智能化是智能电网建设的重要部分。智能箱式变电站具有高级应用互动化、通信平台网络化、信息共享标准化、全站信息数字化的优点。与传统箱式变电站相比，智能箱式变电站更多地采用先进的技术以及智能化系统，实现了"四遥"功能。随着箱式变电站的智能化水平的不断提高，逐步实现了无人值班和调度智能化管理。智能箱式变电站是在传统箱式变电站的基础上，增加了智能化系统，实现了箱式变电站的数字化、信息化、网络化和智能化。智能箱式变电站与传统箱式变电站相比主要有以下几方面优势：

（1）安全运行水平提高。

1) 与传统箱式变电站相比，智能箱式变电站加入了故障自诊断功能。在智能箱式变电站运行时，不间断地对系统运行状态进行监测，并根据不同的状态参量下达不同的操作命令。如果智能箱式变电站在运行过程中出现问题，要求软件设计能快速发现被保护对象的故障并进行切除，以进一步提高系统运行安全性。

2) 各个模块能自动进行保护和故障诊断，使智能箱式变电站的工作安全性大大超过了传统箱式变电站。此外，系统智能化实现后，由计算机对采集数据进行处理后综合优化分析，并将分析结果呈报给值班人员，有利于快速发现箱式变电站运行问题，并选择最佳解决方案，达到正常安全供电。

（2）具有丰富的通信技术。作为智能箱式变电站最为核心的特点，智能箱式变电站配置了完善、可靠的通信端口，完成与后台管理系统的对接，最终实现智能箱式变电站运行参数的在线监测。智能箱式变电站普遍采用的通信方式分为有线通信和无线通信两类。

有线通信包括 RS485 端口及 RS232 端口和光纤通信。光纤通信是在箱式变电站设备和后台管理计算机之间布置光纤进行通信。箱式变电站设备配置标准通信接口 RS485，通过智能终端外挂的通信模块，实现与 Ethernet、CAN、INTERNT 等通信网络连接。箱式变电站设备还可以配置 RS232 标准串行接口，实现直接与监控计算机进行点对点通信。

无线通信则是通过内置 GPRS/GSM 模块，直接利用中国移动 GPRS/中国电信 GSM 网络进行远程无线通信，数据可以传递到任何地点，且通信保密性强，应用范围广泛。

（3）具有先进的在线监测技术。

1）实现了高、低压室电参量的测量、计算及分析。在传统箱式变电站对电压、电流实时测量的基础上，智能箱式变电站能够采集、存储配电变压器的三相电压、电流、有功功率、无功功率、功率因数等参数以及各参数所发生的具体时间，储存、计算谐波及谐波分量的值，分析电能质量及能效值，计算及记录三相负荷不平衡度。同时，还可监测和记录电压波动、电压跌落以及电压骤升等暂态电能质量问题。

2）实现了高压开关在线监测功能。在小容量箱式变电站中，一般采用由熔断器和负荷开关组成的 GIS，以保护变压器。智能箱式变电站实现了对熔断器和负荷开关等元件状态的监测分析，更加全面地确保了配电变压器的安全运行。

3）实现了元器件的实时温度测量。在智能箱式变电站中配置温度和湿度控制单元，根据需要启动或者停止风机或投切加热器，能够防止智能箱式变电站中元器件受到温、湿度的影响而在绝缘件的表面形成凝露，从而避免绝缘老化事故的发生，保证智能箱式变电站可以在恶劣的环境下可靠、安全地运行。

（4）实现了箱式变电站运维管理的智能化。传统箱式变电站安装的二次系统需要工作人员现场记录、现场操作、现场查看运行状态，工作量大，工作效率低。对于智能箱式变电站，其测量、记录、控制、调节等功能都由计算机控制进行，杜绝了人工操作的误差。采集的数据记录到智能系统的历史库中，在需要时，计算机根据要求筛选出有用的数据，不仅速度快，而且安全、准确。完全实现了无人值班模式。

（5）具有电压自动调整及自动投切无功补偿功能。智能箱式变电站的有载调压变压器可以对输电电压进行调节，电压合格率得到了大幅提高，电力系统主要设备和各种电气设备的安全得到了有力保证，电能损耗和网损降低，无功潮流合理。

传统箱式变电站中多利用静止无功补偿装置进行低压无功补偿，采用交流接触器作为无功补偿中电容器的投切控制开关，极易导致线路瞬间产生对系统较大的冲击电流。智能箱式变电站可以选用以下两种低压无功补偿方式：

（1）当用户的负荷变化较快时，采用动态调节器，即采用晶闸管作为电容器的投切开关，能够实现过零投切，且不会产生过电流、过电压等现象。

（2）采用复合开关，即采用接触器和晶闸管作为电容器的投切开关。通过快速跟踪检测负荷的无功功率，实现分组投入和断开电容器，快速、准确地完成补偿。

此外，智能箱式变电站中还采用了智能电容。常规电容器和智能电容器构成的无功补偿系统的性能参数比较见表4-5。

表4-5 常规电容器和智能电容器构成的无功补偿系统的性能参数比较

参数	常规电容器构成的无功补偿系统	智能电容器构成的无功补偿系统
无功补偿装置	常规电容器、熔断器、复合开关或机械式接触器、热键电器、智能控制器	智能电容器（1台独立使用或多台联机使用）
控制方式	自动控制或手动控制	自动控制或手动控制，实现过零投切（自动控制无需配置控制器）
参数测量	测量电压、电流、无功功率、功率因数	测量电压、电流、无功功率、功率因数、各台电容器三相电流、电容器内温度
状态监视	电容器投切状态、过、欠补状态、过、欠压状态	电容器投切状态、过、欠补状态、过、欠压状态，保护动作类型，自诊断故障类型
保护类型	电流速切、过电流保护、过电压保护、欠压保护	电流速切、过电流保护、过电压保护、欠压保护、电容器过温保护、断相保护、三相不平衡保护
人机对话	数码管与按键	显示界面与按键，信息内容丰富
安装使用	元件种类多、数量大、结构复杂	产品结构简洁，安装接线简单方便
系统组成及扩展	产品整体性设计、一次性投资、产品成形后的补偿容量调整困难	产品为模块化设计，补偿容量扩展方便，可实现分期投资
外形及重量	体积庞大、重量非常大	结构精巧、重量轻，可以直接安装在配电柜内
可靠性分析	元件种类多、数量大，控制器故障将导致整个补偿系统失效	智能电容器自动构成系统工作，单台智能电容器故障则自动退出系统，不影响其他智能电容器工作，系统可靠性高

二、智能箱式变电站智能监控系统

智能箱式变电站最主要的特点在于采用先进的微电子技术、先进的控制技术以及稳定的通信技术,从而实现智能箱式变电站二次系统的全部或部分功能。为达到这一目的,智能箱式变电站智能监控系统的典型结构如图4-13所示。

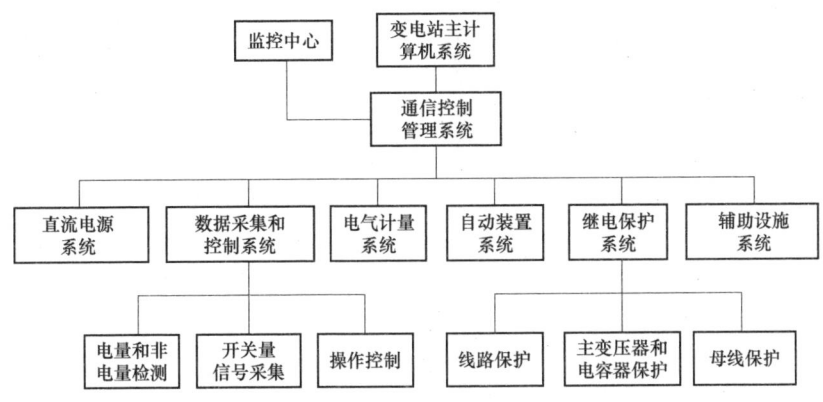

图4-13 智能箱式变电站智能监控系统典型结构

在各子系统中,直流电源系统、继电保护系统以及数据采集和控制系统是构成智能箱式变电站的基础。变电站主计算机系统作为上位机监控设备,对整个智能系统进行协调、管理和控制,并向工作人员提供智能箱式变电站运行的各种表格、接线图、数据等,实现工作人员远程控制断路器分、合操作,还为工作人员提供了智能箱式变电站智能监控系统的运行监控和维护手段。通信控制管理系统是上位机监控系统与智能箱式变电站设备、子系统之间的桥梁,负责智能箱式变电站内各部分之间、智能箱式变电站与监控中心之间数据信息的相互交换,并对通信过程进行协调、管理和控制。数字化设备的使用使智能箱式变电站在运行过程中数据采集更精确、处理更灵活、运行维护更安全、传递更方便、扩展更容易。智能箱式变电站监控系统的功能有以下四个方面:

1. 采集功能

在智能箱式变电站的数据采集系统中,不仅有大量的模拟信号,如电压、电流的采样值,还有大量的数字信号,如设备运行状态信息以及"遥信"信息等。不仅要采集智能箱式变电站当前运行时所有开关位置状态信息,还要对智能监控系统自身的工作状态采集,以保障智能监控系统的安全运行。智能箱式变电站信息采集系统原理如图4-14所示。

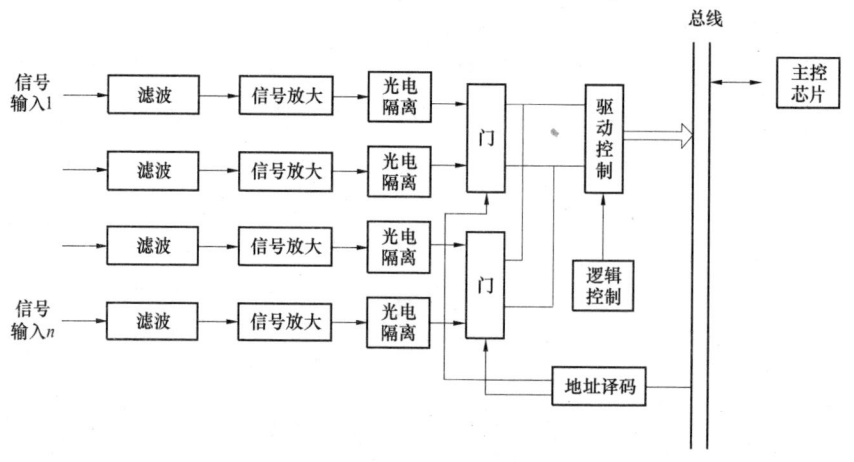

图 4-14　智能箱式变电站信息采集系统原理

从图 4-14 看出，状态信息量输入信号进入主控芯片前，需要对信号进行与处理，以满足主芯片对于信号范围的要求。遥控命令的输出结构和遥信状态输入基本一样，只是信号的传输方向正好相反。

2. 遥控功能

对于智能箱式变电站中的开关设备，既可以由工作人员现场操作，也可以在配电监控中心通过远程通信进行操作，对智能监控系统发出实时控制命令，实现智能箱式变电站运行的远方控制。在智能配电网中，所谓遥控就是监控中心发出控制命令，控制远方智能箱式变电站的断路器等设备的分或合操作。对于智能箱式变电站来说，低频减负荷装置、投切电容器、倒闸操作等均是通过开关进行操作，即可以实现在监控中心远程控制继电器实现开关控制。此外，遥控命令还可以控制有载调压变压器分接头和补偿电容器的投切。

3. 遥控命令

遥控命令既可以是配电网监控系统向智能箱式变电站智能监控系统发送的指令，也可以是智能箱式变电站智能监控系统向控制单元发送的指令。有以下三种操作命令：

（1）遥控对象选择命令。选择智能箱式变电站内可遥控的对象，并说明遥控对象的被操作性质，是遥控命令操作的基础，且只在信息字中传送一遍。

（2）遥控对象执行命令。要求指定的设备立即执行监控中心下达的操作命令，执行命令信息在信息字中传送一遍。

（3）遥控对象撤销命令。是对监控中心所下达控制命令的撤销，撤销命令在信息中传送一遍。

在遥控命令的传送过程中，还应包括接收端对命令发送端的回执信息。遥控返校信息用来说明接收方接收的遥控操作命令是否正确，以及操作命令是否可以正确地执行。

4. 调节功能

调节功能主要是指对系统的无功补偿。当系统中无功功率不足时，系统的电压水平随之降低，相反，系统中无功功率过剩时，将引起电压过高。无功功率不同于有功功率，除同步发电机可以产生外，还有许多方法可以产生无功功率。因此，可以通过控制配电网中产生无功功率的无功源，改善网络运行的电压水平。电力设备的负荷大小和功率因数 $\cos\phi$ 决定了该设备所需的无功功率，在相同负荷下，功率因数越大，所需的无功功率越小，反之亦然。负荷端设置无功源不仅有利于提高负荷端功率因数，减少线损，还有利于将电压水平控制到允许范围。

三、基于 GPRS 通信的智能箱式变电站系统

基于 GPRS 通信的智能箱式变电站系统是智能箱式变电站的典型系统，是以智能箱式变电站内模拟量信息和开关状态信息作为测量对象，以智能箱式变电站内开关为控制对象，以变压器调节抽头和补偿电容器为调节对象的无线智能系统。该系统的核心功能是通过 GPRS 实现远程通信，将智能箱式变电站内各个参数信息（模拟量信息和数字量信息）传到监控中心，此外，还可以远程对智能箱式变电站内的可操作设备进行操作，具有无功补偿和系统故障自诊断功能。该系统可以有效地改善目前智能箱式变电站效率低、配电故障发现和处理时间长、实时数据难以获取、工作人员现场巡查的状况；可大幅提高用户的用电可靠性，减少运维人员工作量，大幅提高工作效率；对降低电网故障率、降低配电网运行成本也有着积极的作用。

基于 GPRS 通信的智能箱式变电站系统采用模块化设计方法，各功能模块按照实际需要组合成智能箱式变电站系统，并且每个功能模块都是独立运行的。运用模块化设计方法，可提系统结构的灵活性。对各模块介绍如下：

1. 数据信息采集和处理模块

作为智能箱式变电站系统的必备部分，数据信息采集和处理模块的主要功能是采集智能箱式变电站内三相电力参数（电压、电流、有功功率、无功功率、频率、电量等）和非电参数（湿度、温度等）并对采集的参数进行分析，进而得到电网运行的电能质量结果；采集智能箱式变电站内各开关的状态信息，作

出改变智能箱式变电站运行状态的操作;通过投切补偿电容器组实现无功补偿。

2. GPRS 通信模块

作为智能变电站系统的核心,GPRS 通信模块在上电后,首先自动登录,与监控中心实现远程连线,不间断监控数据传输接口。如果想将采集的数据信息传送到监控中心,就可以通过无线通信实现。同时,在监控中心可通过 GPRS 通信模块对智能箱式变电站进行远程控制和操作,真正实现了智能箱式变电站的无人值班。

3. 人机界面模块

人机界面模块的主要功能是实现参数的显示和控制命令的输入。由于智能箱式变电站属于无人值班变电站,所以智能箱式变电站内不需要直接安装人机界面模块,而是只留下相应的模块接口,工作人员在现场直接插上就可以实现显示和操作功能。

4. 监控中心的远程监控

监控中心对智能箱式变电站的远程监控主要包括远程测控、远程配置管理、远程故障处理等。

远程测控是指远程测量与控制。测量即数据的采集和处理,并将在智能箱式变电站内将得到的电参量和非电参量通过 GPRS 通信送到监控中心。监控则是在监控中心下达命令,通过 GPRS 通信送给智能箱式变电站进行控制。

远程配置管理即通过 GPRS 通信对智能箱式变电站内的各项运行参数进行配置、浏览和审核,使智能箱式变电站按指定要求工作。

远程故障处理是智能箱式变电站工作可靠性的保证,及时发现智能箱式变电站的故障并选择最佳方法进行处理,快速恢复系统正常运行。远程故障处理的功能主要包括智能箱式变电站运行故障监测、故障报告信息、故障区域快速定位、故障快速切除等。

通过基于 GPRS 通信的智能箱式变电站系统,监控中心可以对整个区域的智能箱式变电站进行监控,如果每个智能箱式变电站都配置了该系统,则邻近智能箱式变电站之间也可通过 GPRS 通信,或者采用 CAN、RS485 总线通信方式。根据经济成本和地理位置要求的不同,选择合适的通信方式,并实现智能箱式变电站与监控中心的通信,从而实现监控中心对智能箱变的"四遥"功能。

第五章 分布式发电运维管理

支持大量分布式电源的合理接入是智能配电网的重要特征之一，越来越多的分布式电源接入到智能配电网中，集中式发电所占比例有所下降，电力系统的结构和控制方式可能会发生很大的改变，这种改变带来的挑战和机遇要求配电网从设计、规划、控制和维护等各方面进行升级换代。此外，大量分布式电源接入到智能配电网中，用户侧可以主动参与能量管理和运营，使传统配电网的运营管理模式不再适用。因此，研究大规模分布式电源并网后对配电网的影响，并结合智能配电网条件对该影响进行分析和评估非常有必要。

第一节 分布式光伏接入智能配电网运维管理

一、分布式光伏接入智能配电网方式

根据容量不同，分布式光伏有两种并网形式：一是通过中高压线路接入输电网；二是经过低压线路（Low Voltage，LV）接入配电网，本书主要讨论第二种并网方式，其典型接线示意图如图5-1所示。

对分布式光伏接入智能配电网的要求如下：

（1）分布式光伏应按照相关技术标准和《电力二次系统安全防护规定》（电监会5号令）的要求，实时采集并网运行信息并上传至相关电网调度部门。主要运行信息包括：并网点开关状态、并网点电压及电流、分布式光伏有功功率及无功功率、光伏发电量等。配置远程遥控装置的分布式光伏，应能接收、执行调度远程控制解并列、启停和发电功率的指令。

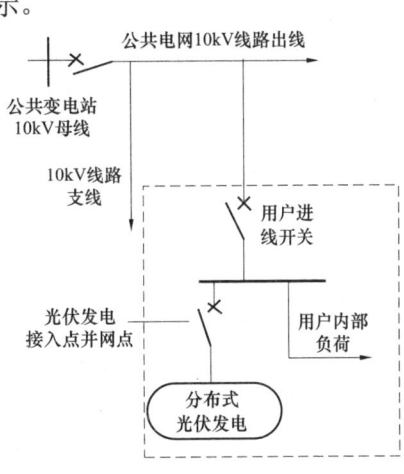

图5-1 分布式光伏接入配电网方式

（2）分布式光伏应装设满足 GB/T 19862—2005《电能质量监测设备通用要求》的 A 级电能质量监测装置。

（3）分布式光伏并网点应安装易操作、可闭锁、具有明显开断点、带接地功能、可开断故障电流的开端设备。

（4）分布式光伏接入装置应具备失压跳闸及检有压闭锁合闸功能、失压跳闸定值宜整定为 $20\%U_N$、0.5s，检有压定值宜整定为 $85\%U_N$。

（5）配电自动化系统具备故障自动隔离功能，应适应分布式光伏的接入，确保故障定位准确，隔离策略正确。

分布式光伏配置灵活与分散的特点极好地适应了分散的电力需求与资源的分布特点，延缓了输、配电网扩容改造所需的巨额投资；同时它与大电网互为备用，可有效提高电网抵抗重大自然灾害的能力，减少大面积停电给社会带来的灾难性损失。分布式光伏接入智能配电网有以下优点：

（1）分布式光伏接入智能配电网后能够很好地增大电网容量，具有灵活特性，能起到一定的削峰填谷作用。

（2）对于偏远地区，分布式光伏的应用可以大大节省输电线路建设费用以及大型电厂建设费用。

（3）分布式光伏接入位置较为灵活，可根据需求就地安装就地消费，减少在传输过程中带来的线路损耗。

（4）当电网发生故障时，分布式光伏能够孤岛运行，给当地用户继续供电，对于一些对供电要求较高的负荷可以达到不断电供应，保证了用户的需求。

然而分布式光伏随机性较强，大量接入配电网直接给电力系调度、运行维护带来了很大困难，传统的配电网络是无源的辐射状受端网络，但分布式光伏的接入将从根本上改变这种特点，使得配电网也变成了一个有源的网络。由于光能的波动性和分布式光伏本身的故障，会造成分布式光伏电源出力的波动性和间歇性，其接入后配电网的供电可靠性也产生了许多新的问题：

（1）对智能配电网电压的影响。集中供电的配电网一般呈辐射状，稳态运行状态下，电压沿馈线潮流方向逐渐降低。分布式光伏接入后，由于馈线上的传输功率减少，使得沿馈线各负荷节点处的电压被抬高，可能导致一些负荷节点的电压偏移超标，其电压被抬高多少与接入分布式光伏的位置及总容量大小密切相关。通常情况下，可通过在中低压配电网络中设置有载调压变压器和电压调节器等调压设备，将负荷节点的电压偏移控制在符合规定的范围内。对于配电网的电压调整，合理设置分布式光伏的运行方式很重要。在午间阳光充足时，分布式光伏出力通常较大，若线路轻载，分布式光伏将明显抬高接入点的电压。如果接入点是在馈电线路的末端，接入点的电压很可能会越过上限，这时必须合理设置分布式光伏的运行方式，如规定分布式光伏必须参与调压，吸收线路中多余的无功。在夜间重负荷时段，分布式光伏通常无出力，但仍可提供无功出力，改善线路的电压质量。分布式光伏对电压的影响还体现在可能造成电压波动和闪变。由于分布式光伏的出力随入射的太阳辐照度变化，可能会造成局部配电线路的电压波动和闪变，若跟负荷改变叠加在一起，将会引起更大的电压波动和闪变。虽然目前实际运行的分布式光伏并没引起显著的电压波动和闪变，但当大量分布式光伏接入时，对接入位置和容量进行合理规划依然很重要。

（2）对智能配电网电能质量的影响。由于分布式光伏一般是通过逆变器进行并网，会产生谐波和间歇波，必然给电力系统带来一定的电能质量问题，影响系统的可靠运行。谐波实际上是一种干扰量，谐波电流会产生大量的电污染，使电网受到污染。谐波的危害十分严重，能导致电能的生产、传输和利用效率降低，使电气设备过热，产生振动和噪声，并使绝缘老化，使用寿命缩短，甚至发生故障或烧毁。谐波可引起电力系统局部并联谐振或串联谐振，使谐波含量放大，造成电容器等设备烧毁。谐波还会引起继电保护和自动装置误动作，使电能计量出现混乱。对于电力系统外部，谐波对通信设备和电子设备会产生严重干扰。间歇波的影响和危害等同整数次谐波电压的影响和危害。

（3）对智能配电网的故障判断和保护的影响。分布式光伏接入配电网中，使得原有的电网结构由单辐射网络变成双电源或者多电源网络，导致潮流分布不再是单一方向变化。而传统配电网的保护一般都是按照单电源的放射状链式结构来设置，分布式光伏引入配电网后，潮流的方向和大小发生变化，配电网的继电保护将会受到影响。大规模分布式光伏的多点接入对配电网保护系统的影响突出表现在三个方面：重合闸不成功；保护范围缩小；保护误动作。

1）分布式光伏的发电模式及并网方式多样，其馈入电网的故障电流暂态分量、衰减特性等与传统交流同步发电机相比均存在较大不同。此外，不同类型的分布式光伏，由于所采用的控制策略以及配置的本体保护存在很大差异，将进一步加剧短路电流变化的复杂性。因此，传统的以交流同步电机供电电源为基础的短路电流分析理论和方法已难以满足分布式光伏接入配电网后故障分析的要求，并给以故障特征为基础的继电保护配置模式和构建原理带来严峻挑战。

2）分布式光伏受自然环境和气候等因素的影响较大，具有明显的随机性、间歇性的特征。这种复杂多变的运行方式，使得保护的整定计算非常困难，往往难以兼顾速动性、灵敏性和选择性等方面的不同要求，严重时可能导致保护误动或拒动，危及电网的安全稳定运行。另一方面，如前所述，分布式光伏馈出的短路电流变化特性复杂，提供的短路电流衰减迅速，稳态短路电流小；经逆变器并网的分布式光伏，短路电流受电力电子器件承流能力限制以及控制策略影响等。这将导致传统的基于工频稳态分量的继电保护性能严重劣化，甚至无法正常工作。

3）分布式光伏的运行控制和并网接口环节采用了大量的电力电子器件，其耐受短路电流及过电压冲击的能力远逊于传统同步电机。若分布式光伏保护与配电网保护及自动重合闸之间缺乏协调配合，易造成分布式光伏在外部电网故障时不必要的频繁退出，极大地降低分布式光伏的利用率和供电可靠性；或可能因非同期重合闸产生冲击电流，从而导致分布式光伏承受多次大电流冲击，造成设备损坏等严重后果。

(4) 可能形成非计划的孤岛，会损害电力设备，有可能对维修人员的安全造成威胁。当由于电气故障、误操作或自然因素等原因造成电网中断供电时，各分布式光伏仍在运行，并且与本地负荷连接处于独立运行状态，这种现象被称为孤岛效应。随着配电网中有越来越多的分布式光伏接入，出现孤岛的可能性也越来越大。故障情况下，合理地利用孤岛作为后备电源就近向附近负荷供电，满足了本来需限电用户的用电需求，减少了用户停电时间，对提高供电可靠性起到了积极的作用。但是如果出现非预期孤岛，则会对配电网的安全、维护造成较大不利影响，具体表现如下：

1）可能造成电网、分布式发电设备和用电设备的输入电压幅值和频率失控，干扰电网工作，给用电设备带来危害。

2）对电力维修人员的人身安全造成威胁。

3）当电网恢复正常时可能造成非同相合闸，导致线路再次跳闸，对光伏逆变器和其他用电设备造成损坏，影响配电系统保护开关动作程序。

4）负荷容量和光伏逆变器容量不匹配，造成光伏逆变器损坏。

5）供电恢复时，电压相位不同步产生浪涌电流，会引起再次跳闸，对分布式光伏、负荷和供电系统造成损坏。

(5) 对接地故障与漏电电流造成影响。分布式光伏暴露在室外的气象条件下，其电流与大地意外连接，导致绝缘失效，这种情况称为接地故障。在分布式光伏25年的服务期内，这种现象是有一定的发生概率的。即使是一个好的设计，接地故障依然会发生，发生的位置最可能是在连接盒、开关或者光伏逆变器等处，发生的原因可能是由于电子元件或者材料的损坏与老化。尽管有漏电保护器，但分布式光伏偶发的接地故障或者漏电仍然可能威胁分布式光伏及配电网检修工作人员的安全。

二、分布式光伏接入部分运维管理

分布式光伏接入智能配电网后，将作为发电设备将接受配电自动化系统的统一管理与监控，并在潮流管理、配电调控及计量管理等方面均采取一定的策略。

（一）潮流管理

对于智能配电网，可通过在分布式光伏并网点开关处加装操动结构、TV、TA，保证设备具备实现"三遥"（遥测、遥信、遥控）的条件，加装后备电源，保证开关在失电情况下的不间断控制。通过添加的装置实现有功功率、无功功率、电压、电流等信息采集及上传功能。

配电自动化系统综合气象情况、负荷需求等信息，可对配电网运行进行动态模拟，建立运行预测方案，从而调整配电网潮流分布，降低运行风险，提高供电可靠性。通过分析节点电压、功率分布等情况，对相应设备进行调整，以保证配电网的正常运行，并通过对配电网区域信息进行统计分析，提出更经济合理的规划方案。

（1）潮流计算。对配电网进行潮流计算，分析配电网节点电压及功率分布情况，根据配电网指定运行状态下的拓扑结构、变电站母线电压（馈线出口电压）、负荷类设备的运行功率等数据，计算整个配电网的节点电压及支路电流、功率分布。

当实时数据采集较全时，配电自动化覆盖区域可进行精确的潮流计算；对于配电自动化尚未覆盖或未完全覆盖区域，可利用用电信息采集系统、负荷管理系统的准实时数据，结合状态估计等方法，进行潮流估算。

（2）电压及无功管理。配电自动化系统可以通过高级应用软件对配电网的无功分布进行全局优化，调整变压器分接头挡位，控制无功补偿设备的投切，以保证供电电压合格和线损最小；也可以采用现场自动装置，以某控制点（通常是补偿设备接入点）的电压及功率因数为控制参数，就地调整变压器分接头挡位，投切无功补偿电容器。

（3）规划与设计管理。配电自动化系统对配电网规划所需的地理、经济、负荷等数据进行集中存储、管理，并提供负荷预测、网络拓扑分析、短路电流计算等功能，不仅可以加速配电网的规划与设计过程，而且还可使规划与设计方案更加经济、高效。

（二）配电调控

配电自动化系统的建设应与调度自动化系统、用电信息采集系统、负荷控制管理系统、生产管理系统和营销管理信息系统互连，通过无线专网等通信方式进行数据采集，并传至配电自动化主站。系统交互数据应符合 IEC 61968、IEC 61970 等规范，同时通过信息交互总线向相关应用系统提供网络拓扑、实时/准实时数据等信息。也可以从相关信息系统获取信息。

1）通过配电自动化主站，配电网调度员可以看到与现场相符的配电网接线图和设备参数。

2）配电网调度员可远方监控到配电变压器、设备及开关各相电流、电压等实测数据。

3）通过配电自动化系统可对分布式光伏进行监控，实时采集发电信息、电能质量等参数。在故障时直接对分布式光伏进行功率限制或操作光伏系统解/并列。

配电自动化系统的应用为监控和调度管理配电网所有 10kV 配电变压器、开关及设备等提供了技术支撑。

配电网自动化建设中广泛采用了基于配电自动化终端装置的馈线自动化技术。在配电开关处安装自动操动结构，并建设通信网络将它们和配电网控制中心的 SCADA 系统连接，再配合相关的处理软件，构成了整个系统。

1）通过配电自动化建设，系统能够实时显示配电开关、设备的实时状态，大大降低了调度员误操作的可能性。

2）可以远程控制操作配电开关，节约了大量的时间和人力，并且最大限度保障了操作人员的人身安全。

3）可实时监视分布式光伏状态，并对光伏并网开关进行远程操作。在故障维护时，可远程对分布式光伏进行解/并列操作。

配电自动化系统的建设，可以对分布式光伏进行远程控制监视与调度，保证分布式光伏能够接收并自动执行调度部门发送的有功功率及有功功率变化控制指令，满足电力调度部门的运行要求。

在电力系统事故或紧急情况下，分布式光伏应根据电力调度部门的指令快速控制其输出的有功功率，必要时可通过安全自动装置快速自动降低分布式光伏有功功率或切除分布式光伏；此时分布式光伏有功功率变化可超出规定的有功功率变化最大限制。事故处理完毕，电力系统恢复正常运行状态后，分布式光伏应按照电力调度部门指令依次并网运行。

通过建立集调度、监视和控制功能于一体的智能配电网调度体系，可以实现对配电网日常运行监视、自愈、停电管理等各个环节的高效管控。

智能化功能模块是智能配电网调度一体化的高级模块，也是调度和控制一体化的具体体现。其中，配电网自愈以智能监视和智能报警为基础，完成了智能化功能模块的主要功能，是调度一体化系统最重要的内容；分布式光伏接入控制位于智能配电网调度一体化的顶层，是调度一体化系统的最终目标功能之一。

（三）计量管理

已实现配电自动化的配电网，可将智能电表等计量计费装置作为配电终端设备，通过自身具备的数据采集功能，统计区域内光伏设备发电量及负荷用电量等信息，存储并上传至配电网自动化主站，用于负荷用电的计量计费。

（1）数据采集与监控。数据采集与监控功能是"三遥"的具体体现与扩展，实现配电网及设备的数据采集、运行状态监视和故障告警等功能，并可对相关电力设备进行远程控制操作。计量计费管理需利用智能电能表，实现配电自动化与计量管理的融合。

（2）计量管理。通过配电自动化系统与用电信息采集系统和营销系统的配合，可以对辖区内用户进行负荷管理，实现遥测、遥信、遥控、远方抄表计费、供电质量监测、计量表计在线监测和防窃电、预售电量控制、负荷预测、催交电费业务、信息共享和连接、有序用电等功能。

（3）计量装置。电能表应具备双向有功和四象限无功计量、事件记录等功能，配备标准通信接口，具备本地通信和通过电能信息采集终端远程控制的功能。

（四）故障处理

故障处理功能是智能配电网配电自动化系统的核心功能之一，发生故障时，配电自动化系统可以根据装设在各分段开关或环网柜内的馈线终端单元上报的故障电流、电压等信息，结合相应的故障定位规则，确定故障区域并恢复对健全区域的供电。

在自动化程度较高的地区，分布式光伏接入的架空线路会配置自动重合闸装置。由于自动重合闸可以做到在分布式光伏故障时将其切除，因此仅需对自动重合闸进行调整，不改变原有保护配置即可实现架空线路的保护功能。对于电缆线路一般不配置自动重合闸功能，由于电缆线路故障定位、故障排除都较架空线路更复杂，因此本部分仅对含分布式光伏接入的电缆线路的故障处理技术进行说明。

（1）配电自动化终端的故障电流定值按过电流保护的定值来确定，并在每个配电自动化终端处安装方向元件，用来测量安装点处的故障方向。规定由变电站出线开关指向其线路末端的方向为正。配电自动化终端正常工作时采集安装处的电流、开关位置状态等信息，一旦检测到电流超过设定的故障电流定值，则进行故障判断程序，判断是否过电流、故障方向是否为正，若二者均满足，可以断定为发生了正向故障，将故障判断结果保存等待主站查询；若无法得到明确结果，或只能判断出过电流和故障方向其中之一，则将故障判断结果保存等待主站查询。

（2）发生故障后，首先由故障所在线路的变电站出线开关跳闸切断故障电流，主站根据变电站出线开关发来的跳闸信息判断出故障所属线路，并对故障所属线路上的所有配电自动化终端发出查询命令，待收集到完整的故障信息后，按照相应的故障定位规则进行故障定位。

三、分布式光伏接入部分巡视、检修及安全防护

（一）检修及安全防护

含分布式光伏接入配电网的安全防护措施主要体现在停电检修的操作流程和光伏设备检修的安全防护部分。对于 10kV 接入的分布式光伏，无论采用电缆或是架空路线，接入线路相对较长，线路和设备的运维检修、故障处理等一般需要供电公司专业人员与业主进行协同工作。

1. 分布式光伏入网检测

在含分布式光伏接入的配电网中，分布式光伏的电能质量、功率特性以及防孤岛保护特性对电网的安全可靠运行具有重要影响，开展入网检测工作是保证电网和分布式光伏自身安全运行的必备技术措施，是降低分布式光伏运行产生不良影响的重要手段。做好分布式光伏的入网检测工作，对于配电网后续的日常管理、状态检修和缺陷管理具有重要意义。同时，防孤岛保护特性是电网故障时自动切除分布式光伏的重要手段，为保障系统及人员安全，必须在并网前进行严格测试。

分布式光伏入网检测项目包括：电能质量测试、功率特性（有功功率输出特性）测试、电压异常（扰动）响应特性测试、频率异常（扰动）响应特性测试、防孤岛保护特性测试、通用性能测试（防雷和接地测试、电磁兼容测试、耐压测试、抗干扰能力测试、安全标识测试）等。

光伏设备通过检测后，可以确保在配电网或分布式光伏自身故障时使其及

时从配电网中切除，防止配电网断网、短路情况下损害光伏设备，保证在光伏设备异常时不会造成配电网自身不稳、谐波超标。入网检测也可以提前发现分布式光伏本身存在的问题，提前消除缺陷，便于后续配电网和光伏设备的维护、检修工作顺利开展。

2. 配电网侧检修流程

在分布式光伏接入后，由于配电网整体结构没有发生较大变化，含分布式光伏接入配电网的检修工作流程与现有配电网检修流程的根本区别在于新增的光伏设备（包括光伏板、逆变器、通信和其他配件等）、接入点的电气设备（环网柜的进出线、断路器、计量装置等）、负荷转移方案、停电检修时分布式光伏的有源性所造成的安全威胁等方面。

配电网调度、检修和营销等相应工作组织可不必进行大范围调整，配电网调度部门仅需在停电检修前根据待检修的配电网结构和分布式光伏接入情况制定停电计划，明确负荷转移方案，在工作票中签发各断路器、分段开关等操作内容，操作人员按配电网操作规程实地操作即可。

根据 GB/T 29319—2012《光伏发电系统接入配电网技术规定》，分布式光伏并网后，产权分界设置在并网开关处，相应计量、维护分别由各方负责。供电公司负责对分布式光伏接入的公用部分进行维护，其中包括接入部分的断路器、隔离开关、电缆线路和相应的通信设施等。在进行常规的设备巡视外，配电运检部还应对分布式光伏接入的公用部分进行巡视，及时上报缺陷，以保证配电网正常运行。用户负责对光伏设备进行定期维护，也可由用户与当地供电公司协商，签署维护协议，由供电公司代为维护。因此，随着分布式光伏的普及，检修人员应主动熟悉光伏设备的工作特性和检修维护要求，配电运检部也应提前对检修操作人员开展相关的训工作。

在配电检修方面，地市供电公司配电运检部主要负责管理目标的确定和监督考核工作，在具体实施中，配电运检部除做好月度检修计划及停电的通知、解释工作外，还应考虑协调分布式光伏单位自身的检修计划，并做好对于发电单位断电的通知、解释工作。在制定检修计划时，由于分布式光伏检修工作量较小，检修周期长，对于容量较大、停电后会明显降低地区可再生能源利用率的分布式光伏，可与现有配电网同时进行检修。对于计划检修，配电运检部可提前一周向分布式光伏用户发送检修计划，并在检修完成后向分布式光伏用户发送并网通知。

3. 含分布式光伏接入的配电网故障抢修

含分布式光伏接入的配电网故障抢修办法与传统电网相似：95598（或配调）受理故障后，直接向当地供电公司配电运检部下发故障信息，配电运检部向抢修班下达故障抢修命令，抢修人员到达现场查找故障原因，估算故障处理时间并汇报95598（或配调），故障处理完毕后向95598（或配调）汇报处理结果，通知95598（或配调）将工单归档，抢修流程结束。95598故障处理流程图如图5-2所示。

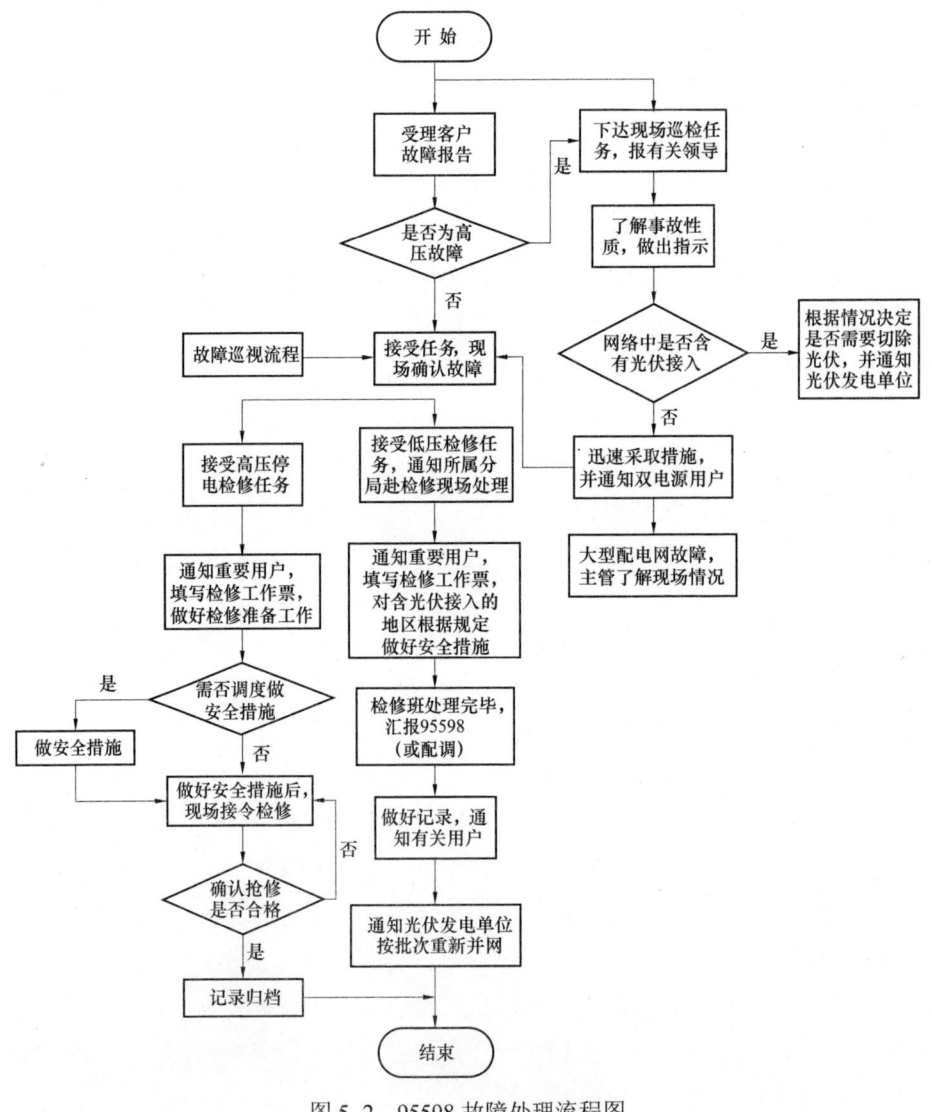

图 5-2 95598 故障处理流程图

95598 负责故障信息实时受理业务，并将有关业务及时派发工单到配电运检部；由配电运检部统一组织配电故障查找，调配抢修力量，实施专业化抢修，95598 负责客户专变类、计量类故障信息；配电运检部完成故障处理后，95598 负责报修回访，并对抢修工作及服务评价进行汇总归档。

配电运检部应建立标准化的分布式光伏互联设备抢修工作流程和作业程序，完善抢修装备及工器具的标准化配置；制定重要公共场所故障抢修预案，配置必要的应急供电设备。

配电运检部应与 95598 建立有效的信息沟通机制，及时反馈抢修情况，减少客户投诉事件，提升供电服务质量。

（二）安全巡视

光伏设备的维护较为简单，但仍应定期对其进行巡检、校验。在对光伏设备巡视时应符合下列规定：

1. 光伏设备表面应保持清洁

每月应定期检查光伏设备表面是否清洁，每季度至少清洁一次，清洗光伏设备时应注意：

（1）应使用干燥或潮湿的柔软洁净布料擦拭光伏设备，严禁使用腐蚀性溶剂或硬物擦拭光伏设备。

（2）应在辐照度低于 $200W/m^2$ 的情况下清洁光伏设备，不易使用与组件温差较大的液体清洗光伏设备。

（3）严禁在风力大于 4 级、大雨或大雪的气象条件下清洗光伏设备。

2. 光伏设备应定期检查

对于无人值守的数据传输系统，每天应至少检查一次系统的终端显示器有无故障报警，如果有故障报警，应该及时通知相关专业公司进行维修。每年应至少进行一次对数据传输系统中输入数据的传感器灵敏度校验，同时对系统 A/D 转换器的精度进行检验。每周应至少检查一次蓄电池充放电性能。每月应定期检查光伏设备是否正常（包括逆变器、汇流箱等）；每年应至少对分布式光伏接地电阻、绝缘电阻等进行一次校验。光伏设备必须达到如下要求，否则应立即调整和更换：

（1）不存在玻璃破碎、背板灼焦。

（2）不存在与设备边缘或任何电路之间形成连通通道的气泡。

（3）接线盒不允许变形、扭曲、开裂或烧毁，接线端子良好连接。

（4）带电警告标识不得丢失。

(5) 光伏设备和支架应结合良好，两者之间的接触电阻应不大于 4Ω。

(6) 必须牢固接地。

(7) 在无阴影遮挡条件下工作时，在太阳辐照度为 500W/m² 以上，风速不大于 2m/s 的条件下，同一光伏设备电池上方的组件外表面温度差应小于 20℃。装机容量大于 50kW 的分布式光伏，应配备红外线热像仪，检测光伏设备电池上方的组件外表面温度差。

(8) 在太阳辐射强度基本一致的条件下，使用直流钳型电流表测量接入同一个直流汇接箱的各光伏设备的输入电流，其偏差应不超过 5%。

3. 光伏逆变器的运行与维护规定

(1) 光伏逆变器结构和电气连接应保持完整，不应存在锈蚀、积灰等现象，散热环境应良好，光伏逆变器运行时不应有较大振动和异常噪声。

(2) 光伏逆变器上的警示标示应完整无破损。

(3) 光伏逆变器中模块、电抗器、变压器的散热风扇应具备良好的根据温度自行启动和停止的功能，散热风扇运行时不应有较大振动及异常噪声，如有异常情况应断电检查。

(4) 定期将交流输出侧（网侧）断路器断开一次，此时光伏逆变器应立即停止向电网馈电。

(5) 光伏逆变器中母排电容的温度过高或超过使用年限，应及时更换。

第二节　风电接入智能配电网运维管理

风电是目前技术最为成熟、最具有大规模开发和商业化发展前景的清洁可再生能源利用方式，在一些国家已经成为比较重要的能源供给方式。根据欧洲风能协会和绿色和平组织等有关国际机构预计，2020 年全球的风电装机容量将达到 12.31 亿 kW，将占世界电力供应总量的 12%。我国政府高度重视风电，截至 2014 年底，累计风电并网装机容量已达 9637 万 kW，占全球风电装机总量的 26%。

但随着风电的迅速发展，其弊端也逐渐凸显。风的随机波动性和间歇性决定了风电的功率也是波动和间歇性的。当风电容量较小时，风电对配电网的影响并不明显；随着风电容量在系统中所占比例的增加，风电对配电网的影响就会越来越明显，大风速扰动会使系统的电压和频率发生很大的变化，严重时可能使系统失去稳定。另外，风电机组的运行受制于系统的运行条件，当系统的运行条件比较恶劣,如电压水平比较低时,风电机组很容易在系统扰动或风速扰动条件下停机,这不仅会给风电场带来经济损失,也可能使系统失去稳定。在一般情况下,当风电穿透功率(即风电功率占系统总发电功率的比例)不超过10%时,我国电网不会出现较大问题;但是当风电穿透功率超过一定值之后,有可能对电能质量和电力系统的运行产生影响并且可能危及常规发电方式。

在国外,目前风电较为常见的是以较小的容量(几十千瓦至几兆瓦)分散地接入当地配电网中就地消纳,为解决当地居民用电提供了诸多便利。而在我国,由于风力资源分布情况特殊,风电场的建设更倾向于大规模集中式布置,容量通常达到几十兆瓦乃至上百兆瓦,并且风电场建设的位置多位于偏远地区,距离电力系统主网较远,为了尽可能减小风电并网对系统的影响,目前我国的风电场大多是通过升压变电站将电压升至较高等级(110kV及以上),然后经远距离的输电线路连接到高电压等级的变电站。但现在风电所面临的大容量、远距离高压输电问题已逐渐成为掣肘风电发展的一技术瓶颈。对此有部分专家提出效仿国外的做法,即将风电以分散的方式就近接入配电网,就地消纳部分电能,从而在一定程度上减轻远距离高压输电的压力。国家电网公司也表示,未来将针对风电消纳工作加大对风电接入示范工程以及配电网的建设力度,随着风电技术的日臻成熟以及未来风电与智能电网建设的协调发展,从长远看,也将会有越来越多的分散式小容量风电(几十千瓦至几兆瓦)乃至具有一定规模的风电场(几十兆瓦)渗透到低压配电网之中。可见,风电从低压配电网接入将会是未来并网型风电的发展趋势之一。目前,在山东烟台地区就有一些容量较小的风电场(10MW以下)通过35kV配电网并入系统。将风电就近从低电压等级的配电网并网,对拓展目前风电并网方案的选择空间,缓解风电大容量、远距离高压输电的压力,以及推进智能电网建设等都有重要的理论和现实指导意义。

配电网的架构通常较为薄弱,风电的接入必然会给配电网的运维、管理等带来一系列问题。因此,为了提高风电接入配电网后系统运行的可靠性和电能质量,必须深入分析风电接入配电网后给配电网带来的影响,在此基础上借助智能配电网信息化、数字化、自动化和互动化的优势,探讨相应的应对措施,从而实现智能配电网对风电资源的高效管理利用。

一、概述

(一)风电接入部分组成及运行方式

风电在智能配电网中的接入点数量和容量达到一定规模后,将会对智能配电网的潮流分布、系统损耗、电能质量、系统稳定等方面产生不利影响，进而给智能配电网的运行和控制工作带来挑战。因此，在风电接入智能配电网前，必须有针对性地先对这些问题进行系统地研究，并提出具体的应对措施，才能够在保证智能配电网的安全可靠运行的同时，有效提高能源利用效率，这也是风力发电应用技术的关键所在。

1. 典型风电机组结构及其接入方式

目前我国典型风电机组结构包括恒速恒频的异步风力发电机组（如图 5-3 所示）和变速恒频率的双馈异步风力发电机组（如图 5-4 所示）两类。其中，恒速恒频异步风力发电机组结构简单，造价便宜，早期的风电场多数采用此类结构。这类风电机组一般不加变流设备，直接通过变压器接入电网。但此类发电机没有低电压穿越功能，在运行中需要从电网吸收一定的无功。其所需无功的大小与发电机发出有功功率和节点电压的大小有关。在潮流计算中一般把异步发电机接入节点处理为 PQ 节点。

双馈异步风力发电机组由绕线转子异步发电机和在转子电路上带交流励磁的变频器组成。发电机向电网输出的功率包括直接从定子输出的功率和通过变频器从转子输出的功率两部分。双馈异步发电机组的无功功率由发电机定子侧发出或吸收的无功功率与变流器在发电机转子侧发出或吸收的无功功率组成。调节转子外加电源电压的幅值和相角，可以改变定子侧发出或吸收的无功功率大小，从而实现有功和无功的解耦控制。

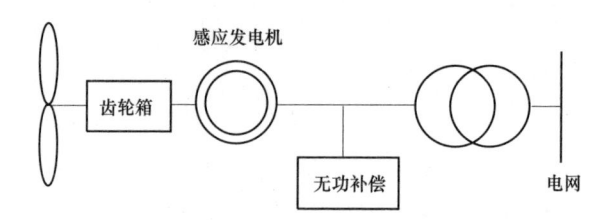

图 5-3 恒速恒频异步风力发电机组

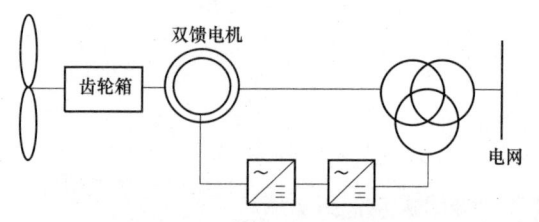

图 5-4 双馈异步风力发电机组

典型的风电机组接入智能配电网方式包括两种：一是将风电机组所发的电力经风电场升压站送电线路就近 T 接或π接在电力线路上（如图 5-5 所示）；二是将风电机组所发的电力经风电场升压站送电线路接入当地最近的区域中心负荷变电站，给负荷中心变电（如图 5-6 所示）。

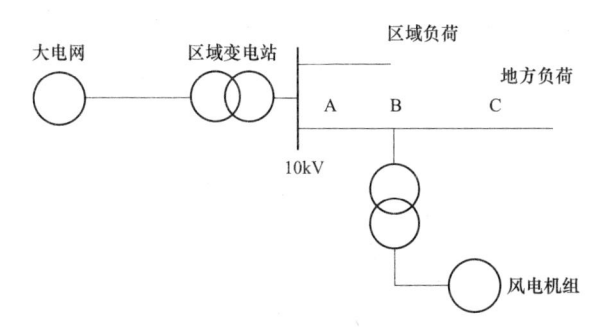

图 5-5　T 接或π接在电力线路上

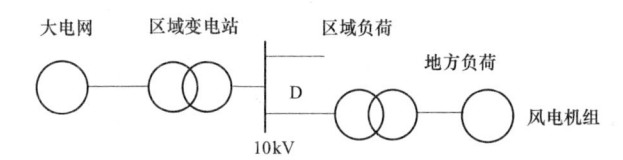

图 5-6　风电机组接入区域中心负荷变电站

2. 风电接入智能配电网运行方式

（1）风电功率预测与上报。风电预测系统应满足每日规定时间之前上报前一日的风电场弃风、限电数据文件。

1）每日规定时间（可调整）之前向调度中心上报风电功率短期预测数据，包括次日风电功率预测、未来 3 天的风电功率短期预测，时间分辨率为 15min。

2）每 15min 向调度中心滚动上报未来 15min～4h 的短期风电功率预测曲线，时间分辨率为 15min。

3）每日规定时间（可调整）之前向调度中心上报风电功率中期预测（未来 0～7 天），时间分辨率为 1h。

4）每日规定时间（可调整）之前向调度中心上报次日和未来 3 天的数值天气预报，文件解析正常。

（2）风电弃风容量、检修容量的数据上报。

1）风电预测系统能够满足每日规定时间之前向调度中心上报次日及未来 3 天的风电检修容量曲线，时间分辨率为 15min。

2）风电预测系统能够满足每日规定时间之前上报前一日的风电场弃风、限电数据文件。

（3）风电场前一日开机容量和实际出力、额定装机容量、样本机容量及编号上报。风电预测系统能够满足每日规定时间之前向调度中心上报前一日开机容量和实际出力曲线，时间分辨率为 15min；能够满足每日规定时间之前向调度中心上报风电场额定装机容量、样本机容量及编号。

（4）风电场日发电计划、实时发电计划接收。

1）风电预测系统能够实现每日自动接收调度中心发布的日发电计划文件（00:15～24:00，时间分辨率为 15min），曲线显示正常并解析。

2）风电预测系统能够实时接收调度中心发布的实时发电计划文件（未来 15min～4h，时间分辨率为 15min），曲线显示正常并解析。

3）风电预测系统能够自动获取主站下发的无功电压考核曲线文件，曲线显示正常。

（5）网络设备、通信链路。风电场具备与电网调度机构之间的数据通信能力，与调度中心的调通信方式、遥测、遥信、遥调等信息实现双通道接入，传输信号包括但不限于"四遥"信号和其他安全装置的信号以及风电场正常运行信号。

风电场本地安装的综合通信管理终端，与风电场各监控系统（风机监控系统、升压站监控系统等）、无功补偿装置等设备进行通信，读取实时运行信息。对实时信息进行定时采样，形成历史数据存储在终端中，并将实时数据和历史数据通过电力调度数据网上传到主站系统。同时从主站接收有功、无功的调节控制指令，转发给风机监控系统、升压站监控系统、无功补偿装置等进行远方调节和控制。

数据通信链路与主站和综合通信管理终端、风电功率预测系统连接、传输实时生产数据、历史功率数据数值、天气预报信息、功率预测结果和调度指令等信息。

3. 风电接入智能配电网信息采集系统

随着智能配电网的不断发展，对风电场自动化系统设备技术水平和信息采集提出了更高和更新的要求，现有的风电场由于投资主体和设备厂家不同，导致通信方式、数据接口不尽相同，造成风电场信息难统一、难传输、难调度，风电场接入智能配电网面临以下几个问题：

（1）风电厂信息传输的实时性差。风电场建设目前有集群化、规模化的趋势，一个千兆瓦等级的风电基地一般由几个风电厂共同接入一个升压站，由该升压站将电力传输出去。调度系统只能接收到变电站端监控系统发送的电力潮流，而对风电厂目前的各个风机出力等参数不能准确获知，更加无法实时控制。

（2）风电厂设备厂家多，甚至同一风电厂还会有使用不同厂家生产的风机，无法实现对调度系统的统一规约和接口。另外，为了实现区域电网负荷的平衡，各风电厂还会投入一套风力负荷预测系统，该系统需要将根据气象条件计算出的发电量预测等信息上送调度系统，而目前来每个风电厂采用的系统生产厂家也不一样，厂家的多样性导致无法对调度采用统一接口、统一监控的方式。

（3）风电厂设备的多样性还存在调度下发功率曲线的二次分配问题。由于调度对同一风电场只下发一条负荷曲线，如果该风电厂有多种类型风机，就存在负荷曲线的二次分配问题。根据现场运行情况的不同，分配方法也自然不同，不同厂家来做分配方案，分配方法也不尽相同。

（4）风机控制系统和变电站间无信息交互，存在发电量和送出量之间误差。风机厂家的控制系统无法获知变电站对应这些风机的线路送出的实际功率值，如果风机控制系统只是根据自身采集的风机信息来设定发电目标值，由于风机通信通道的不可靠，可能会产生实际送出量和目标值偏差，从而影响调度的调节目标。

考虑到以上风电厂存在的问题及智能配电网对风电场信息采集系统的应用需求，智能配电网信息采集系统不仅需要有足够的计算及信息处理能力，以满足风电场日常运行需要，而且还要具有广泛的兼容性，能够满足不同接口的对接要求，下面以国内某企业在变电站监控系统架构上设计的能够满足智能配电网需求的风电信息采集系统为例，介绍风电场信息采集系统的特点：

（1）该系统可以根据卫星提供的气象资料，通过模拟计算预测下一时间段的发电量，作为调度自动发电控制（AGC）的依据，并传输给调度系统。

（2）对于风电调度提供的两种接口方式，实时的为 IEC 104 通道（Ⅰ区），非实时的为安全文件传送协议（sftp）方式（Ⅱ区），这两个通道都传输风机的基本数据（有功功率、无功功率、风力、风向等），IEC 104 通道还接受调度下发的功率曲线，sftp 还需上传风力发电预测系统的数据。

（3）对于不同的风机、变电站、风力预测系统厂家，该系统提供 IEC 104（client, server）、modbus（client, server）、sftp 规约通过以太网访问方式接入，并将这些数据分别存库记录处理，提供给各厂家之间的交互信息通道，如风机厂家取得变电站数据的通道，所有数据都有画面报表显示并保存历史库，便于运行人员调用查看。

（4）针对调度曲线下发后的分配问题，该系统提供了曲线分配的比例设定功能，运行人员能够根据风电场内风机的具体运行情况在运行监视画面上灵活设定该比例，确保调度分配的功率能够分配到相对高效、故障率低的风电机组上。

该系统配置为双机双网结构，每个服务器配置4个网口，其中网卡一、二配置为系统内网，负责两台服务器数据的交互和同步，网卡三负责厂内风机控制系统、变电站远动系统，风力发电预测系统的接入，网卡四负责接入调度端远传IEC 104和sftp通道，系统原理图如5-7所示。

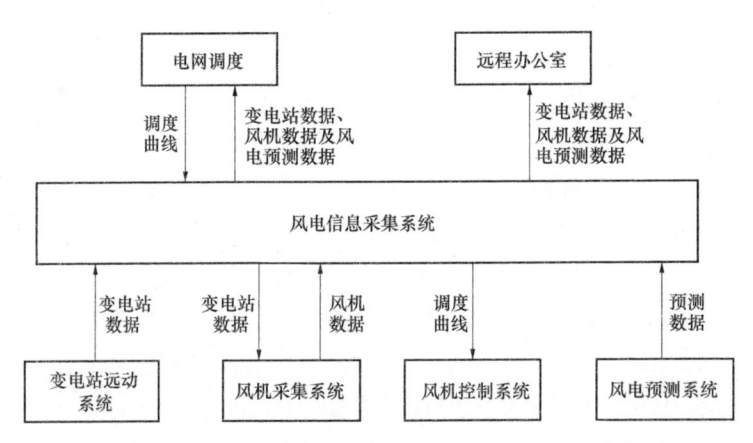

图5-7 风电场接入智能配电网信息采集系统原理图

（二）风电接入对智能配电网的影响

1. 对网损的影响

网损影响着电网的经济运行，如何降低网损、使电网在最优条件下运行是目前比较热门的研究课题。配电网的网损主要取决于潮流大小，潮流走向是从电力系统供电侧流向负荷侧。风电作为一个有源电源，它的接入会影响配电网的潮流分布，从而影响配电网的网损。因此，风电接入的智能配电网的网损不仅与负荷有关，还与风电接入点和接入容量大小以及配电网的拓扑结构密切相关。

恒速恒频异步风力发电机组和双馈异步风力发电机组组成的风电场有功输出功率对智能配电网网损的影响如下：

（1）配电网的网损随着风电输出功率增加呈现出先减少后增加的趋势，当风电接入功率小于临界容量时，风电场的接入将不会增加系统损耗，并能在一定程度上改善网损；当风电接入功率大于临界容量时，系统损耗将随风电场有功功输出功率的增加而显著增加。因此，若要不增加网损，必须将风电场的输出功率控制在一定的范围内。

（2）双馈风力发电机组因具有较强的无功调节能力，在一定的功率范围内，对系统损耗改善情况要比异步风力发电机组好。

2. 对电能质量的影响

风电接入智能配电网会对馈线中传输的有功、无功功率的大小和方向产生影响，进而影响到配电网稳态电压分布和电能质量，而且不同类型的风电机组，由于其结构不同，对电网的影响也不一样。对于普通异步风力发电机，其在输出有功的同时，需要从系统吸收无功，因而风电场无功补偿情况对系统电压影响较大。由于风电场吸收大量无功，系统损耗增加，导致系统母线电压和风电场母线电压降低，而且随着风场出力的增加，电压持续降低，这将影响配电网的电能质量，而当风电场母线电压降低到一定程度时，会直接导致风电机组机端电压下降到其无法正常运行的范围；基于双馈异步风力发电机组由于采用了电力电子装置，使得电磁功率与机械功率解耦，无法向电网提供惯性响应，对电力系统的频率稳定产生不利影响。

风资源的不确定性和风电机组本身的运行特性使风电机组的输出功率是波动的，会影响电网的电能质量，如电压偏差、电压波动和闪变、谐波以及周期性电压脉动等。风电引起电压波动和闪变的根本原因是并网风电机组输出功率的波动。电网电压的变化受风电系统有功和无功功率的影响。风电机组输出的有功功率主要依赖于风速；在无功功率方面，恒速恒频异步风力发电机组吸收的无功功率随有功功率波动而波动，双馈异步风力发电机组一般采用恒功率因数控制方式，因而无功功率波动较小。并网风电机组不仅在持续运行过程中产生电压波动和闪变，而且在启动、停止和发电机切换过程中也会产生电压波动和闪变，其中发电机切换仅适用于多台发电机或多绕组发电机的风电机组。这些切换操作引起功率波动，并进一步引起风电机组端点及其他相邻节点的电压波动和闪变。

风电接入智能配电网带来谐波的途径主要有两种：一种是风力发电机本身配备的电力电子装置，可能带来谐波问题。对于直接和电网相连的恒速恒频异步风力发电机组，软启动阶段要通过电力电子装置与电网相连，会产生一定的谐波，不过过程很短，发生的次数也不多，通常可以忽略。但是对于双馈异步风力发电机,其通过整流和逆变装置接入系统,如果电力电子装置的切换频率恰好在产生谐波的范围内,则会产生很严重的谐波问题。随着电力电子器件的不断改进,这一问题也在逐步得到解决。另一种是风力发电机的并联补偿电容器可能和线路电抗发生谐振。在实际运行中,曾经观测到在风电场出口变压器的低压侧产生大量谐波的现象。

3. 对继电保护的影响

继电保护是电力系统安全保障系统的"第一道防线"。风电的接入改变了配电网电流和故障电流的大小和方向,特别是很多小容量风电场一般是经升压站送电线路就近 T 接或π接在系统线路上,现有的配电网继电保护本身比较薄弱且没有配备方向元件,往往难以承受大规模风电接入的冲击。

传统配电网如图 5-8 所示,不论线路发生短路故障与否,潮流始终从电源侧流向线路,传统配电网电流保护特点是本级线路三段式配合加上下级线路相互配合完全满足线路继电保护要求。当风电接入配电网后如图 5-9 所示,改变了原配电网结构。

图 5-8 传统配电网结构

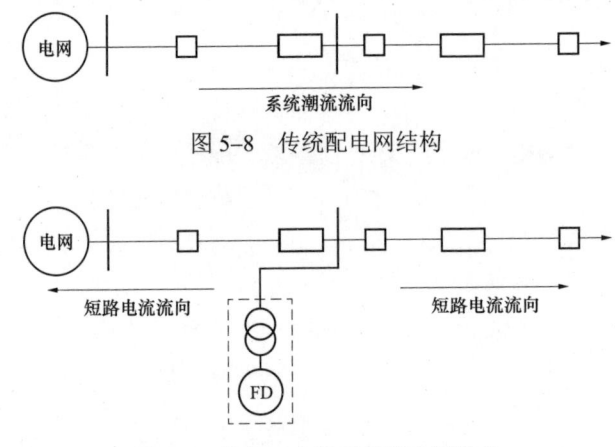

图 5-9 接入风电场后的配电网结构

当风电场接入级线路保护上游 F1 或 F2(一般为母线或同母线相邻线路)发生故障后,由风电场提供的逆向短路电流将使保护发生误动作。当风电场下游 F3 发生故障时,由风电场提供的助增电流使得与原配电网相比灵敏度过大,甚至上级线路保护范围延伸到下级线路,从而影响上下级线路保护之间的配合。具体如图 5-10 所示。

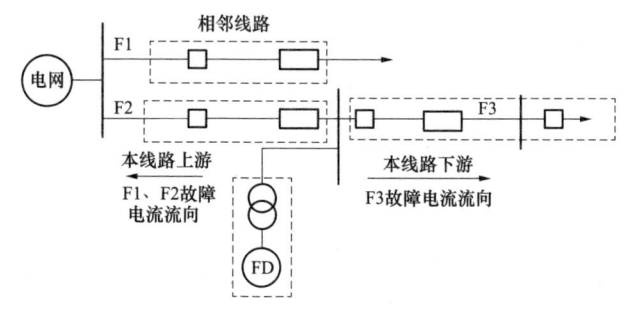

图 5-10 分布式风场接入配电线路故障

传统配电网的线路首段有时配备重合闸装置，不论前加速或后加速，其原理都是重合器断开后重合检测是否隔离故障，对于单电源网络，都能正确开断或重合。

当风电场接入图 5-11 所示的系统，F4 发生故障时，由于线路首端重合闸断开后，风电场对故障处仍然提供了很大的管路电流，因此使得重合闸开断后不能顺利熄弧，从而重合失败，严重时将损坏重合闸装置。

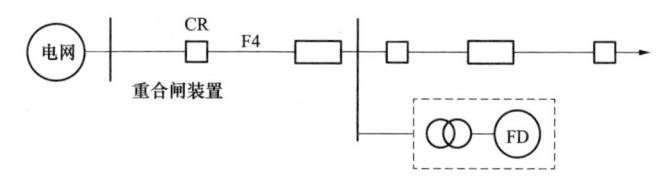

图 5-11 风电场接入对重合闸的影响

此外，风电场提供的过大的短路电流使得分段器计数错误，导致保护误动或拒动，也会使得配电网安装熔断器失去配合，即影响分段器、熔断器及其配合。

二、风电接入部分运维管理

为了改善配电网的电压稳定性，最大限度地提高配电网承受负荷增长的能力，并延缓配电网输配电设备的投资扩建，需要接入无功补偿器、有源滤波器，并合理调整风电场接入位置。在此基础上，借助智能配电网自愈控制和智能分析功能，实现含风电场配电网的故障段快速定位、复合快速转移等，以实现经济调度和电网安全可靠运行。

（一）风电接入智能配电网的电能质量管理

配电自动化系统可以通过对配电网区域地理、经济、负荷等综合信息统计，在风电接入配电网初期对其网络拓扑分析、规划设计管理，不仅可以加速配电网的规划设计，而且能够提高配电网的经济性。在风电场并网运行过程中，可以通过实时数据采集，分析配电网节点电压、功率分布情况并进行精确的潮流计算，从而调整变压器分接头档位，控制无功补偿装置投切，对配电网进行电压及无功管理，保证供电电压合格和网损最小。智能配电网对风电场运行管理手段如下：

（1）风电场的接入位置越靠近馈线始端对节点电压的影响越弱，越靠近末端对节点电压的影响越明显，并且风电场分散接入对配电网电压的支撑效果要好于集中接入。此外，接入位置不同时，系统静态电压稳定性最薄弱支路也会随之改变，且基于双馈异步风力发电机组的风电场接入点离系统最薄弱支路越近越有利于改善系统的静态电压稳定性，而基于恒速恒频异步风力发电机组的风电场则恰恰相反。

（2）在最大负荷与最小负荷情况下，出力相同的风电场对系统电压的影响有很大的不同。当风电场输出相对网络负荷较大时，系统电压通常应适当降低，以适应风电场接入后部分节点电压升高的情况。

（3）恒速恒频异步风力发电机组的风电场需合理设置无功补偿装置，否则将会对配电网电压产生不利影响。双馈异步风力发电机组的风电场建议风电机组以滞后功率因数方式（或功率因数为 1）运行，以充分发挥双馈异步风力发电机组的无功调节的优势。

（4）对于电压闪变的抑制，最常用的方法是安装静止无功补偿装置，目前这方面的技术已相当成熟。但是，由于某些类型的 SVC 本身还产生低次谐波电流，须与无源滤波器并联使用，实际运行时可能由于系统谐波谐振使某些谐波严重放大。因此，在进行补偿时，要求采用具有响应时间短且能够直接补偿负荷的无功冲击电流和谐波电流的补偿器。

（5）有源滤波器由可关断的电力电子器件组成，它采用基于坐标变换的瞬时无功理论进行控制。其作用原理是利用电力电子控制器代替系统电源向负荷提供所需的畸变电流，从而保证系统只须向负荷提供正弦的基波电流。有源滤波器与普通 SVC 相比，有以下优点：响应时间快，对电压波动、闪变补偿率高，可减少补偿容量；没有谐波放大作用和谐振问题，运行稳定；控制强，能实现控制电压波动、闪变和稳定电压的作用，同时也能有效地滤除高次谐波，补偿功率因数。

（二）风电接入智能配电网的故障处理

1. 故障隔离

在传统配电网中，发生相间短路故障的线路中电流数值会显著增大，因此可以选用流过各个分段开关的故障电流大小作为故障特征量进行故障隔离。风电机组接入配电网后，配电网成为了一个多电源供电的网络，风电机组在配电网故障时也会向网络提供故障过电流，单纯地根据故障电流的大小并不能解决配电网故障隔离的问题。对于含风电机组的配电网需要同时选取流过各个分段开关的故障电流大小及其功率方向作为故障特征量，通过判断故障流向等综合信息实现含风电机组的配电网故障隔离的目的。具体的故障区域判断机理如下：

（1）如果所有的边界节点都没有检测到故障过电流，或者存在一个检测到故障过电流的边界节点的功率方向指向区域外部，则该区域内没有发生短路故障。

（2）如果所有检测到故障过电流的边界节点的功率方向均指向区域内部，则该区域内发生了短路故障。

为了应对风电接入的配电网故障隔离，智能配电网配电自动化系统需要满足以下技术要求：

（1）变电站出口断路器上装设具有过流速断保护控制功能的RTU。

（2）风电机组出口断路器上装设具有保护控制功能的RTU，保护控制根据风电机组的运行要求进行设置。

（3）分段开关上装设具有可以实现本书所描述的分布式故障隔离功能的FTU，通过通信信道，相邻的FTU之间可以对故障信息进行发送与接收。

（4）通过通信信道，各个RTU与FTU可以与配电网自动化控制中心进行通信，实现数据采集、在线整定、远程控制等功能。

当智能配电网发生故障后，分布式故障隔离的处理流程如图5-12所示。

（1）检测到故障信息的FTU将信息记录到装置内部的故障判别信息表，同时根据内部所记录的通信组信息向其所属通信组的所有FTU发送故障信息，如果该FTU属于多个通信组，则按照组别依次发送信息。对于没有检测到故障信息的FTU，直接进入到第二步。

（2）各个FTU等待接收通信组内其他FTU发送的故障信息，等待时间可以根据通信的速度进行设置。

（3）各个FTU将所有接收到的故障信息记录到装置内部的故障判别信息表，确定故障发生的区域以及分段开关的动作状态。

（4）各个FTU根据判断结果控制相应分段开关的动作，从而使故障区域内的分段开关进行分闸操作，实现故障隔离。

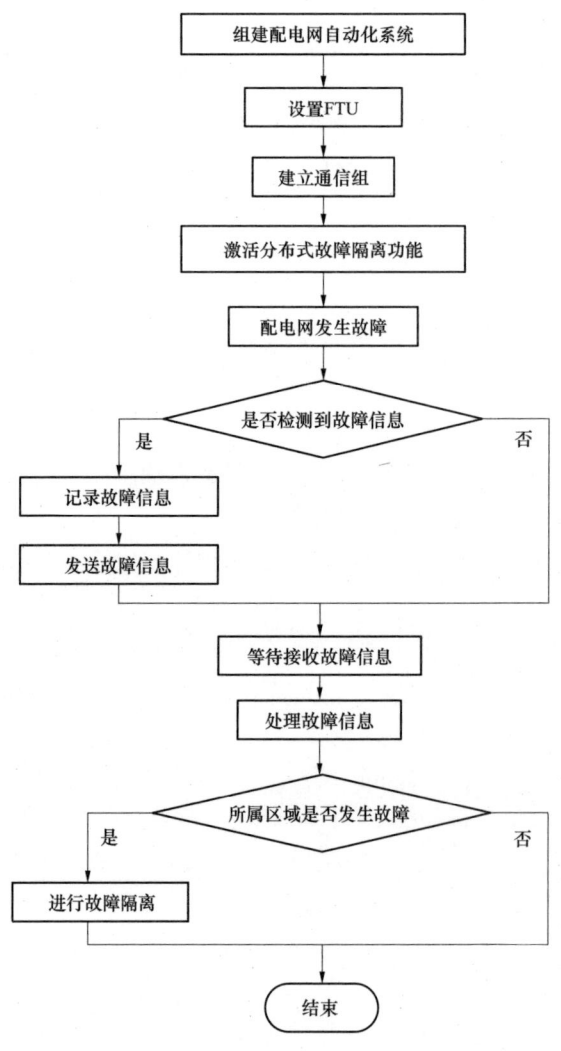

```
                    ┌──────────────────────┐
                    │  组建配电网自动化系统  │
                    └──────────┬───────────┘
                               ↓
                         ┌──────────┐
                         │ 设置FTU  │
                         └────┬─────┘
                              ↓
                         ┌──────────┐
                         │ 建立通信组│
                         └────┬─────┘
                              ↓
                    ┌──────────────────────┐
                    │ 激活分布式故障隔离功能 │
                    └──────────┬───────────┘
                               ↓
                       ┌──────────────┐
                       │ 配电网发生故障│
                       └──────┬───────┘
                              ↓
                       ╱─────────────╲
              是 ────<是否检测到故障信息>──── 否
              │        ╲─────────────╱              │
              ↓                                     │
       ┌──────────────┐                             │
       │ 记录故障信息 │                             │
       └──────┬───────┘                             │
              ↓                                     │
       ┌──────────────┐                             │
       │ 发送故障信息 │                             │
       └──────┬───────┘                             │
              └─────────────┬───────────────────────┘
                            ↓
                   ┌────────────────┐
                   │ 等待接收故障信息│
                   └───────┬────────┘
                           ↓
                   ┌────────────────┐
                   │ 处理故障信息   │
                   └───────┬────────┘
                           ↓
                    ╱──────────────╲
           是 ───<所属区域是否发生故障>─── 否
           │      ╲──────────────╱              │
           ↓                                    │
    ┌──────────────┐                            │
    │ 进行故障隔离 │                            │
    └──────┬───────┘                            │
           └──────────────┬─────────────────────┘
                          ↓
                      ( 结束 )
```

图 5-12 分布式故障隔离处理流程

2. 故障恢复

对于风电接入的智能配电网发生故障引起大面积停电时，首先在已知风电机组容量的情况下确定各孤岛系统的最佳供电范围，转入孤岛运行模式以保证重要负荷的持续供电，然后依据启发式规则对剩余失电网络进行供电恢复，并利用改进支路交换法对故障恢复后的网络进行重构优化，使失电负荷和网损都尽可能地少，故障恢复流程如下：

（1）数据准备。获得配电网基本电气信息，如网络拓扑信息，各分布式风电场的位置及容量，FTU 上传的电压、电流及功率，故障处理信息和失电区、带电区及故障区的范围等。

（2）建立基于等效负荷的配电网简化模型。对于带电区网络，按照 FTU 实时上传的数据进行建模；对于失电区网络，按照故障前 FTU 上传的数据建立近似模型，并确定各开关节点所带负荷，并对简化模型中的各负荷节点编号。

（3）查找失电区是否有分布式风电场。如果有分布式风电场，则按照本书所述的孤岛划分方法进行孤岛划分，再进行步骤（4）；如果没有分布式风电场，则直接进行步骤（4）。

（4）对失电区尚未恢复供电的负荷，按照启发式规则通过联络开关将其接入主网，使失电负荷尽可能地少，输出供电恢复方案。

（5）采用改进支路交换法对故障恢复后的网络进行优化重构，使得网损尽可能少，输出网络优化方案。

（6）综合步骤（2）～（5）中联络开关及分段开关动作情况，即根据孤岛划分结果、供电恢复方案及网络优化方案，得出终故障恢复优化方案。

第三节　电动汽车充电站接入智能配电网运维管理

一、电动汽车充电站概述

（一）整体结构

电动汽车充电站组成结构包括供电系统、充电系统、监控系统及配套设施四大部分。

1. 供电系统

供电系统为电动汽车充电站的动力设备、监控系统和办公场所等提供交流电源，它不仅提供充电所需的电能，也是整个充电站正常运行的基础。

供电系统主要包括配电变压器、高/低压配电装置、计量装置和谐波治理装置。电力级别确定为 2 级，即采用双路供电，不配置后备电源。供电系统符合常规配电装置，其输出为 0.4kV、50Hz。

2. 充电系统

充电系统是电动汽车充电站的核心部分，为电动汽车动力电池的补充充电提供符合技术要求的电源，需满足多种形式的充电需求，提供安全、快捷的能量补给服务。主要包括交流充电桩、充电桩、计费装置、电池更换站。

3. 监控系统

监控系统是电动汽车充电站安全高效运行的保证，它实现了对整个充电站的监控、调度和管理，主要包括配电监控系统、充电监控系统、烟雾和视频安防监视系统。

4. 配套设施

配套设施主要包括充电工作区、站内建筑、消防设施及电池维护、客户休息服务设施。

（二）典型分类

电动汽车充电站有立体充电站及平面充电站之分。立体充电站是在土地资源紧张、土地价格较高的繁华地段建设的，而平面充电站则是根据各类电动汽车的充电需求、土地资源及地域环境而建设的。

根据功能、容量及充电设备的数量，电动汽车充电站的建设规模分为以下三类：

（1）大型充电站。配置容量不小于 500kVA，且充电设备的数量不小于 10 台，具备为大型电动公交和环卫等社会车辆、出租和个人等微型车辆充电的能力。

（2）中型充电站。配置容量不小于 100kVA，且充电设备的数量不小于 3 台，具备为工程和商务等社会车辆、出租和个人等微型车辆充电的能力。

（3）小型充电站。配置容量不小于 100kVA，且充电设备的数量不小于 3 台，具备为出租和个人等微型车辆充电的能力。

（三）功能配置

（1）电动汽车充电站的站址一般选择在变电站、公共停车场等公共区域或公交、邮政等集团车队的专用停车区域。其中，电池更换站的建设应与当地推广应用车型和需求相结合。

（2）电网对交流充电桩供电的原则是利用停车场配电设施，采用单相供电。当停车场配电设施无法满足容量要求时，可以进行增容改造。

（3）大、中型充电站或具有重要示范意义的充电站的供电系统，原则上应采用两路电源，确保充电站的供电可靠性。小型充电站采用单路低压电源供电，不设配电变压器。

（4）充电设备的选择应符合国家电动汽车电源供给相关标准及智能电网有关技术规范的要求，积极推动电动汽车在充电设备电气接口、通信规约、电气连接等方面达成一致。

(5) 大、中型充电站应具备现场安保监控、充电设备运行监控等功能。

(6) 大型充电站在满足服务的同时，可设置客户休息室，中型充电站可结合实际情况建设。

(7) 充电站建设应具备一定的扩展能力，及升级改造为充放电站的条件。

二、电动汽车充电站接入智能配电网的影响

《中国汽车产业发展报告》指出，未来20年是我国电动汽车产业发展的关键时期，将重点推进纯电动汽车和插电式混合动力汽车产业化，提升我国电动汽车产业整体技术水平。随着研发投入的不断增大和关键技术的突破，我国将进入电动汽车快速发展时期，进而形成电动汽车的规模化应用，这将给电网运行发展带来新的挑战。一方面，如果合理利用和控制电动汽车充电站，可使其削峰填谷的作用得到充分发挥，给电网负荷带来积极的调节。另一方面，无计划的临时性快充对电网产生短时性负荷冲击，具体表现在：一是引发新的负荷增长，进一步增大电网峰谷差；二产生大量充电设施建设需求，对电网升级改造和规划建设提出更高要求；三是充电需求具有随机性和分散性的特点，加大了智能配电网运维管理难度。因此需要采用辨证的思维正视电动汽车充电站给智能配电网带来的影响，采取积极的手段趋利避害，才能最大化保障智能配电网的安全、经济运行。

（一）对智能配电网负荷的影响

电动汽车充电负荷与传统负荷不同，其在时间和空间上具有极大的随机性和不确定性。电动汽车的充电时间、充电方式及充电特性等是电动汽车影响智能配电网负荷的主要决定因素，具体关系如图5-13所示。

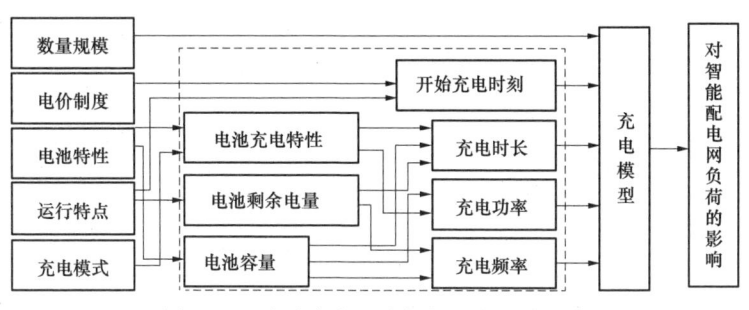

图5-13 电动汽车影响智能配电网的因素

（1）电动汽车充电时间。电动汽车的充电时间主要取决于电动汽车的类型，如轿车、运输车等，不同类型电动汽车的充电电路和充电时间是不一样的。

大型多用途汽车容量较大，充电所需时间较长，其对电网造成产生的影响最大；轿车虽然充电时间短，但其数量庞大，集中充电影响也不可忽视。此外，电动汽车的充电时间还与电动汽车使用者的用车习惯、上下班时间以及引导政策等来有关。不同的充电时间段对电网的影响非常大，如果在峰荷时间段进行充电将加重电网负担，而如果在非峰荷时间段进行充电将减小对电网的冲击。

（2）电动汽车的充电方式。目前，电动汽车的充电方式主要有整车充电模式和更换电池模式两种，整车充电模式又可分为普通充电和快速充电。普通充电又叫慢速充电，每次充电所需的时间较长；快速充电是利用大电流给电动汽车充电，会给电网带来较大的冲击。更换电池模式是将空电池留在充电站利用小电流进行长时间充电，便于集中管理控制，且可以充分利用电网低谷充电，对配电网的冲击最小。

（3）电动汽车的充电特性。电动汽车的充电特性由充电的电压和电流决定，不同类型汽车的充电特性不同，对电网的影响也不同。当电动汽车采用快速充电时，会形成150～600A的大电流，可能造成电网不稳定，且过分密集的集中充电可能导致充电站瞬时负荷过大，对电网的负荷调节能力、载荷能力及电源容量均造成考验。

（二）对电能质量的影响

电动汽车充电离不开充电机，而充电机是由大量电力电子设备构成的非线性设备，其运行时势必会对电网产生谐波污染。随着电动汽车的普及应用，大规模接入将给配电网带来很大的谐波。对于线路或变压器来说，谐波会使其附加损耗增加和发热，造成电网中的局部电感、电容发生谐振，使谐波进一步放大。对开关和继电保护设备来说，谐波可能会导致电子保护式低压断路器的固态跳脱装置不正常跳闸，可能对由序分量滤波器组成的启动元件的保护及自动装置产生干扰。车载充电机受电动汽车内部空间所限，功率较小，一般为单相交流输入，而目前国内对电动汽车充电谐波问题的研究主要集中在采用大功率地面直流充电机的充电站上，缺少针对大规模车载充电机接入住宅区配电网的谐波分析，更没有考虑配电变压器容量与谐波的关系。

充电机电路结构主要包括整流模块、DC/DC功率变换模块、保护模块三大部分。整流模块是采用不同的整流滤波方式，将交流转换为直流；DC/DC功率变换模块是采用高频变压器将电能由上级传送到次级，改变直流电压值，得到下一级滤波环节需要的电压值，同时起到变压器隔离的作用；保护模块主要是在模块内部加入各种保护电路，如过、欠电压保护、过流保护、温度环境保护等，以保护充电机的正常运行。图5-14是典型的车载充电机模型，车载充电机首先对输入的单相交流电进行不控整流，再经有源功率因数校正环节（Active power factor correction，APFC）及全桥隔离型DC/DC变换器输出为动力蓄电池充电。

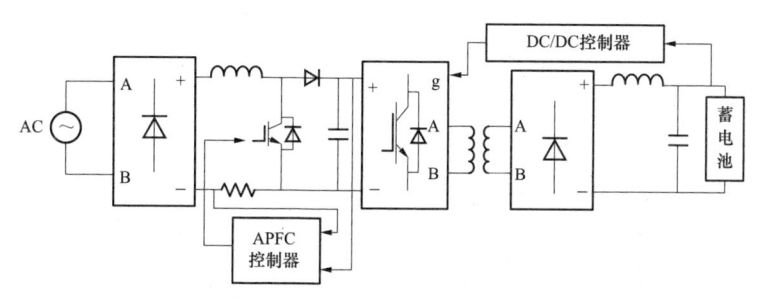

图5-14 车载充电机模型

车载充电机的整流桥等非线性结构将导致输入电流波形严重畸变，引发大量高次谐波，使输入交流电压与电流产生附加相移，降低系统输入端的功率因数。车载充电机接入住宅区配电网产生的谐波电流与系统阻抗相互作用，导致输入电压波形同样发生畸变，进而影响系统内其他负荷的正常运行。而阻抗的大小与配电变压器的各类参数相关，特别是配电变压器的容量。我国住宅区配电网大多采用10kV进线，经过电压等级为10/0.4kV的配电变压器后为用户供电。为抑制高次谐波电流，配电变压器一般使用Dyn11型连接方式，中性点直接接地。低压侧为星型连接，每相与中性线间均可构成一个单相220V回路为用户供电。对于可接入多台车载充电机的三相配电网而言，交流充电桩与住宅区传统家用负荷一同并联安装在低压侧，为车载充电机提供单相交流输入。含多台车载充电机的住宅区三相配电网模型如图5-15所示。

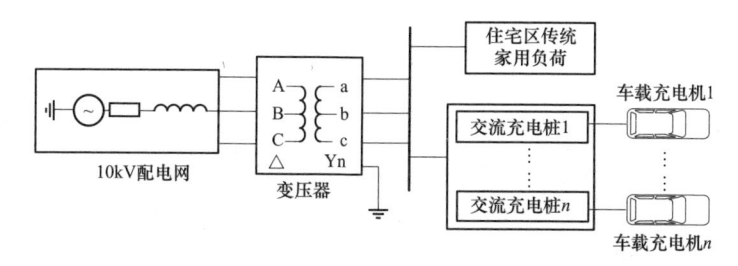

图5-15 含多台车载充电机的住宅区三相配电网模型

以某住宅区配电网为例,针对不同标准容量的10kV级S9系列配电变压器,经FFT测量不同数量车载充电机同时接入情况下低压侧(以a相为例)电流与电压总谐波畸变率,具体结果见表5–1。

表5–1　不同数车载充电机接入不同容量配电网的电压与电流畸变率

配电变压器容量 车载充电机（台）	500kVA		800kVA		1000kVA	
	电压畸变率	电流畸变率	电压畸变率	电流畸变率	电压畸变率	电流畸变率
1	2.69%	10.69%	1.97%	10.66%	1.58%	10.52%
2	5.19%	10.70%	3.79%	10.73%	3.12%	10.80%
3	7.47%	10.84%	5.55%	10.79%	4.56%	10.73%
4	9.63%	10.87%	7.22%	10.81%	5.92%	10.77%
5	11.66%	10.91%	8.77%	10.87%	7.22%	10.79%
6	13.55%	11.00%	10.34%	10.91%	8.53%	10.87%
7	15.29%	11.07%	11.79%	10.89%	9.74%	10.85%
8	17.05%	11.13%	13.07%	11.01%	10.85%	10.92%
9	18.46%	11.13%	14.39%	11.02%	11.98%	10.97%
10	19.96%	11.15%	15.69%	11.10%	13.08%	10.97%

三、电动汽车充电站的运维管理

（一）电动汽车充电站的管理方法

1. 出入管理

（1）严禁非工作人员进入值班区域,特殊情况需经值班负责人批准,并认真填写登记表后方可进入。

（2）进入充电站的人员应遵守管理制度。

（3）严禁携带任何易燃、易爆、腐蚀性、强电磁、辐射性、液体性质等对设备正常运行构成威胁的物品进入充电站。

2. 安全管理

（1）操作人员随时监控本充电站的设备运行状况,发现异常情况应及时上报并详细记录。

（2）非本站人员未经许可不得擅自上机操作或对运行设备及各种配置进行更改。

（3）严格执行密码管理制度，对操作密码定期更改，超级用户密码由系统管理员掌握。

（4）监控中心及充电站内严禁吸烟、吃食物、嬉戏和剧烈运动，应保持安静，水杯应放置在远离电气设备的地方。

（5）定期对消防器材、监控设备进行检查，以保证其有效性。

3. 操作管理

（1）操作人员未经允许不得随意代班、调班，当班时不得擅自脱岗，严禁进行与工作无关的事情。

（2）值班人员必须认真、如实、详细地填写监控日志，以备后查。

（3）应严格按照设备操作流程进行操作，对新上业务及特殊情况需要变更流程的应事先进行详细安排并做书面报告，负责人批准签字后方可执行；所有操作变更必须有存档记录。

（4）应保持监控中心的环境整洁，每周进行一次大扫除。

（5）值班人员不得随意操作监控中心内的一切仪表、按钮、设备等。

（6）值班人员必须密切监视设备运行状况，以确保其安全、高效运行。不得无故中断监控或删除监控资料。

4. 运行管理

（1）运行操作工作总则。

1）必须坚持"安全第一、预防为主"的方针。认真贯彻落实安全生产责任制和履行岗位责任制，确保站内设备的安全运行。

2）必须树立"全心全意为用户服务、用户至上"的思想，努力工作，尽职尽责，把为用户服务好作为工作的最高准则。

3）应认真执行主管单位制定的电动汽车充电站的有关规定，同时服从上级主管单位的统一管理、统一指挥。

（2）工作人员的职责。

1）服从主管单位的统一管理和领导。

2）在操作正值及值班负责人领导下进行本站的电动汽车充电服务工作。

3）在操作正值监护下进行充电操作、事故及异常处理。

4）负责按时对本站设备进行巡视检查，发现站内设备有缺陷、异常、事故时应及时向主管单位汇报。

5）负责站内的防小动物工作，并搞好站内防汛、防火、防盗工作等。

6）负责站内的工器具、仪表、易消耗品等材料的管理。

7）负责站内安全保卫、保密和现场清洁卫生工作。

8）严格执行交接班制度，做好有关充电服务工作记录。

9）在主管单位相关人员的许可下，可以进行下列工作：

a. 电动汽车充电机的停、送电工作。

b. 保护及自动装置连接片的操作及装置的停、加用。

c. 复归信号及记录有关信号。

d. 主管单位规定可进行的其他工作。

（3）设备的运行监视范围。

1）以下设备在巡视检查中发现异常情况时，应及时向上级主管单位及有关部门汇报：

a. 本站所有高压变电、配电设备及所属监控系统、继电保护和自动装置。

b. 站用电系统所属的高、低压设备。

c. 充电柜、交流充电桩、直流充电桩等充电设施。

d. 充电计费设施。

e. 直流系统所属设备。

f. 房屋建筑、动力、照明等。

g. 消防、安防、防汛等设施。

2）通信及相关设备发现异常情况时，值班人员应及时向上级主管单位汇报。

3）电动汽车充电站应建立的运行记录见表5–2。

表5–2　　　　　　　电动汽车充电站应建立的运行记录

序号	记　录　名　称	序号	记　录　名　称
1	运行日志	7	防小动物措施检查记录
2	巡视检查记录	8	"两票"管理记录
3	设备缺陷记录	9	充电登记记录
4	设备检验记录	10	蓄电池检查记录
5	安全活动记录	11	事故、障碍及异常运行记录
6	运行分析记录		

4）电动汽车充电站应备有的技术资料见表5–3。

表 5–3　　　　　　　电动汽车充电站应备有的技术资料

	资　料　名　称
设备资料	设备说明书及使用手册
	技术规范书（技术协议书）
	设备图纸
	设备合格证
	现场试验报告（全检报告）
	设备调试报告
	设备安装报告
设计施工图纸（含电子图档）	原理接线图（竣工图）
	安装接线图（竣工图）
	电缆清册及材料明细（竣工图）

（二）电动汽车充电站的日常巡视与检查

1. 电动汽车充电站运行维护的基本要求

（1）电动汽车充电站应根据站内情况制订本站的运行维护工作计划，运行维护工作计划分年度维护工作计划和定期维护工作计划。制订运行维护工作计划要具体、全面、有针对性，不留死角，不漏项目。

（2）运行操作人员必须按照本站运行维护工作计划进行运行维护工作，并做好记录。

（3）维护过程中发现的问题应及时处理，不能处理的应及时汇报上级有关部门并督促有关部门尽快处理。

2. 电动汽车充电站的定期维护

（1）安全用具、仪表的检查、试验。

（2）备品备件的检查、试验。

（3）消防器材的检查。

（4）安防设施的检查。

（5）防汛设施的检查。

（6）照明灯的检查更换。

（7）各种机械锁加油。

（8）设备标志的检查、完善。

（9）电缆层、电缆室的定期清扫，防小动物措施的检查。

（10）站内给、排水设施的检查维护。

（11）交、直流充电桩防潮设施的维护。

（12）直流电源系统的维护与检查。

（13）充电计费设施的维护与检查。

（14）监控系统、继电保护和自动装置的维护与检查。

（15）站用电系统所属的高、低压设备的维护与检查。

（16）火灾报警设施的检查。

（17）新设备投入运行需要增加运行维护项目时要及时增补定期维护计划。

3. 充电站的年度维护

除定期维护项目外，应结合本站的设备情况、环境、气候、运行规律等制订年度维护工作计划。年度维护工作计划可按全年的月份进行编排，并至少应包含以下内容：

（1）汛期前全面仔细检查防汛设施及设备应完好。

（2）干燥的秋、冬季前应全面详细地检查防火设施。

（3）寒冬季节前应详细检查设备的保温装置，并在气温下降时投入保温装置。

（4）寒冬季节应做好室外设备的防冻工作，如给水管包扎保温层等。

（5）春秋季安全大检查前应做好自查准备工作。

（6）雷雨季节到来前，应检查防雷设施的完好性。

（7）按季节做好设备评级工作。

（8）高温季节前做好空调设备的检查维修工作。

4. 主变压器的日常巡视与检查

主变压器的日常巡视与检查项目如下：

（1）主变压器的温度应正常。

（2）主变压器的套管外部应无破损裂纹，无放电痕迹及其他异常。

（3）主变压器的音响应正常。

（4）主变压器的风扇运转应正常。

（5）主变压器的引线接头应无过热变色观象。

（6）转换电压检查切换开关，各相电压应指示正常。

有下列情况之一时，应增加对主变压器的日常巡视与检查的次数：

（1）新变压器或经过检修、改造的变压器在投运 72h 以内的。

（2）主变压器有严重缺陷时。

（3）高温季节、高峰负荷时。
（4）主变压器超负荷运行时。
（5）主变压器近区短路故障后。

5. 10kV 断路器的日常巡视与检查
（1）断路器的分、合闸位置指示正确，与实际运行方式相符。
（2）开关柜无异味及放电声，柜体无明显发热迹象。
（3）断路器的机构弹簧应显示已储能。
（4）断路器的引线连接部位无过热及变色现象。
（5）储能电动机的电源空气开关在合闸位置。
（6）温、湿度控制器和带电显示器的工作位置指示灯正常。
（7）"就地/远方"选择开关把手置于"远方"位置时，"保护跳闸"连接片加用，"投检修状态"连接片停用。

6. 10kV 电流互感器的日常巡视与检查
（1）电流互感器的引线接头接触良好，无过热及变色现象。
（2）电流互感器运行正常、无异常声响。
（3）电流互感器瓷件外部无破损裂纹，无放电痕迹及其他异常。
（4）二次接线正确、无开路、无松动。
（5）二次侧接地可靠。

7. 10kV 电压互感器的日常巡视与检查
（1）电压互感器的引线接头接触良好，无过热及变色现象。
（2）电压互感器运行正常，无异常声响。
（3）电压互感器瓷件外部无破损裂纹，无放电痕迹及其他异常。
（4）二次接线正确、无短路、无松动。
（5）二次侧接地可靠。

8. 电力电缆的日常巡视与检查
（1）电力电缆不得超负荷运行。
（2）电力电缆接头接触良好，无过热及变色现象。
（3）电力电缆引下线无断股等现象。
（4）电缆端头相色清晰正确，端头牢固，无脱胶、放电现象。
（5）电缆端头处无断股，端头屏蔽层接地良好。
（6）端头相色带无散股，固定良好。
（7）电缆沟内不应积水，支架应牢固、无锈蚀现象。

9. 400V 低压开关柜的日常巡视与检查

（1）低压断路器的操作把手位置与实际运行方式相符。

（2）低压断路器的分、合闸位置指示灯与实际运行方式相符。

（3）屏柜的交流电压表指示数值与后台监控机的电压显示相符。

（4）低压开关柜无异味及放电声，柜体无明显发热迹象。

10. 继电保护装置的日常巡视与检查

（1）继电保护装置连接片的投切位置应与运行要求的位置一致。

（2）继电保护装置的插件应密封良好，固定可靠。

（3）继电保护装置应运行正常，无异声、异味，装置的标签应完整正确。

（4）端子排及设备接线应牢固，无松动、脱落。

11. 充电整流柜的日常巡视与检查

（1）充电整流柜无异味及放电声，柜体无明显发热迹象。

（2）充电整流柜运行指示灯指示正确，与实际运行方式相符。

（3）充电整流柜与智能充电控制系统连接正常。

（4）充电整流柜充电电流、电压自动控制正常。

（5）整流充电模块主、从机工作正常。

（6）充电整流柜运行时，屏上彩色液晶控制回路显示正常，充电电流、电压和充电机显示的一致。

（7）充电整流柜的整流充电模块外观清洁，无破损、短路、接地观象。

（8）端子排及设备接线牢固，无松动、脱落，屏底封堵严实。

12. 充电桩的日常巡视与检查

（1）充电桩的表面及箱内应清洁干燥。

（2）充电桩应平稳、牢固、整齐。

（3）充电桩的充电插头应完好，插芯无变形。

（4）充电桩的充电插头与电动汽车车辆插孔应连接正常，通过充电连接器与电动汽车能建立电路和通信的联系。

（5）充电桩的液晶显示器应完好、无裂缝，显示正常。

13. 安防系统的日常巡视与检查

（1）各摄像头应无损伤，运行良好，视频画面清晰。

（2）门禁系统应工作正常。

（3）后台机操作应灵敏、可靠，各报警信号能及时发出。

（4）安防柜内所装电气元件应齐全完好、固定牢固。

14. 计量计费系统的日常巡视与检查

(1) 计量计费柜内内所装电气元件应齐全完好、固定牢固。

(2) 电能计量表计应工作正常、计量准确。

(3) 计量计费系统与监控后台机通信正常。

(4) 二次接线应牢固、无松动，电流回路无开路，电压回路无短路。

（三）电动汽车充电站的事故及异常处理

1. 一般原则

(1) 限制事故发展，消除事故根源，并解除对人身、设备的威胁。

(2) 处理事故时，首先恢复站用电，保证站用电系统的正常供电。

(3) 尽可能保证直流系统的供电。

2. 处理程序

(1) 发生事故时，当值人员应准确记录事故发生的时间、保护装置动作情况及与事故有关的各种现象等。

(2) 当值人员应及时、清楚、正确地将事故的有关情况报告上级，同时通知检修人员赶往事故现场进行事故处理。

(3) 对事故时各种保护装置信号的复归应进行核对并做好记录。

(4) 为了防止事故扩大，当值人员在遇到下列紧急情况时，可以先行处理，然后汇报：

1) 事故直接威胁人身或设备停电时。

2) 设备损坏需要隔离时。

3) 站用电全部或部分停电时。

(5) 如果在交接班时发生事故，而交接班的签字手续尚未完成时，应由交班人员处理事故，接班人员协助处理事故，事故处理应做好记录。复杂的处理操作应填写操作步骤。

(6) 电气设备停电后，即使是事故停电，在未做好安全措施之前，不得触及设备或进入柜内，以防突然来电，造成人身事故。

3. 主变压器的异常运行及事故处理

(1) 发现主变压器运行中有异常现象时，如温度异常、音响不正常等，应立即汇报主管部门，设法尽快消除故障。

(2) 当主变压器出现下列情况之一时，应立即将主变压器退出运行：

1) 主变压器冒烟着火。

2) 主变压器套管有严重的破损和放电现象。

3）主变压器的运行声响明显增大，且时大时小，并伴有爆裂声。

4）临近主变压器的设备着火、爆炸或发生其他异常情况，对主变压器构成严重威胁时。

5）供电系统发生危及主变压器安全的故障，而主变压器保护装置拒绝动作。

（3）主变压器运行温度异常升高并超过允许值时，应判明主变压器运行温度异常升高的原因，并采取措施降低主变压器运行温度。检查步骤如下：

1）检查主变压器的负荷和环境温度，并与该变压器在同一负荷和环境温度下的温度记录进行比对，以分析温度异常升高的原因。

2）检查主变压器冷却风机的运转是否正常。

4. 10kV断路器异常运行及事故处理

10kV断路器（以弹簧机构为例）的常见故障及处理方法见表5–4。

表5–4　　　　　10kV断路器的常见故障及处理方法

故障现象	故障原因	处理方法
断路器不能合闸	（1）断路器弹簧未能储能； （2）断路器已处于合闸位置状态； （3）手车式断路器未完全进入工作位置或试验位置； （4）选用了合闸闭锁装置，而辅助电源未接通或低于技术条件要求； （5）二次线路接线不准确	（1）检查断路器机构，若是弹簧未储能，则电动或手动操作使机构弹簧储能； （2）先检查断路器位置状态再进行操作； （3）将断路器操作到工作位置，再进行合闸操作； （4）检查合闸闭锁装置，按运行规范进行操作； （5）检查二次回路，排除二次回路故障
断路器不能推进拉出	（1）断路器处于合闸位置状态； （2）推进手柄未完全插入推进孔； （3）推进机构未完全到试验位置，致使舌板不能与柜体解锁； （4）柜体接地联锁未解开	（1）先检查断路器位置状态再进行操作； （2）将推进手柄完全插入推进孔，再进行操作； （3）将推进机构完全操作至试验位置，再进行操作； （4）操作前，先检查柜体接地联锁是否解开

当10kV断路器出现下列情况之一时，应立即申请停电，将断路器退出运行：

（1）断路器支柱式绝缘子或瓷套管严重破损，有放电现象。

（2）断路器弹簧操动机构不能储能。

（3）真空断路器出现明显异常声响。

5. 10kV电流互感器异常运行及事故处理

当10kV电流互感器出现下列情况之一时，应立即申请停电，对电流互感器的故障进行处理：

（1）电流互感器严重发热或运行声响不正常及冒烟等。

（2）套管有严重破损和放电现象。

（3）电流互感器的引线接头发热、变色。

（4）电流互感器的二次回路开路。

6. 10kV 电压互感器异常运行及事故处理

当 10kV 电压互感器出现下列情况之一时，应立及向有关部门汇报，申请将电压互感器停电处理：

（1）电压互感器的高压熔断器连续熔断 2～3 次。

（2）电压互感器严重发热或运行声响不正常及冒烟等。

（3）瓷件放电、闪络或破损时。

7. 充电站主供电源停电的处理

当充电站主供电源停电时，值班人员首先检查监控后台的 10kV 电压、电流有无显示，然后再检查 10kV 断路器进线侧带电显示器的带电指示灯是否已经熄灭，若判明是线路停电，应立即向有关部门汇报。系统恢复供电后，应检查充电站的直流系统运行是否正常。

8. 400V 低压开关柜低压断路器跳闸后的处理

当充电站的低压断路器跳闸后，应对其供电线路及电气设备进行检查，通过声、光、味进行综合判断，在故障原因没有查明前不得强行送电。故障线路可采用先断开下级负荷，逐级送电的方法排查故障。故障查明后，应对故障线路或故障设备进行隔离，并恢复其他回路的供电。对有明显故障的线路或设备，应待故障排除后再恢复供电运行。

9. 继电保护装置异常运行及事故处理

当继电保护装置出现下列情况时，应及时向有关部门汇报，根据上级命令将有关保护及被保护的变压器停用：

（1）继电保护装置不正常，有误动的可能。

（2）二次回路出现异常，可能影响继电保护或自动装置正常工作时。

（3）继电保护装置内部发生直流全压接地。

（4）其他危及安全运行的情况。

四、电动汽车充电站接入部分运维管理

（一）有序充电运维管理

电动汽车规模化应用及无序充电给电网规划运行带来一系列负面影响，包括配电网电能质量、经济性和安全稳定运行等。为了提高电网对大规模电动汽

车充电负荷的容纳能力，同时减小无序充电带来的影响，需采取措施对其随机充电行为加以调控和引导。

分时电价的激励政策对于引导用户避峰充电将会是一种易行、有效的调控措施。根据某地区的负荷曲线特性，供电公司将每日电价分为高峰时段（8:30~12:00，18:00~23:00）、平峰时段（12:00~18:00）、低谷时段（23:00~8:30）。根据目前国内移峰填谷的时段划分思想，同时在分析用户行驶规律的基础上，制定相应的分时段引导充电控制策略。引导、鼓励用户在低谷时段或者平峰时段充电，避免在高峰时段充电。该方法能够在满足充电需求的前提下，通过充放电优化控制，使用户和供电公司获得各自的利益。用户根据电价导向，实现充电成本最小化；电力系统则以负荷波动最小为目标，通过实时调度，改善电网运行性能。

（二）谐波治理运维管理

大量的谐波电流将使电流波形畸变，功率因数降低。谐波电流在变压器绕组中产生环流，增大铁芯损耗，降低变压器效率，有时可能导致变压器局部严重过热。谐波电流会使输变电线路的阻抗变大，线路过热，绝缘老化，影响线路的运行安全。谐波电流可能会引起电网中局部并联或者串联谐振，放大谐波电流，出现谐振过电压或过电流，甚至引起电网事故；谐波电流会导致继电保护或自动化装置设备出现误动作，电力计量仪器仪表计量误差扩大，结果不准确。谐波电流还可能会对周围通信系统、通信设备产生电磁干扰，影响通信质量。因此，如何减少电动汽车充电对电网的谐波影响，是电动汽车充电站要解决的重要任务。在工程建设中，应按照"四同时"（同时设计、同时施工、同时投运、同时验收）的原则进行谐波治理，目前抑制谐波的方法主要包括从源头上治理（主动式治理），增加谐波吸收装置（被动式治理），建设电能质量在线监测系统等。

从源头上治理是指从电动汽车充电设备入手，通过增加整流器的脉动、改进脉冲宽度调制（PWM）驱动方式等减少谐波电流的产生，同时也可以考虑多个充电设备协调控制，相互抵消谐波影响等。

谐波吸收装置包括无源或有源滤波器。其中，有源滤波器既可以动态补偿抑制谐波，又可以补偿无功，并且可控性高，响应速度快，克服了无源滤波器抑制谐波和无功补偿的缺点，在性价比上较为合理。同时，其滤波特性不受系统阻抗的影响，可消除与系统阻抗发生谐振的危险，具有自适应功能，可自动跟踪补偿变化着的谐波。随着有源滤波技术的不断完善，其已成为谐波抑制的主要方法。

此外,通过用户电能质量监测系统可对电能质量进行全面在线监测,还可以对监测的数据进行统计分析、评估,通过装置的告警功能实现谐波报警和保护,也是谐波治理重要的手段。

(三) 双向互动运维管理

当电动汽车作为负荷时,可以通过技术手段和经济手段合理安排充电时间,实现有序充电管理,达到移峰填谷的效果,提高系统运行效率,减少对电网安全的影响。当电动汽车作为储能装置时,可以将其作为系统的备用容量,或者峰荷时段向电网提供能量,优化电网运行。在这种背景下,V2G(Vehicle-o-Grid)应运而生。它的核心思想在于电动汽车和电网的互动,利用大量电动汽车的储能源作为电网和可再生能源的缓冲。当电网负荷过高时,由电动汽车储能源向电网馈电;当电网负荷低时,可用来存储电网过剩的发电量,避免造成浪费。

V2G技术是智能配电网技术的重要组成部分,V2G技术的发展将极大地影响未来电动汽车的商业运行模式。在未来20年,插电式混合动力汽车(PHEV)和纯电动汽车(EV)将成为配电系统不可分割的一部分,可提供储能,平衡需求,提高紧急供电和电网的稳定性。其中,90%以上的电动汽车每天平均行驶时间为1h左右,有95%的时间处于停驶状态,将处于停驶状态的电动汽车接入电网,当数量足够多时,电动汽车就可以作为可移动的分布式储能装置,在满足电动汽车用户行驶需求的前提下,将剩余电能可控回馈到电网。

在大规模应用V2G技术和智能电网技术之后,电动汽车电池的充放电将被统一化。根据既定的充放电策略,电动汽车用户、电网企业和汽车企业将在利益上获得共赢。对电动汽车用户而言,在实行分时电价的前提下,选择在低电价时给车辆充电,高电价时将储存的能量出售给电网,利用其中的差价来获得补贴,降低了置换电动汽车的使用成本。对于电网企业而言,电动汽车作为可移动储能装置和调峰系统,在电力供应富余时充电,提高了电力的利用效率;在用电紧张时放电,缓解了用电压力,延缓了电网建设投资,提高了电网运行效率和可靠性。对于汽车企业而言,目前面临着电动汽车短时间内不能大量普及的困境,一个重要原因就是电动汽车的成本过高,V2G技术的运用则能使电动汽车用户的使用成本有效降低,反过来必然将会推动电动汽车的大力发展,汽车企业也将会迎来新的发展契机。

第六章

智能配电网运维管理实例研究

第一节　小电流接地故障定位方法在智能配电网中的应用

本节以某智能配电网小电流接地故障自动定位系统为例,对小电流接地故障定位方法中的近似熵法与复合导纳法进行效果验证与具体分析,其中,本实例采用电磁场感应获取小电流接地故障电压、电流信号的方法。

一、小电流接地故障自动定位系统

(一) 系统结构

某智能配电网小电流接地故障自动定位系统,由安装在支撑线路的杆塔上的智能故障指示器(FI)、通信网络和安装在控制中心的自动定位系统主站三部分组成。

智能故障指示器根据小电流接地故障产生的暂态电气量判断故障,并将故障信息通过通信网络上报至自动定位系统主站。通信网络根据相应的规约,将智能故障指示器的计算结果通过专用或者公共的通信通道与系统主站相连接。系统主站自动经过智能分析得出故障所在区段。

1. 智能故障指示器

智能故障指示器安装在支撑线路的杆塔上,是整个系统的核心。它承担着对故障的判断启动、采集故障信息、计算故障参量、上传计算结果并指示故障区段等功能。其对非接触式故障区段定位示意图如图 6-1 所示。

智能故障指示器由电磁场传感器(代替电磁式电压、电流互感器)、高速数据采集装置、供电单元、GPRS 无线通信单元等组成,可以分布在城市、边远山区以及林地等复杂场所。

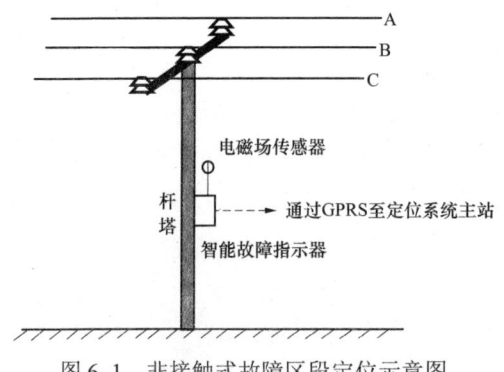

图 6-1　非接触式故障区段定位示意图

其中，智能故障指示器的供电是亟需解决的关键技术问题。目前有三种较为实用的供电解决方案，即低电压（220V）供电、太阳能供电和电压互感器供电。

（1）低电压（220V）供电。即利用220V电源为智能故障指示器供电。该方法适用于安装在城区的智能故障指示器，容易连接市电，成本低，供电可靠。

（2）太阳能供电。即采用由太阳能电池、蓄电池和控制器组成的太阳能光伏系统，将太阳能转换为电能存储进电池，实现对节点的长久供电。太阳能电池虽然受环境影响较大，但是合理地选取太阳能电池板面积和蓄电池容量，完全能够满足供电要求。该方法适用于郊区、山区等不易获取市电的环境，成本较高。

（3）电压互感器供电：即在故障指示器节点处安装电磁式电压互感器，从高压侧获取电源。本方法适用于所有的智能故障指示器节点，无论是城区还是山区都适用，供电可靠。但由于需要与高压侧连接，安装维护不方便。

2. 通信网络

在实际应用中，智能故障指示器的安装较为分散，且与系统主站之间的距离较远，如蓝牙、ZigBee等一般无线通信技术在通信距离上难以满足要求，较好的方法是利用GPRS无线通信技术实现智能故障指示器与系统主站之间的数据传输。

GPRS即基于GSM系统的无线分组交换技术，能够提供端到端的、广域的无线IP连接，支持在用户与网络接入点之间的数据传输点对点、点对多点两种承载业务。使用GPRS可实现数据的分组发送和接收，用户可连续在线且按流量计费，降低了通信费用。

3. 自动定位系统主站

自动定位系统主站对各智能故障指示器上传的故障信息进行分析判断，在图形上显示故障区段，保存故障记录，并通知调度或者现场巡检人员。

（二）传感器设计

1. 磁场传感器设计

充分考虑实现方便、成本低、测量范围等因素，该试验利用磁感应线圈实现架空线路下方磁场的测量。实际应用中，磁场传感器需要满足以下条件：

（1）磁场传感器具有方向性，能够感应某一特定方向的暂态磁场信号。

（2）磁场传感器具有良好的频率特性，能够准确感应暂态磁场信号。

（3）由于故障电流信号微弱，磁场传感器需具有较高的灵敏度。

（4）故障磁场信号易受干扰，磁场传感器需具备较强的抗干扰能力。

（5）小电流接地故障定位中，允许获取的故障信号存在一定的误差。

磁场传感器特点有以下几个方面：

（1）磁场传感器不使用铁芯、磁棒等，因此无饱和、无剩磁。

（2）磁场传感器二次输出为一个电压量，没有二次输出不能开路的限制，适用于电力系统数字保护装置。

（3）磁场传感器的低频截止频率由积分电路参数决定，通过选择合适的积分电阻及电容，可实现下限截止频率的调节。

（4）高频截止频率由线圈自身参数决定，可通过改变线圈的匝数、截面积等改变高频截止频率。

因此，磁场感应装置由空心圆柱线圈和积分电路组成。该装置装置体积小，无磁饱和及铁磁谐振、动态范围大、使用频带宽，适用于电力系统数字保护装置，完全能够满足利用暂态信息实现小电流接地故障检测的要求。二次输出为一个电压量，没有二次输出不能开路的限制。

图 6-2 磁场传感器实物图

磁场传感器实物如图 6-2 所示。

2. 电场传感器设计

在试验中，电场传感器由探头和前置放大电路组成。利用电荷放大器做前置放大电路测量极板电荷从而测得电场。

电场传感器的特点有以下几个方面：

（1）基于电荷放大器的电场传感器成本低，结构简单，易于实现。

（2）通常将反馈电阻和反馈电容取得较大，系统的频率可延伸至很低。

（3）系统的灵敏度依赖于反馈电容，而与极板电容、连接电缆的分布电容及放大器的输入电容无关。

电场传感器实物如图 6-3 所示。

图 6-3 电场传感器实物图

（三）系统工作流程

系统安装调试完毕后，应当保持在正常工作状态。正常的工作状态分为待机状态、故障处理状态和非正常状态。待机状态下，智能故障指示器不间断监控，随时准备处理故障信息，且与系统主站保持有规律的正常的通信联络，系统主站则定期巡检各点设备的状态。故障处理状态下，当线路故障瞬间，智能故障指示器启动故障处理程序，调用故障前后的暂态录波信号，同时通过通信网络主动上传计算结果，供系统主站分析定位。系统主站将结果记录保存并上传调度。非正常状态则是指系统当中各点设备或者通信等组成部分自身出现的故障，需要检修人员进行处理，方能使系统恢复到待机状态，根据系统设备自身故障的严重程度，非正常状态可以分为不影响定位、影响定位和不能实现定位三个级别。

（四）系统特点

（1）利用故障暂态信号检测小电流接地故障，对于不接地系统和经消弧线圈接地系统均适用，且不受系统结构变化的影响。

（2）利用空间电场和磁场感应技术获取小电流接地故障信息，解决故障电压和电流信号不易获取的问题，不需要安装电磁式电压、电流互感器。

（3）智能故障指示器结构简单、投资小，且与高压线路存在较大的电气安全距离，不需停电安装，施工方便，安全性高。

（4）利用故障自身产生的信息，不额外注入信号，装置运行时，不对线路造成任何影响。

（5）可利用 GPRS 等公用网络将智能故障指示器的故障信息上传至安装在调度中心的故障分析主站，由后者直接给出故障所在区段，减少了巡线的人力物力。

二、小电流接地故障定位方法的试验验证

由于现场试验条件限制，故采用试验室平台与现场数据相结合的方式进行了小电流接地故障定位方法的试验验证。用隔离变压器代替系统电源部分，模拟中性点不接地系统，系统为 3 条出线。用集中电容代替各线路对地分布电容，各条出线的对地电容分别为：$C_1=30\mu F$，$C_2=40\mu F$，$C_3=15\mu F$。变压器一次侧电压为 380V，二次侧电压为 115V。三相线路离地面高度 2m，三相导线水平排列，导线间距 30cm。

在接地点前、后及健全线路各取 1 个检测点，在每个检测点的线路正下方离地面 0.8m 处安装电场传感器和磁场传感器用以感应垂直电场和水平磁场。试验平台示意图如图 6-4 所示。

利用高速数据采集装置记录 3

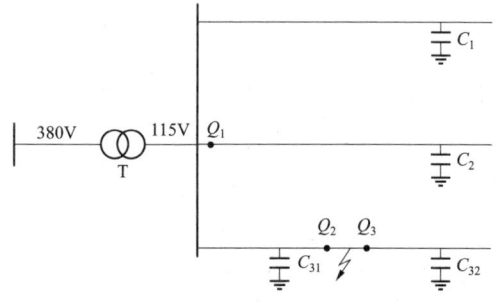

图 6-4 试验平台示意图

个检测点（$Q_1 \sim Q_3$）的电、磁场传感器的输出信号，每工频周期采集 128 个点。

（一）感应垂直电场获取零模电压信号验证

小电流接地测量的基础是零模电压与零模电流的获取，零模电压的获取是通过将电场传感器安装在线路正下方离地面 0.8m 处感应垂直地面方向电场。为检验其性能，高速数据采集装置同时采集线路零模电压信号。经过数百次试验，两波形误差很小，试验结果充分验证了基于电场感应的电压信号获取方法和电场传感器设计的正确性，并且完全能够满足小电流接地故障检测的工程要求。

某次小电流接地故障时，高速数据采集装置获取的电场传感器输出电压的变化量（与垂直电场变化量成比例）和零模电压波形如图 6-5 所示。

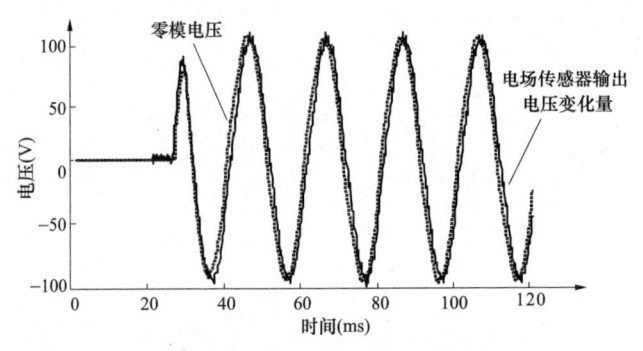

图 6-5 零模电压及电场传感器输出电压变化量波形

为便于比较，将图 6-5 中的传感器输出电压进行了放大处理。

（二）感应水平磁场获取零模电流信号验证

磁场传感器安装于线路正下方离地面 0.8m 处检测线路下方水平磁场。为比较设计的传感器与电磁式零序电流互感器的特性差异，在线路出口处同时安装了零序电流互感器。经过数百次试验，试验结果充分验证了基于磁场感应的电流信号获取方法和设计的磁场传感器的正确性，并且完全能够满足小电流接地故障检测的工程要求。

某次小电流接地故障时，利用高速数据采集装置采集到的零序电流与设计的磁场传感器的输出信号波形如图 6-6 所示。

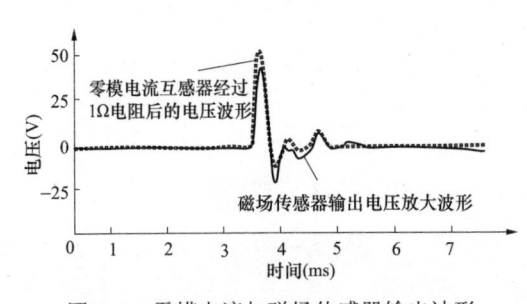

图 6-6 零模电流与磁场传感器输出波形

（三）利用试验数据的复合导纳法验证

利用图 6-4 的试验平台进行小电流接地试验，由于高速数据采集装置的启动条件为电磁场瞬时值超过设定的门槛时，试验中由接地故障引起的装置启动 100 次，由于干扰引起的装置启动 6 次，通过工频电场增量（工频零模电压）进行校验均可将干扰引起的误启动排除。利用复合导纳法对装置记录的 100 次接地故障数据进行验证，定位结果均正确。

某次接地试验时，利用高速数据采集装置采集到的电、磁场传感器输出的故障波形如图 6-7 所示。

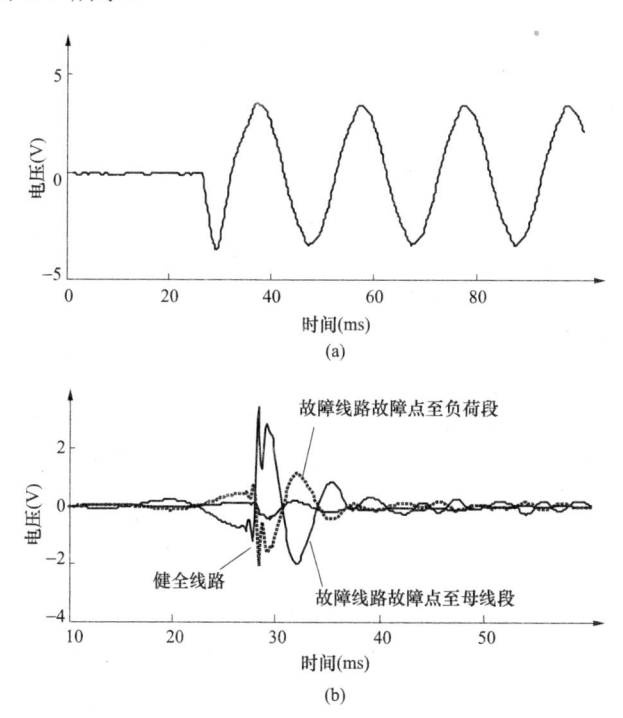

图 6-7 某次试验时的零模电压与暂态零模电流波形
（a）电场传感器采集数据；（b）磁场传感器采集数据

从图 6-7 可看出，发生小电流接地故障时，故障线路故障点至母线段检测点检测到的暂态水平磁场最大，且与故障线路故障点下游、健全线路暂态水平磁场极性相反。可利用获得的故障信号计算复合导纳：

故障线路故障点至母线段检测点的复合导纳为

$$\dot{Y}_{tb} = 0.166\,7 - j0.682\,7 \qquad (6-1)$$

相角为

$$\arctan \dot{Y}_{\mathrm{tb}} = -76.2° \quad (6-2)$$

故障线路故障点至负荷段检测点的复合导纳为

$$\dot{Y}_{\mathrm{tl}} = -0.0219 + \mathrm{j}0.0984 \quad (6-3)$$

相角为

$$\arg \dot{Y}_{\mathrm{tl}} = 102.6° \quad (6-4)$$

健全线路的复合导纳为

$$\dot{Y}_{\mathrm{tn}} = -0.0781 + \mathrm{j}0.4065 \quad (6-5)$$

相角为

$$\arg \dot{Y}_{\mathrm{tn}} = 100.9° \quad (6-6)$$

由式（6-1）～式（6-6）可知，故障线路故障点至母线段检测点的零模复合导纳相角小于零，而健全线路、故障线路故障点至负荷段检测点的零模复合导纳相角均大于零。利用此特性可以确定故障区段。

（四）利用现场数据的近似熵法验证

由于试验条件限制，在线路上设置了两个检测点，对这两个检测点的零模电流进行录波，每周期采集 128 个点。在两检测点均位于故障点上游与两检测点分别位于故障点两侧共两种情况下分别进行若干次试验，共记录完整数据 12 次，利用故障后 1 个周波数据计算其近似熵值。从现场试验结果看，所有故障数据均满足：故障点同侧的零模电流近似熵相差很小，近似熵比值接近 1；故障点两侧的零模电流近似熵相差较大，近似熵比值较小。

某次试验时的故障点上游两检测点检测到的零模电流波形如图 6-8 所示，其近似熵比值为 0.89。

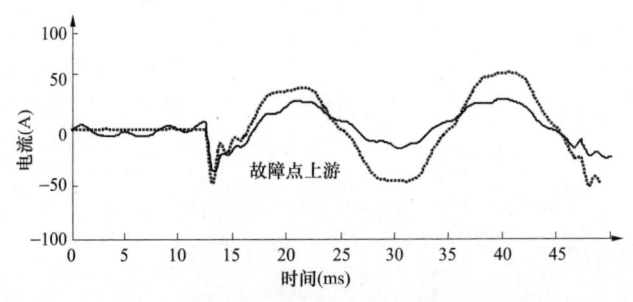

图 6-8 故障点上游两检测点的零模电流波形

某次试验时的故障点两侧两检测点检测到的零模电流波形如图 6-9 所示，其近似熵比值为 0.36。

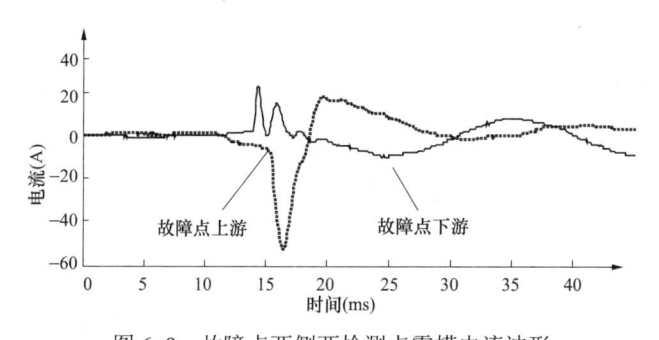

图 6-9　故障点两侧两检测点零模电流波形

第二节　提高配电自动化设备遥控成功率的实例研究

目前，随着智能配电网建设的开展，以及无人值班变电站模式、架空线路故障隔离与自愈等理念的广泛推广，"四遥"在智能配电网建设中的作用日趋显著。如何实现"四遥"以及如何提高"四遥"的成功率已经成为了各供电公司研究的重点和难点。德州供电公司在对遥控成功率现状进行总结的基础上，结合本地区实际情况，对提高遥控成功率的研究取得了显著成效。

改造前该地区 2013 年 6～12 月的遥控成功率统计如图 6-10 所示。

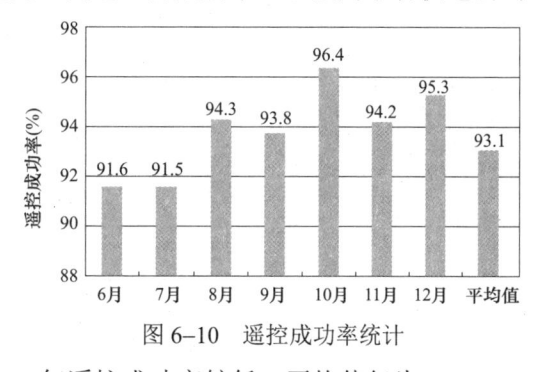

图 6-10　遥控成功率统计

从图 6-10 可以明显看出，2013 年遥控成功率较低，平均值仅为 93.1%，严重影响了"四遥"目标的建设，甚至于影响了配电网的安全运行。为了提高遥控成功率，首先进行了大量的调研工作，充分挖掘到了遥控成功率低的根本原因，制定了具体的改善提高措施并对其效果进行了验证。

一、原因分析

通过调研搜集了大量的 2013 年 6～12 月配电自动化设备遥控情况的数据，

具体如下:

(1) 按时间统计。2013年6~12月配电自动化设备遥控情况见表6-1。

表6-1 年配电自动化设备遥控情况

月份	6月	7月	8月	9月	10月	11月	12月	平均值
遥控次数	217	198	172	273	341	355	213	—
正确动作次数	199	181	161	253	325	331	201	—
遥控成功率	91.6%	91.5%	94.3%	93.8%	96.4%	94.2%	95.3%	93.1%

(2) 按所属供电区域统计。2013年6~12月各区域配电自动化设备遥控情况见表6-2。

表6-2 不同区域配电自动化设备遥控情况

序号	所属区域	遥控操作次数	遥控成功次数	遥控成功率	偏差率
1	北郊站	103	95	92.7%	-0.429 65%
2	池口站	78	72	93.5%	0.429 646%
3	东郊站	117	108	92.6%	-0.537 06%
4	康博站	56	51	92.3%	-0.859 29%
5	刘集站	97	91	93.4%	0.322 234%
6	市中站	174	161	92.9%	-0.214 82%
7	西郊站	92	85	92.8%	-0.322 23%
8	辛庄站	83	78	93.5%	0.429 646%
9	永兴站	113	105	92.6%	-0.537 06%
10	萱蕙站	123	115	93.4%	0.322 234%
11	袁桥站	89	83	93.7%	0.644 468%
12	赵虎站	81	75	92.9%	-0.214 82%
13	赵宅站	48	45	93.5%	0.429 646%
14	黄河涯站	151	141	93.3%	0.214 823%
15	北园站	105	99	93.7%	0.644 468%
16	王村店站	67	62	92.7%	-0.429 65%
17	中化站	132	123	93.4%	0.322 234%
18	其他	60	56	93.3%	0.214 823%
平均遥控成功率				93.1%	

（3）按照造成遥控失败的因素统计。2013年6~12月配电自动化设备遥控失败影响因素频数统计表见表6-3。

表6-3　　　　　配电自动化设备遥控失败影响因素频数统计表

影响因素	频数（次）	累计频数（次）	频率	累计频率
终端设备接受执行失败	84	86	71.2%	71.2%
通信传输数据失败	13	97	11%	82.2%
设备响应失败	9	106	7.6%	89.8%
主站收发数据失败	6	112	5.1%	94.9%
调度下发命令失败	4	116	3.4%	98.3%
其他	2	118	1.7%	100%

综合分析以上各种统计数据后可以发现，遥控失败的概率在各月之间以及各地区之间相差不大，故可以推断出遥控成功率在德州地区较低为普遍现象，与特定的时间、地点无关。由表6-3可知，终端设备接收执行失败所占比例达到71.2%，是影响配电自动化设备遥控成功率的主要因素。

导致终端设备故障的因素有多种，其中主要因素有8项，见表6-4。

表6-4　　　　　　　终端设备故障因素统计表

序号	故　障　因　素	序号	故　障　因　素
1	通信模块故障	5	缺少安装调试培训
2	终端内通信卡故障	6	一次侧电压互感器保险熔断
3	无终端安装标准化作业指导书	7	终端软件版本低
4	通信线接口故障	8	终端电源模块损坏

德州公司通过对表6-4的因素的逐一分析，找出了影响遥控成功率的根本原因，具体分析如下：

（1）终端模块故障对遥控失败率的影响。由于终端模块故障时仅会导致终端对主站信息不应答、终端不采集电能信息或者对采集到的信息不上传这三种故障。根据统计信息可知，这3种故障在终端通信模块故障导致的终端遥控数据次数的比例仅为0.06%，而目标值允许的采集失败比例为0.97%，故该种因素可以排除。

（2）终端内通信卡故障对遥控失败率的影响。通过对通信卡故障次数的统计（见表6-5）可知，通信卡故障占终端采集上传数据失败的比例为0.06%，故该种因素也可以被排除。

表 6-5　　　　　　　2013 年 7~12 月通信卡故障次数统计

月　　份	7月	8月	9月	10月	11月	12月
通信卡故障数量	0	1	0	0	0	0
运行通信卡总数	156	156	156	156	156	156
运行通信卡故障率	0	0.64%	0	0	0	0

（3）缺乏指导书对遥控失败率的影响。调研发现，在整个采集流程中，终端采集或上传数据没有可以依据的标准化作业指导书。同时，通过详细查阅计量专业岗位职责说明书，也没有与终端安装作业指导相关的工作负责人。而通过统计发现，由于操作不当导致的终端采集或上传数据错误次数高达 14 次，因此，缺乏指导书和相关负责人是遥控成功率低的一大重要原因。

（4）通信接口故障对遥控失败率的影响。国家电网公司严格规定，在进行终端安装前，生产厂家及供电公司必须对每一只终端进行严格检验，确保采集终端合格率大于 99.99%，加之统计结果显示通信接口故障比重仅为 0.06%，故通信线接口故障因素可以被排除。

（5）培训缺少对遥控失败率的影响。培训是运维管理的一个重要因素。通过统计信息可以发现，2014 年共进行了 12 次专业培训，其中涉及安装终端调试方面的专业培训就高达 6 次，占到了培训总次数的 50%。此外，这 6 次培训的出勤率均达到了 100%，培训的考试成绩最低为 87 分。故培训因素可以被排除。

（6）终端软件版本低对遥控失败率的影响。对遥控故障次数按终端版本进行统计后发现，第一代终端遥控失败占到失败总次数的 67.86%，而第一代终端版本又是数量最多的版本，因此，终端软件版本过低是导致遥控故障率高的一大重要因素。

二、方案设计

1. 方案一：制订《德州供电公司终端安装标准化作业指导书》

由于遥控故障率较高的主要原因为运维人员的操作问题，而导致操作问题的根本原因是缺乏终端设备的安装标准，因此，提高遥控成功率的设计方案之一是制定《德州供电公司终端安装标准化作业指导书》。首先经过细致地研究，将这几种终端的特点及共同之处作了分析并进行了统计，邀请经验丰富的专家及厂家技术人员共同编写《德州供电公司终端安装标准化作业指书（草稿）》，并邀请公司专家进行审核。2014年5月1日,《德州供电公司终端安装标准化作业指导书》正式发布实施,从此德州供电公司有了一套符合自身工作实际、具有很强现实指导意义的终端安装标准化作业指导书。采用该标准化作业指导书后,因安装不当造成的遥控失败次数降为零。

2. 方案二：升级终端软件版本

造成遥控故障率较高的另一个重要原因是终端软件版本过低,因此制定的相应方案为升级软件版本过低的终端。首先根据终端档案筛查出需要升级的终端设备,然后联系厂家获得最新版升级程序,进而组织班组成员学习新程序升级方法并实施。

三、效果验证

(一) 方案一效果验证

2014年4月底,经德州供电公司营销部批准,将《德州供电公司终端安装标准化作业指导书》纳入本公司计量管理标准体系,并发放到公司所有计量外勤人员手中。2014年5月1日开始实行新制订的终端安装标准化作业指导书,作业现场严格按照作业指导书的步骤进行。

同时对2013年下半年因无终端安装标准化作业指导书导致的不标准作业问题进行了统计,见表6-6。

表6-6　　因无终端安装标准化作业指导书导致的不标准作业问题

项　目	所　属	数　量
终端天线未安装	市中站、东郊站线路	4
终端未安装SIM卡	刘集站线路	1
RS485线未接或接触不良	辛庄站、康博站线路	9
总　计	5	14

自《德州供电公司终端安装标准化作业指导书》实施之后,2014年5~9月对表6-6中的问题进行再统计的结果见表6-7。

表6-7　　因无终端安装标准化作业指导书导致的作业问题（5~9月）

项　目	所　属	数　量
终端天线未安装	无	0
终端未安装SIM卡	无	0
RS485线未接或接触不良	无	0

由表 6-6 和表 6-7 对比发现，自实施指导书以来，终端天线未安装、终端未安装 SIM 卡以及 RS485 线未接或接触不良等问题出现的次数降为零，意味着采用新制订的作业指导书以来，因不标准安装作业导致终端采集上传数据失败的次数降为零，也就是说本方案实施成功，达到了预期目标。

（二）方案二效果验证

首先根据用电信息采集系统内的终端运行档案查询出第一代和第二代终端的相关信息，2014 年 2、3 月中旬，首先联系了因终端软件版本过低引起问题较多的终端厂家技术人员，请他们提供满足德州供电公司相关终端升级需要的升级程序以及程序升级说明。

在 2014 年 3 月下旬，组织班组所有外勤人员对各厂家提供的终端升级程序的升级方法进行共同研究学习，确保每一名班组计量人员都可以独自熟练进行升级工作。

2014 年 3 月 23 日，班组成员利用 1 天时间对 14 台第二代终端进行了远程升级，随后，逐一对剩余的软件版本较低的第一代和第二代终端进行现场升级。

截至 2014 年 4 月底，班组累计完成升级终端 576 台，其中包含第一代终端 346 台、第二代终端 230 台，第一代和第二代终端升级完成率 100%，对策目标实现。

终端升级完成后，德州供电公司对 2014 年 5～9 月采集失败的情况进行了详细统计，并仍然按照数据采集过程的五大环节进行分类汇总，见表 6-8。

表 6-8 数据采集成功率

月份	4 月	5 月	6 月	7 月	8 月	9 月	平均值
遥控成功率	94.6%	95.5%	96.3%	96.8%	96.4%	97.2%	96.7%

根据配电开关操作次数及开关操作车辆成本的统计，我们可以计算出终端升级完成后一年时间内德州供电公司所获得的收益情况，见表 6-9。

表 6-9 收益情况分析

操作分类	项目	数值	年收益
故障操作	月平均遥控次数	150 次	150×(96.7%−93.1%)×120×12=7776（元）
	升级后，遥控成功率	96.7%	
	升级前，遥控成功率	93.1%	
	每次遥控开关节约人工成本	120 元	
正常停送电操作	由于人员不与设备直接接触，避免了触电的发生		

此外，遥控成功率的提高减少了员工的操作风险和劳动量，使员工对公司有更好的认同度；遥控成功率的提高也减少了开关操作时间，进而减少了用户停电时间，获得了较好的社会评价。

第三节　10kV 开关柜内电缆终端在线监测装置设计

电力电缆在电力系统中被广泛应用，但是电缆故障引起的停电也时有发生。除外力破坏的因素之外，电缆终端以及中间接头处故障在所有电缆故障中所占比例最高。其主要原因在于电缆终端由于质量、施工工艺、外力破坏、绝缘老化等因素，导致内部绝缘缺陷，这种缺陷因局部放电腐蚀而逐渐扩大，最终导致绝缘击穿，造成电网停电事故。《设备状态检修规章制度和技术标准汇编》规定：对于 35kV 及以下绝缘电缆的红外测温试验要求一年至少一次，主绝缘电阻测试周期为 3 年。此外，运维人员需对开关柜进行定期暂态低电压和超声波检测，以确保电缆线路的稳定运行。

但是，由于例行试验间隔时间长，局部放电检测仪器、带电检测技术的普及度不高，导致运维人员无法及时掌握电缆绝缘情况。因此，在两次例行测试之间极易发生电缆终端绝缘击穿，引起故障停电。目前可通过以下四种途径解决这一问题：

（1）加大巡视力度。运维人员的工作强度将会大幅增加，且需要对人员进行专门培训。

（2）缩短例行实验周期。同样会加大运维人员的工作量，且需要增加设备的停电次数，直接影响用户用电。

（3）采用烟感温敏报警。能够及时发现故障，但发现时电缆绝缘已经击穿，实用意义不高。

（4）采用在线监测装置。费用小且能够有效地对电缆终端绝缘情况进行实时掌控。

基于上述分析，某供电公司进行了 10kV 开关柜内电缆终端绝缘在线监测装置的研究。在装置研究之前，首先对于目标进行了设定。以电缆终端绝缘状态作为装置的输入，以装置是否动作于报警作为装置的输出。以串联系统作为考虑，可靠性是系统各部分可靠性的乘积。由于电缆终端接地线上的电流为毫安级，因此采用 10^{-3} 数量级分辨率的控制器，即精度在 0.05%以内。由 3σ 定理可知，0.05%的传感器准确率为 99.73%。考虑到控制器在采样过程中的误差在

3%左右，故理想状态下准确率为97%×99.73%=96.73%。

一、方案设计

通过对多种方案的筛选，最终采用了基于泄漏电流原理的电缆终端绝缘在线监测装置，即使用互感器采集电缆终端接地线中的泄漏电流并输送给控制器，当泄漏电流发生异常突变时，控制器发出报警信号。

1. 信息采集系统设计

高压电缆终端放电的电流脉冲幅值仅为毫安级，而电流频率为高频信号（100~2000Hz）。同时，信息采集系统应保证电流为20mA时的高频信号采样误差小于0.1%。

目前，常用传感器中能够满足条件的主要有罗氏线圈型电流传感器和霍尔电流传感器。霍尔电流传感器的优点在于对低频信号的采集精度高，采样误差在0.01%以内，但对于高频信号的采集精度较差，而罗氏线圈型电流传感器则对与高频信号有着较高的精度。通过对直流与10kHz的信号进行取样测试，罗氏线圈型电流传感器更适于电缆终端放电测试。

2. 连接部分设计

连接部分是指电流传感器二次接头与传导线之间的连接，对可靠性和接地电阻损耗要求极高。通过对承受力、可靠性等参数进行测试，并综合考虑成本因素，最终选择航空插头作为连接部件，并将接触体接线端子焊接于接线柱。

3. 传导部分设计

由于运行于变电站环境中，电磁干扰严重，弱电流极易受到电磁环境的干扰，因此采用屏蔽电缆作为传导线。

4. 控制系统设计

控制系统作为在线监测装置的核心，其数据处理速度与运行可靠性都有着非常严格的要求。为满足数据处理速度的要求，选用DSP2812作为核心处理器。为保证供电可靠性并考虑到开关柜内均设置电源，采用外置电源适配器作为控制器供电。

5. 预警系统设计

预警系统是在线监测装置的关键，也是在线监测装置的执行单元，其功能主要是对控制系统给出的预警信号进行指示，实现与控制的通信及人机交互功能。预警系统的接口相当于在线监测装置的输入，其准确性直接影响到执行的可靠性。因此预警系统接口选用九针串口。

预警部分作为在线监测装置声光报警的补充，不但要求现场无运检人员的情况下及时、准确地将预警信息通知运检人员，还要求该部分简单且易于实现。为满足条件，选用短信预警的方法，即将预警信号发送到短信模块，利用手机卡将信息定向发送到值班电话，实现预警。短信预警的特点是：

（1）传输速度快。预警信号通过遥信方式传输，时间可达到毫秒级。

（2）传输覆盖范围广。GPRS信号覆盖处均可实现信号通信，无距离要求。

（3）成本低，开发周期短。

二、成果分析

将研制的电缆终端在线监测装置在60个不同地点进行试运行，2014年5~10月，共有4次预警信号，其中有效预警信号3次，合格59次，可靠率达到98%。从安全性和经济性方面考虑均实现了较高的效益。

1. 安全效益

（1）极大地减轻了巡视人员的工作强度，降低了工作人员接触高压设备和进入高危环境的次数。

（2）在故障发生初期及时告知运维人员，使其有充足的时间进行工作准备，相对于故障下的紧急抢修，安全措施更加完善，工作效率高。

（3）降低了电网故障停电次数，减少了故障电流对设备的冲击，保证了设备安全，提高了电网的安全稳定性。

2. 经济效益

对轻微绝缘缺陷及时的封包处理，能大幅节省电缆设备成本。

第四节 风电场运维管理实例研究

我国风能资源总储量约为2.53亿kW，仅次于美国和俄罗斯，居世界第三位。我国的风能资源主要分布在两大风带：一是东南沿海、山东、辽宁沿海及其岛屿的沿海风带，有效风能密度在200W/m³以上，4~20W/m³有效风力出现的时间达80%~90%；二是内蒙古北部、甘肃、新疆北部以及松花江下游的内陆风带，有效风能密度一般大于200W/m³，有效风力出现的时间在70%左右。

目前，我国风电场规划建设总装机容量为12 630万kW，风电上网电量约为2810万kWh，主要依据风能储量进行布置。千万千瓦级风电场有7个，具体分布情况为：蒙东、蒙西5780万kW，吉林地区2200万kW，甘肃地区1270

万 kW，河北 1200 万 kW，新疆 1080 万 kW，江苏 1000 万 kW。

风力发电在技术上日趋成熟，商业化应用不断提高，是近期内最具有大规模开发利用前景的可再生能源。随着技术的进步，风力发电的成本有进一步降低的巨大潜力，而常规能源发电则由于环保要求提高使得成本进一步增加。因此，风能在各种可再生能源中具有很强的竞争力，成为电力系统增长速度最快的新能源。

一、项目概况

某风电场于 2013 年被省调度中心批准接入电网调度，其规划容量 4.95 万 kW，有 33 台 1500kW 风力发电机组，均采用全新制造、技术先进、性能稳定、安全可靠、成套并网型的风力发电机组。该型号机组额定功率为 1500kW，风轮直径 87m，轮毂高度 80m，满足当地的年平均风速、最大风速等现场条件的使用要求。该风电场运行现场图如图 6-11 所示。

图 6-11 某风电场运行现场图

二、主要电气设备

1. 风力发电机组

（1）机舱。机舱是风力发电机组最主要的部分，主要由机舱罩、主机架、主传动系统、偏航系统、液压系统、润滑系统、发电系统、机舱电控系统及辅助设施组成。厂内装配并完成必要的检验试验后，机舱安放在专用发运支架上，外部包装防雨罩发运至现场，如果道路限高，可将机舱罩上盖及其附属装置拆卸发运，到达现场后再安装上盖。

（2）风轮。风轮由 3 个具有独立变桨控制的叶片及对应的变桨轴承、变桨驱动及轮毂等组成。

（3）塔筒。该风电场一期项目风电机组轮毂中心高度 80m，塔筒高度

77.85m，重约 160.2t。

其风力发电机组大型部件的主要参数见表 6–10。

表 6–10　　　　风力发电机组大型部件参数表

名　称	数量	尺　寸	重量（t）
机舱	1	10.5m×4m×4m（长×宽×高）	66
叶轮	1	ϕ87	33
轮毂	1	—	约 14.5
叶片	3	42.2m	6.2
塔筒	1	底径 4.2m，顶径 2.737m，高度 77.85m	约 161
底段塔筒	1	底径 4.2m，顶径 4.2m，高度 12.75m	约 41
中下段塔筒	1	底径 4.2m，顶径 3.81m，高度 17.74m	约 41.3
中上段塔筒	1	底径 3.81m，顶径 3.3m，高度 22.74m	约 40.1
顶段塔筒	1	底径 3.3m，顶径 3.0m，高度 24.62m	约 29.7
变频柜	1	2.5m×0.6m×2.0m（长×宽×高）	约 3
塔基柜	1	0.8m×0.4m×1.8m（长×宽×高）	约 0.5
散件		装箱，满足运输尺寸	

2. 故障录波设备

该风电场在升压变电站安装的故障录波设备，可以实现故障前 10s 到故障后 60s 的录波，并传送至地调。

3. 继电保护装置

（1）消弧、消谐装置。

1）应采用经电阻或消弧线圈接地方式，不应采用不接地或经消弧柜接地方式。发生单相接地故障时，应能快速消弧或切除。

2）母线电压互感器开关柜内装设有一次消谐装置。

（2）保护及重合闸装置。

1）110kV 及以下按直配线、220kV 及以上按联络线配置。

2）母线配置有母差保护，相关保护定值核对正确、压板投入正确。

4. 主变压器

该风电场安装的主变压器为有载调压变压器，额定容量 50 000/50 000kVA，额定电压 115/36.75kV，其分接头选择、调压范围及每档调压值均能满足该风电场电压质量的要求。

5. 安全稳定控制装置

该风电场配备有一套独立完整的安全稳定控制装置。其中，线路保护装置投入差动保护、距离保护、零序保护、高频保护；母线保护装置投入母差保护，母差保护动作时闭锁线路重合闸；主变压器保护装置投入差动速断保护、比率差动保护、过流保护、过负荷保护、非电量保护；集电线路保护装置投入过流保护、过负荷保护。

6. 自动电压控制系统

该风电场配置的风力发电机组功率因数在-0.95～+0.95内可控。风电场调度技术支持系统配置有风电通信综合管理装置，并安装有 AVC 控制软件，具备根据调度部门下达的电压曲线或 AVC 主站下发的目标电压值调节无功输出的能力，通过统一协调风电机组的无功出力、风电场集中无功补偿装置的投入量以及风电场升压变压器分接头位置进行无功调节控制。电网电压正常时，该风电场能够自动调整并网点电压在额定电压的97%～107%。

7. 网络设备、通信链路

风电场具备与电网调度机构之间的数据通信能力，与省调地调通信方式、遥测遥信遥调等信息实现双通道接入，传输信号包括但不限于"四遥"信号和其他安全装置的信号以及风电场正常运行信号。

该风电场本地安装的综合通信管理终端，与风电场各监控系统（风机监控系统、升压站监控系统等）、无功补偿设备等设备进行通信，读取实时运行信息。

数据通信链路与主站和综合通信管理终端、风电功率预测系统连接、传输实时生产数据、历史功率数据数值、天气预报信息、功率预测结果和调度指令等信息。

8. 无功补偿装置（SVG）

无功补偿装置主要包括：大功率静止无功发生器和干式空心进线电抗器、户外高压真空断路器、线编式无感电阻器、户外交流高压隔离开关等，并配备相应的自动控制监控和保护系统等成套装置。成套补偿装置的补偿调节功能满足《国家电网公司对风电场接入电网技术规定（修订版）》中有关风电场无功功率、风电场运行电压、风电场电压调节及功率因数等的技术要求。成套装置的工作性能、使用寿命满足风电场运行条件、运行环境、运行工况等使用要求。

SVG 动态无功补偿装置一次系统接线如图 6-12 所示。

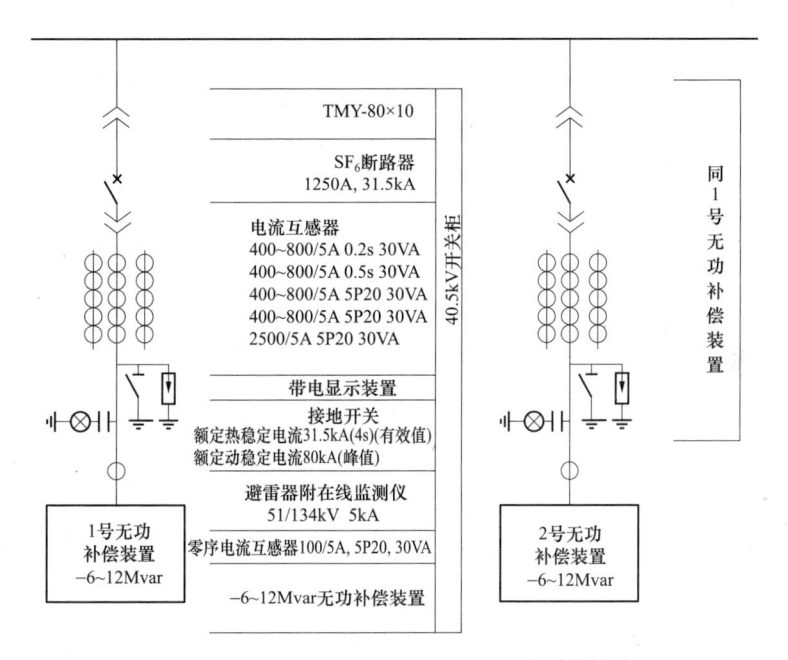

图 6-12　SVG 动态无功补偿装置一次系统接线

9. 消弧消谐装置

该风电场装设有一套调匝式自动跟踪补偿消弧系统。该系统主体由接地变压器、调匝式消弧线圈、有载开关、阻尼电阻箱和中心屏五大部分组成。设备采用中性点消弧线圈接地方式，对瞬时单相接地故障可正确识别，快速进入和退出补偿；对非瞬时单相接地故障，可根据设定的时间正确判断接地线路，经故障线路正确切除，从而提高电网的供电可靠性。装置接线如 6-13 所示。

三、调度自动化系统

（一）系统结构

风电场自动化系统是风电场运维管理的核心系统，该风电场配置的调度自动化系统包括综合终端、风电功率预测（具有中期、短期负荷、超短期负荷预测）子系统、发电计划管理子系统、相量测量装置（PMU）、电能量远方终端（含关口表）、电能质量监测装置、调度运行管理终端（检修申请等）、调度数据网（路由器、交换机）、调度管理信息网（路由器、交换机）及二次系统安全

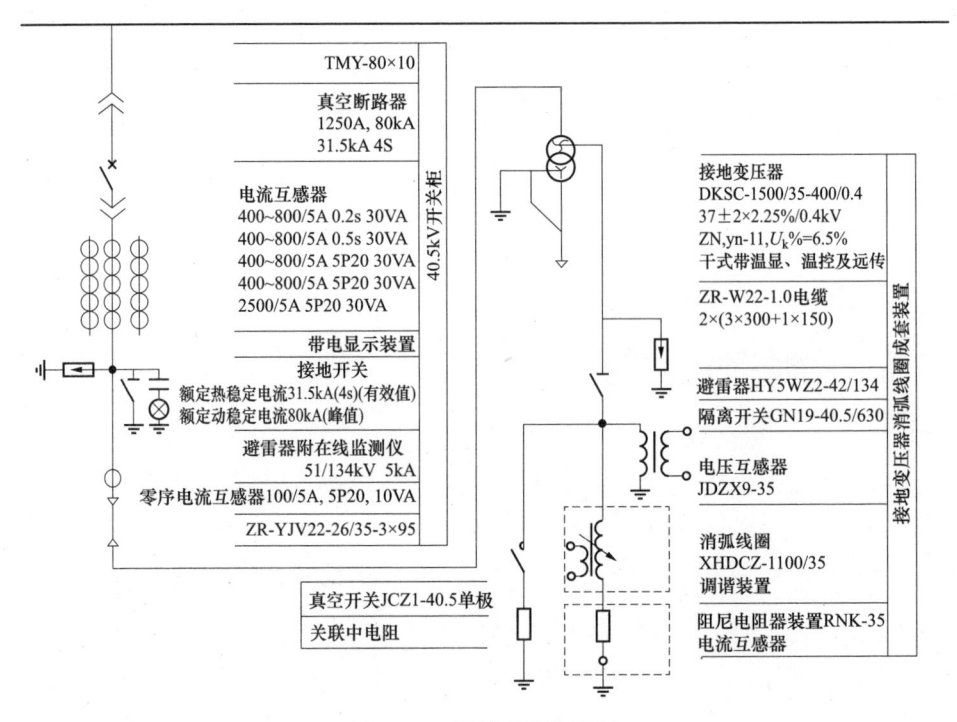

图 6-13　消弧系统接线图

防护（纵向加密认证装置、硬件防火墙）等，功能涵盖信息采集和执行上级调度机构发出的操作控制指令，数据处理和运行工况的在线分析计算，此外，还有人机界面联系，可实现遥调、遥控、遥测、遥视等功能，为工作人员掌握风电场运行情况提供数据依据。风电场还配备有一套远程自动装置，用于向所属地区调度机构上传相关信息。风电场的运行情况，包括参数、监控、告警信号、相关历史信息等均由数据采集装置完成，并统一上传、管理。调度控制中心对于远动数据的采集和远动设备的运行要求能实现远动数据的随时采集和随时传送，对于指令遥控要准确及时。为了保证持续供电，加装 UPS 作为监控系统的交流电源。调度自动化系统的结构如图 6-14 所示。

风电场监控及功率预测主要分安全Ⅰ区风电场监控及安全Ⅱ区风电功率预测两部分，二者整体设计、统一建设。风电场各子系统与综合终端的数据通信宜采用网络模式，也可采用串口通信模式。调度管理信息网（安全Ⅲ区）设备包含 1 台路由器、1 台交换机和 1 台防火墙。调度运行管理终端通过调度管理信息网实现与省调、地调的信息交互。

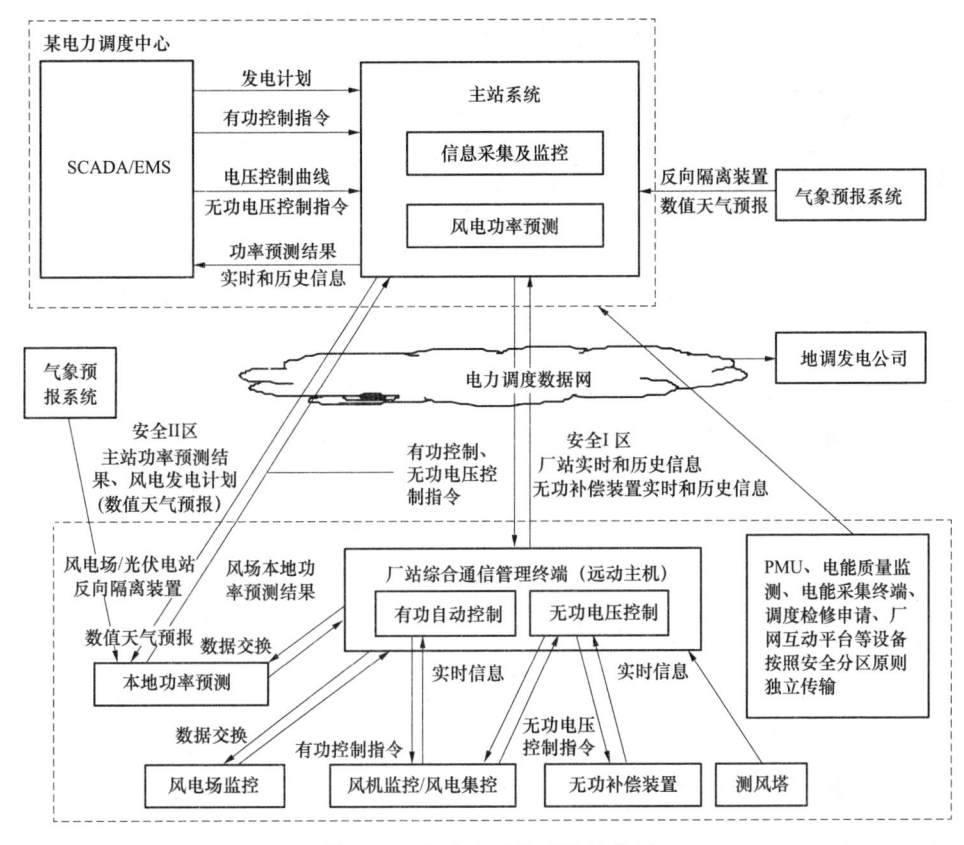

图 6-14 调度自动化系统结构图

综合终端既可以一体化设计，集中组屏，也可以按功能综合配置，分布安装。整个风电场的实时数据仅通过一套综合终端与主站通信，完成数据采集、数据处理、数据通信、风机有功自动控制、无功/电压闭环控制等功能。风电场功率预测子系统接收气象部门的数值天气预报信息（或直接接收调度主站系统下发的数值天气预报信息）和调度主站系统下发的功率预测结果，向主站上传数值气象预报信息，并根据历史和运行数据计算、分析、修正和校核，将风电场的功率预测结果上传到调度主站。风电场的测风塔宜在风电场外 1~5km 范围内且不受风电场尾流效应的影响，宜在风电场主导风向的上风向，位置应具有代表性。

（二）总体功能及性能要求

风电场调度自动化系统应采用开放式结构、提供冗余的、支持分布式处理环境的网络系统。系统必须满足如下总体技术要求。

1. 标准性

应用国际通用标准通信规约，保证信息交换的标准化。风电场信息采集应满足 IEC 60870 系列、MODBUS 等标准，适应异构系统间数据交换，实现与不同主站（省调、地调、发电公司）、风电场内其他设备的数据通信。调度自动化系统所应遵循的部分标准和规范见表 6-11。

表 6-11　　　　　　　　调度自动化系统所遵循标准

标准号	标 准 名 称
GB/T 2423.1	电工电子产品环境试验　第 2 部分：试验方法　试验 A：低温
GB/T 2423.2	电工电子产品环境试验　第 2 部分：试验方法　试验 B：高温
GB/T 2423.4	电工电子产品环境试验　第 2 部分：试验方法　试验 Db：交变湿热（12h+12h 循环）
GB/T 2423.10	电工电子产品环境试验 第 2 部分：试验方法 试验 Fc：振动（正弦）
GB 4208	外壳防护等级（IP 代码）
GB/T 12325	电能质量　供电电压偏差
GB/T 12326	电能质量　电压波动和闪变
GB/T 15153.1	远动设备及系统　第 2 部分：工作条件　第 1 篇：电源和电磁兼容性
GB/T 15153.2	远动设备及系统　第 2 部分：工作条件　第 2 篇：环境条件（气候、机械和其他非电影响因素）
GB/T 16435.1	远动设备及系统接口（电气特性）
GB/T 17463	远动设备及系统　第 4 部分：性能要求
GB/T 17626	电磁兼容　试验和测量技术
DL/T 634.5101	远动设备及系统　第 5-101 部分：传输规约　基本远动任务配套标准
DL/T 634.5104	远动设备及系统　第 5-104 部分：传输规约　采用标准传输协议集的 IEC-60870-5-101 网络访问
DL/T 719	远动设备及系统　第 5 部分　传输规约　第 102 篇　电力系统电能累计量传输配套标准
DL/T 1040	电网运行准则
DL/T 5003	电力系统调度自动化设计技术规程
Q/GDW 215	电力系统数据标记语言—E 语言规范

续表

标准号	标 准 名 称
Q/GDW 376.1	电力用户用电信息采集系统通信协议 第1部分：主站与采集终端通信协议
Q/GDW 392	风电场接入电网技术规定
Q/GDW 432	风电调度运行管理规范
Q/GDW 588	风电功率预测功能规范
调自〔2011〕51号	山东风电场并网调度自动化技术规范（试行）

2. 可扩展性

具有软、硬件扩充能力，包括增加硬件、软件功能和容量可扩充（风机数量、数据库容量等）。

3. 可维护性

具备可维护性，包括硬件、软件、运行参数三个方面，主要表现在：

（1）符合国际标准、工业标准的通用产品，便于维护。

（2）拥有完整的技术资料，包括自身和第三方软件完整的用户使用和维护手册。

（3）维护诊断工具简便、易用，可迅速、准确确定异常和故障发生的位置及原因。

4. 主要性能指标

（1）遥测量刷新时间：从量测变化到综合终端上传≤1s。

（2）遥信变位刷新时间：从遥信变位到综合终端上传≤1s。

（3）遥控命令执行时间：从接收命令到控制端开始执行≤1s。

（4）遥调命令执行时间：从接收命令到控制端开始执行≤1s（直接控制模式）。

（5）功率预测模型计算时间≤5min。

（6）测风塔历史测风数据采集频率≤1min。

（7）（风电场）历史功率数据采集频率≤1min。

（8）（风机）历史运行数据采集频率≤15min。

（9）功率预测结果时间分辨率≤15min。

（10）单个风场短期预测月均方根误差≤20%。

（11）通信模块采用模块化结构。

（12）断电后综合终端中保存的历史数据、配置参数不能丢失。

（13）应具备与主站和当地时间同步系统对时及时钟设置功能。

（14）平均无故障时间（MTBF）$\geqslant 5\times 10^4$h。

（15）风电场自动化设备应具备防雷性能要求。

（16）超短期预测第4h预测值月均方根误差≤15%。

（三）数据采集与监控

实时数据采集监控的功能主要包括：数据采集和处理、控制和调节、多源数据处理、历史数据处理、事件顺序记录（SOE）、图形显示、计算和统计及系统对时等。

1. 实时数据采集通信

（1）综合终端故障切换期间不丢失通信数据，从发生故障到完成切换时间≤3s。

（2）向调度主站发送各种运行数据信息、实时测风塔数据、风机历史数据、风电功率预测结果等。

（3）上传至调度主站的实时测风塔数据，传送时间间隔应不大于5min。

2. 数据处理

（1）对量测值进行有效性检查，具有数据过滤、零漂处理、限值检查、死区设定、多源数据处理、相关性检验、均值及标准差检验等功能。

（2）对状态量进行有效性检查和误遥信处理，正确判断和上传事故遥信变位和正常操作遥信变位。

（3）自动接收主站下发的发电计划、电压控制曲线等计划值，并自动导入实时运行系统。

（4）对风电场功率和测风塔的缺测及不合理数据进行插补、修正等相应处理。

3. 控制与调节功能

（1）能进行断路器开/合、变压器抽头调节、设定值控制、有功调节控制、无功补偿装置投切及调节。

（2）支持批次遥控功能，并保证控制操作的安全可靠。

（3）满足电网实时运行要求的时间响应要求。

4. 事件顺序记录

事件顺序记录按照时间自动排序，具有显示、查询、打印、上传主站等功能。

5. 历史数据管理

历史数据管理将现场采集的实时数据进行定时存储、统计、累计、积分处理，方便检索和使用。历史数据内容至少保存1年，与风功率预测相关的历史数据至少保存10年。能够按照省调要求生成日报（包括风电日电量、风电限电电力、风电限电电量）等报表并上传至调度主站。

风电历史数据包括风电场历史功率数据、风电机组信息、风电机组/风电场运行状态、历史测风塔数据、历史数值天气预报、地形及粗糙度、风电功率预测结果等数据。要求如下：

（1）风电场历史数据应包含：风机/风电场历史有功功率、无功功率、电压等运行数据（时间周期不大于1min），风机/风电场功率5、10、15min的平均数据，风机/风电场有功功率变化数据，包括1、10min内有功功率最大、最小值的变化量，数据周期分别为1min和10min，5、10、15min平均风速数据。

（2）投运时间不足1年的风电场应包括投运后的所有历史功率数据，时间分辨率不大于1min。

（3）风电场10m、70m及以上高程的风速和风向以及气温、气压等信息时间分辨率应不大于1min。

（4）数值天气预报数据应和历史功率数据的时间段相对应，时间分辨率应为15min，包括10、70、100、170m等不同高程的风速、风向、气温、气压、湿度等信息。

另外，风电场应有地形数据，包括对风电场区域内10km范围内地势变化的描述，格式宜为CAD文件，比例尺宜不小于1:5000。粗糙度数据应通过实地勘测或卫星地图获取，包括对风电场所处区域20km范围内粗糙度的描述。

（四）风电场功率预测

风电场的功率预测与调度主站之间具备定时自动和手动启动传输功能。风电场的风电功率预测需要提供中期预测（周前预测）、短期预测（日前预测）和超短期预测。基本功能要求如下：

1. 预测时间要求

（1）每日预测未来一周（0～7天）的中期风电场输出功率（预测时间可设定），时间分辨率为1h。

（2）每日预测次日0～72h的短期风电场输出功率（预测启动时间和次数可设置，支持手动和自动启动），时间分辨率15min。

（3）滚动预测未来 0～4h 的风电输出功率，滚动时间为 15min，时间分辨率为 15min，（支持不需要数值天气预报，只根据测风塔的风速数据预测）。

2. 数据统计分析要求

（1）能够对历史风电功率数据、历史测风数据、数值天气预报数据进行统计分析（包括数据完整性统计，风电功率、风速、风向数据频率分布统计、变化率统计等）；能够对风电场运行数据（包括开机容量、故障容量、故障时间、检修容量、检修时间、发电量、发电时间、最大出力及发生时间、同时率、利用小时数及平均负荷率等）进行统计分析；并可按照要求自动生成相应报表。

（2）能对任意时间区间的预测结果进行预测误差统计分析（分析指标应包括均方根误差、平均绝对误差、相关性系数等），能根据预测误差的统计分析结果给出预测误差产生的原因并修正预测结果。

（五）风电场有功自动控制

（1）能够自动接收调度主站系统下发的风电场发电出力计划曲线，并控制风电场有功不超过发电出力计划曲线。

（2）能够自动接收调度主站系统下发的有功控制指令，主要包括功率下调指令（在一定时间内）及功率增加变化率限值等，并能够控制风电场出力满足控制要求。

（3）能够根据所接收的调度主站系统下发的有功控制指令，对场内风机进行自动停运及开机调整。

（4）为了延长设备的使用寿命，在满足调度主站系统要求的同时，要求参与调节的风机数量最少。

（六）风电场无功电压控制

（1）风电场应安装具有自动电压调节能力的动态无功补偿装置，主变压器应采用有载调压变压器，分接头切换可由控制指令自动调整。

（2）能够自动接收调度主站系统下发的风电场无功电压考核指标（风电场电压曲线、电压波动限值、功率因数等），并通过控制风电场无功补偿装置控制风电场无功和电压满足考核指标要求。

（3）可对风电场的无功补偿装置和风机无功调节能力进行协调优化控制，在风电场低电压故障期间，机侧变流器控制策略转换为无功优先。

（4）如采用分组投切/调压式无功补偿方式，则需要考虑补偿装置动作的顺序及次数，并加以平衡。

（5）在风电场的无功调节能力不足时，要向调度主站系统发送告警信息。

四、设备检修规程

（一）变压器检修规程

1. 检修项目

变压器检修的项目主要包括变压器小修、有载调压开关小修、变压器大修、有载调压开关大修等。其中，变压器大修项目主要包括：

（1）吊罩（芯）检查器身（线圈、绝缘、引线、支架、切换装置等）。

（2）检修箱盖、油箱、油枕、防爆管（泄压器）、套管、冷却装置、控制箱、各部阀门和分接开关等。

（3）检查铁芯、穿芯螺杆、接地线、呼吸器、净油器等。

（4）清洗油箱内外及其附件，必要时对外表喷漆。

（5）处理绝缘油（滤油），必要时换油或干燥器身。

（6）检验测温、控制仪表、信号和保护装置。

（7）进行规定的测量和试验，绕组、引线装置的检修。

（8）铁芯紧固件（穿心螺杆、夹件、拉带、绑带等）、压钉、压板及接地片的检修。

（9）油箱、磁（电）屏蔽及升高座的解体检修，套管检修。

（10）冷却系统的解体检修，包括冷却器、阀门及管道等。

（11）安全保护装置的检修及校验，包括压力释放装置、气体继电器、控流阀等。

（12）全部密封胶垫的更换。

（13）检查接地系统。

（14）大修的试验和试运行。

（15）其他改进项目。

有载调压开关大修项目主要包括：

（1）分接开关芯体吊芯检查（真空熄弧的含真空泡）、维修、调试。

（2）分接开关油室的清洗、检漏与维修。

（3）头盖、快速机构、伞齿轮、传动轴等检查、清扫、加油与维修。

（4）选择器的检查（在变压器大修时同时进行）。

（5）油流控制继电器（或气体继电器）、过压力继电器、压力释放装置的检查、维修与校验。

（6）在线滤油装置的检查、维修。

（7）自动控制装置的检查。

（8）储油柜及其附件的检查与维修。

(9)储油柜及油室中绝缘油的处理和检测。

(10)电动机构及其器件的检查、维修与调试。

(11)分接开关与电动机构的联结校验与调试。

2. 检修流程

变压器检修流程主要包含检修前的准备、检修过程以及检修验收,如图6-15所示。

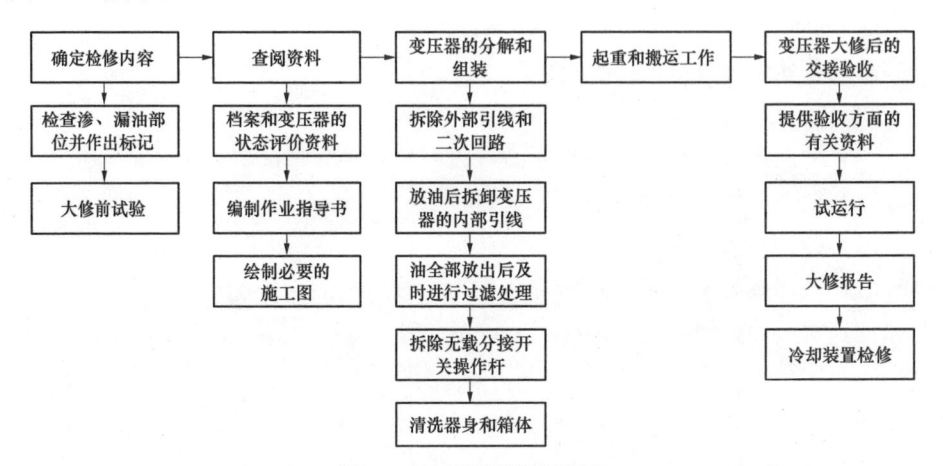

图 6-15 变压器检修流程

其中,编制的作业指导书内容包括:

(1)检修项目及进度表。

(2)人员组织及分工。

(3)特殊检修项目的施工方案。

(4)确保施工安全、质量的技术措施和现场防火措施。

(5)主要施工工具、设备明细表,主要材料明细表。

在检查过程中,器身必须放置平稳且不宜长期在空气中停留,在空气中停留时间应按以下原则掌握执行:

(1)当空气中的相对湿度≤65%时,在空气中存放16h。

(2)当空气中的相对湿度≤75%时,在空气中存放12h。

器身在空气中停留时间应从开始放油至开始注油为止。

在对变压器进行分解和组装时应注意的问题主要有以下几个方面:

(1)拆卸的螺丝零件应用去污清洗剂清洗干净,如有损坏应进行修理或更换,并妥善保管,防止丢失或损伤。

（2）拆卸时应先拆小型仪表和套管，后拆下大型铁件，组装时顺序正好相反。

（3）冷却器、储油柜及油管路等部件应用盖板进行密封，对拆卸下来的带电流互感器的升高座应注油以防受潮。

（4）易损部件（如套管、油位计、温度计等）拆下后应妥善保管，以防损坏，油浸电容式套管应垂直放置。

（5）组装后检查冷却器和气体继电器油门，并应按照规定打开或关闭；对套管升高座、上部孔盖、冷却器等上部的放气孔进行多次排气；直到无气冒出为止，并重新密封好放气孔。

（6）拆卸无载分接开关操作杆时，务必记住分接开关的相序，做好标记并用塑料布妥善包好，以防受潮。拆卸有载分接开关时，必须置于中间位置（或按制造厂规定进行）。

（7）认真做好现场的检修记录工作，装配后变压器零件应完整无缺，缺少的零件应在大修中配齐。

（二）智能断路器检修规程

智能断路器检修的项目主要有：检修触头及消弧栅，检修开关各附属零件，检修开关的传动机构，检修开关的操动机构，检修开关的电气回路。

其中，检修触头及消弧栅时，应注意的主要问题有以下几个方面：

（1）抹净触头上的烟痕，发现触头接触面上有小的金属料时，应将其清除。

（2）如果触头银合金的厚度小于1mm时必须更换触头。

（3）如果主触头超程小于4mm且动、静触头刚接触，动、静主触头间距离小于2mm时，必须调整有关触头。

（4）检查软连接有无损伤，如有折断层，应去掉该层，发现折断严重应更换。

（5）断路器经受短路电流后，除必须检查触头系统外，需清理灭弧罩两壁烟痕，如果灭弧栅片烧损严重，则应更换灭弧罩。

在智能断路器检修之后还需进行跳合闸实验，主要包括以下几个方面：

（1）测量跳闸动作电压及合闸动作电压，跳闸线圈的动作电压范围应是额定电压的50%～110%，即50～121V，在70%额定电压下应可靠分闸。

（2）用500V绝缘电阻表测量跳闸线圈的绝缘电阻不应小于1MΩ。

（3）开关装复调整完毕后，用1000V绝缘电阻表测量的开关绝缘电阻不应小于0.5MΩ。

（三）隔离开关检修规程

隔离开关在检修前应做好充足准备，主要包括技术准备和物资准备。

其中，技术准备包括以下几个方面：

（1）根据运行、试验发现的缺陷，确定检修内容和重点项目，编制技术措施。

（2）确定检修工作人员，明确各自职责分工，明确检修时间，讨论落实任务。

（3）准备检修记录表格和检修报告等有关数据。

（4）按安全工作规程要求办理工作票，完成检修开工手续。

物资准备主要包括准备检修工具、材料、仪表、备品配件等，并运到现场。

隔离开关检修的内容主要包括以下几个方面：

（1）有机材料支持绝缘子及提升杆的绝缘电阻。用绝缘电阻表测量胶合元件分层电阻，有机材料传动提升杆的绝缘电阻值不得低于1000MΩ。

（2）交流耐压试验。试验电压值按 DL/T 593—2006《高压开关设备和控制设备标准的共用技术要求》的规定，用单个或多个元件支柱绝缘子组成的隔离开关进行整体耐压试验有困难时，可对各胶合元件分别做耐压试验。

（3）导电回路电阻。导电回路电阻应不大于制造厂规定值的1.5倍。

（4）操动机构的动作情况。电动、气动或液压操动机构在额定操作电压（气压、液压）下分、合闸5次，动作正常；手动操动机构操作时灵活，无卡涩。

（5）传动检查。检查隔离开关三相联动中各相接触是否同步，机构中辅助开关等组件是否绝缘良好，接地处的接地情况是否良好，操作时各转动部分是否灵活，有无卡滞现象。

（6）导电部分。查看接触部分有无表面毛糙，触头、刀片有无显著变色，有无发光部分、电晕放电声音。

第五节　电动汽车引导充电对电网负荷的影响研究

为有效降低大规模电动汽车充电对电网的负面影响，充电服务提供商可根据系统运行状况提供分时优惠电价，由用户自主根据充电需求和电价激励响应，以达到有序充电的目的。本节以用户和电网收益最大化为目标，以配电变压器容量及最大限度满足用户充电需求为约束条件，建立了充电站内电动汽车有序充电的数学模型。根据用户充电规律，采用蒙特卡洛模拟法模拟用户充电需求，对电动汽车在有序充电和无序充电两种情形下对电网负荷的影响进行分析。

一、方案设计

(一) 基于蒙特卡洛模拟的电动汽车负荷建模

蒙特卡洛模拟是一种随机模拟方法,当问题或对象本身具有概率特征时,可以用计算机使用随机数模拟的方法产生抽样结果,根据抽样计算统计量或者参数的值;随着模拟次数的增多,可以通过对各次统计量或参数的估计值求平均值的方法得到稳定结论,以获得问题的近似解,其步骤如下:

(1) 根据提出的问题构造一个简单、适用的概率模型或随机模型,使问题的解对应于该模型中随机变量的某些特征(如概率、均值和方差等),所构造的模型在主要特征参量方面要与实际问题或系统相一致。

(2) 根据模型中各个随机变量的分布,在计算机上产生随机数,实现一次模拟过程所需的足够数量的随机数。通常先产生均匀分布的随机数,然后生成服从某一分布的随机数,方可进行随机模拟试验。

(3) 根据概率模型的特点和随机变量的分布特性,设计和选取合适的抽样方法,并对每个随机变量进行抽样(包括直接抽样、分层抽样、相关抽样、重要抽样等)。

(4) 按照所建立的模型进行仿真试验、计算,求出问题的随机解。

(5) 统计分析模拟试验结果,给出问题的概率解。

基于蒙特卡洛模拟的电动汽车充电负荷预测及建模过程为:首先经过统计调查拟合出电动汽车日行驶里程的概率密度分布函数,结合电动汽车电池放电特性,通过汽车行驶的里程求出电池消耗的电量,推导出电动汽车开始充电时刻 SOC 的概率密度函数。然后,根据不同类型电动汽车各自的能量供给模式以及电池的充电特性得出电动汽车充电时长的概率分布。另外,根据电动汽车的行驶特性可以得到起始充电时刻的概率分布。结合电动汽车充电时长的概率分布和起始充电时刻的概率分布,可以得到电动汽车充电时间段的概率分布,即得出单辆电动汽车充电时间段的概率分布。通过数理统计和概率论等方法对以上各种影响因素进行模拟,综合分析得出一天内某时刻单辆电动车充电功率需求的概率分布,再通过蒙特卡洛模拟,最终累加得出大规模电动汽车在一天内的充电功率需求。

(二) 算例仿真参数设置

根据预测,若干年后某地电动汽车总量为 1000 万辆,为了简化计算过程,仅以目前使用最广泛的私家车为例进行模拟计算。私家车在办公以及居民停车场停放时间较长，能够对其进行常规或者慢速充电，充电时间为到达上班地点之后至下班时间以及下班回家后至次日早晨上班之前。根据电动汽车充电行为的相关统计结果设置电池容量概率分布，电动汽车用户在电池剩余电量为20%～50%时开始充电，假设所有用户都选择一次性将电量充满且采用电动私家车慢充方式，充电过程为恒功率。

由于目前居民用电分时定价机制尚未普及，因此用户充电从电网购电的电价参考国内工业用电分时电价的形式，见表6-12。

表6-12　　　　　　　　电价参数设置

时　段	充电分时电价（元/kWh）
00：00～08：00	0.4
08：00～12：00	2.0
12：00～14：30	1.2
14：30～17：00	2.0
17：00～21：00	2.0
21：00～24：00	1.2

因为用户受充电分时电价的引导程度未知，所以引入用户响应系数来表示受充电分时电价的影响，即能够进行有序充电的电动私家车数量占总电动车数量的百分比。以某地电网夏季某日预测负荷曲线为基础，分别设置电动汽车用户响应系数为5%、20%和40%三种情况下对电网负荷产生的影响，同时与完全无序充电情况进行对比。

二、结果分析

在不同渗透率情况下，分别采用无序充电和分时电价引导充电情况下电动汽车充电对电网日负荷曲线的影响如图6-16所示。

通过图6-16的对比结果可以发现：

（1）有序充电模式下，白天电动汽车负荷多集中在局域配电网的平时段充电，起到避峰的作用。夜间电动汽车负荷转移到负荷相对更低的谷时段进行充电，起到填谷的作用。相比无序充电，有序充电的峰谷差有所减小，所以充电分时电价能够引导减小电网负荷峰谷差。

（2）有序充电模式下，随着用户响应特性增加，分时电价能够引导减小电网负荷峰谷差程度提高，用户响应系数达到40%时，与原电网相比，最大负荷

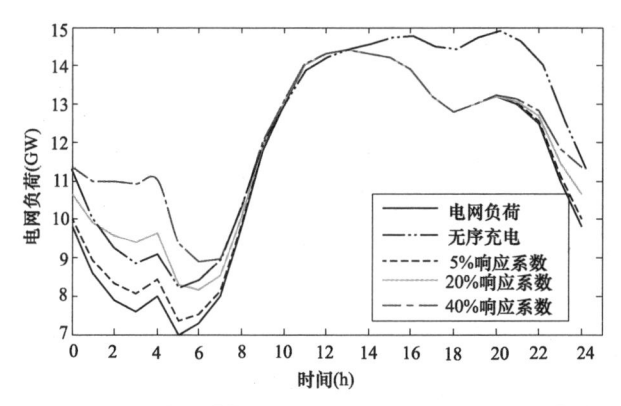

图 6-16 不同用户响应系数下电动汽车充电对电网日负荷曲线的影响

基本无变化,夜间最小负荷增加约13.8%,平均负荷增加7%,峰谷差缩小14.7%。其中,用户响应情况为40%的情况下,对配电网指标的影响见表6-13。

表 6-13　　　分时电价引导充电模式对电网负荷特性指标的影响

	原电网负荷	无序充电	引导充电
日最大负荷（GW）	14	15.8	14
日最小负荷（GW）	7.2	7.5	8.2
峰谷差（GW）	6.8	8.3	5.8
日负荷率	0.78	0.78	0.85
峰谷差率	0.50	0.53	0.37

通过对不同充电模式下电动汽车充电负荷建模以及对电网的影响分析可以得到如下结论:无序充电模式会造成电网负荷峰上加峰;通过电动汽车优化调度,改变充电开始时刻,使更多的电动汽车在夜间用电低谷充电,从而降低电网峰荷需求。相较无序充电方法,用户通过自主响应充电站制定的动态分时电价激励,可显著降低充电站的运营成本和电动汽车用户的充电成本,并有效实现充电负荷削峰填谷。

第七章

智能配电网发展展望

第一节　智能配电网未来发展方向

目前，以智能电网、分布式电源等构成的能源互联网为重要支柱的第三次工业革命正在全球范围孕育，承载和推进第三次工业革命要求加快配电网的智能化升级。智能电网集成了第三次工业革命最为关键的新能源技术、智能技术、信息技术、网络技术，而智能配电网是智能电网建设的重要环节，它不仅服务于大电网，而且服务于电力终端用户，可以解决精确供能、电力需求侧管理、电网自由接入、多电源互动以及分散储能等问题。

未来智能配电网的发展具有以下特点：

(1) 分布式电源、储能系统与微电网将会在智能配电网中大规模存在。配电网将从传统的无源网变成有源网，潮流由单向变为多向，对配电网短路电流水平、继电保护配置、电压水平控制带来一定影响，对配电网规划设计和安全管理提出了更高的要求。

(2) 大量电动汽车充换电设施将会接入智能配电网。电动汽车将持续快速发展，局部地区配电网将要承载快速增长的电动汽车充电负荷，需要加强规划设计、接入管理和标准化建设等工作，提高配电网的适应能力。

(3) 能源消费模式将会因用户与智能配电网间灵活互动机制的建立而改变，用户将迎来更科技、更高效、更便捷的智能配电网，以确保用户更安全、更经济、更方便地使用电能。

(4) 智能配电网将会成为电力、能源、信息服务的综合技术平台。随着先进的传感量测技术、信息通信技术、分析决策技术、自动控制技术和能源电力技术与电力系统的融合，分布式电源、储能装置、智能电器的快速发展，云计算、大数据、移动终端等现代信息技术的广泛应用，以及与电网基础设施的高度集成，智能配电网将会成为电力、能源、信息服务的综合技术平台。

(5) 先进的信息网络、传感网络及物联网将在智能配电网中广泛应用。智能配电网需要解决传统配电网信息系统在信息采集、传输、处理和共享方面的瓶颈，核心技术涵盖从传感网络至上层应用系统之间的物理状态感知、信息表示、信息传输和信息处理。

随着智能硬件设施的全面普及应用和软件设施的不断完善，必然会对智能配电网设备运维管理提出更高层次的标准和要求，因此必须建立与其相适应的人员精炼、技术高超的检修组织结构，才能适应智能配电网大发展的需求，让智能配电网真正发挥其应有的作用。

第二节　智能配电网大数据管理

智能配电网的规划与运行涉及大量设备运维数据，对这些数据和信息在数量、维度和速度方面的需求将比现在提高好多个数量级，智能配电网显然将高度依赖于完整且高度集成的信息，只有依据正确的信息才能做出恰当的决策，海量的、高精度的和同步的数据是实现智能配电网管理的必要基础。

一、数据仓储与管理的方法

智能电网信息的集中管理和可视化是其最基本的要求，如何将不同来源和不同格式的信息汇集成具有一致性及功能性的可视化信息将是一大挑战。为了分享和区分大量的数据与信息，构建标准的、可共享的、可持续更新的数据仓储的重要性是不言而喻的。数据仓储可以同时服务于电力企业的多个系统，能够确保及时更新网络的运行状态、网络资产状况等信息，并可以被所有的系统同步访问。构建数据仓储的直接好处是：能够有效地降低运营成本，并能通过更好的资源管理来改善供电服务。

对数据集成的需求，不仅包括对现场资源的优化集成，还要包括资产状况数据、网络和元件载荷数据、线路故障数据等的集成。典型智能配电网数据管理架构如图7-1所示。

二、大数据管理的效益

一个设计良好的集成系统提供了底层计算平台和基础硬件设施，使得有可能应用成熟的数据收集技术和存储技术进行电网分析和优化。其效益包括以下几个方面：

1. 数据管理方面

（1）可以降低或延缓新增电网容量和储能成本。

（2）可以降低冗余度需求和改善电网的安全性。

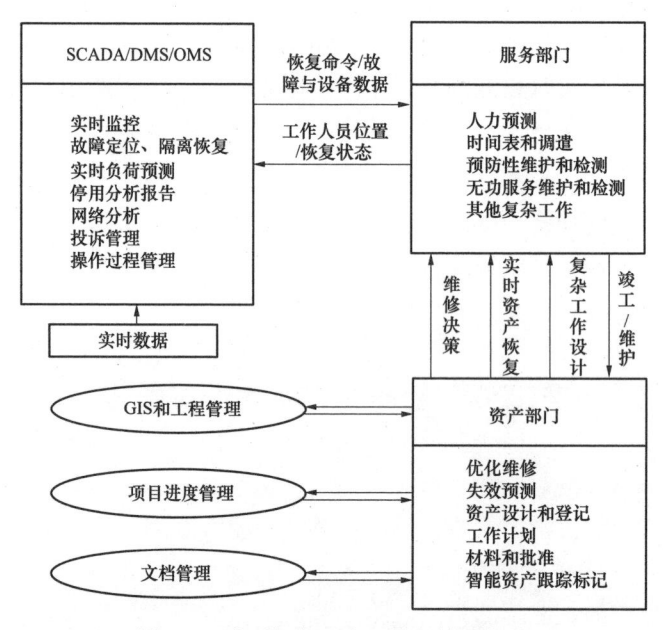

图 7-1　典型智能配电网数据管理架构

(3) 可以保证信息网络的安全性。

(4) 可以保证私人信息的安全性。

(5) 可以消除解决数据冲突的成本。

2. 电网管理方面（基于更好的数据管理）

(1) 避免由于坏数据或不完整的数据而产生不良的资产和网络管理决策。

(2) 提高监测和诊断能力。

(3) 延长资产寿命。

(4) 提高资产利用率。

(5) 提高设备负荷水平。

(6) 减少网损。

(7) 准确识别电网容量水平，包括热稳定、电压、故障水平、电能质量等。

(8) 更好地进行网络优化和控制，包括设计、正常运行和实时状态。

(9) 通过更好地控制需求（包括平移和调整峰荷）降低配电成本。

(10) 提高集成分布式电源的能力。

(11) 降低投资决策的风险。

3. 资产管理方面

(1) 预测潜在的功能性失效。

（2）优化维修和停运的时间进度表和优先级。

（3）提高基于实时数据预测资产的建模能力。

（4）实现智能化资产的跟踪与标签，以便获得智能化的资产性能预测和分析能力。

（5）通过智能化，提高资产的性能和可靠性。

（6）更详细和精确地估计资产的寿命周期，以及其位置和状态数据。

4. 网络管理方面

（1）实现智能电网的故障定位与诊断，启动及时和有效反应。

（2）实现实时网络状态管理。

（3）实现实时资产连接和连接状态。

（4）实现自动将故障通知发给维修人员。

（5）实现智能化资产的远程访问、监控和报告。

5. 现场人员管理方面

（1）通过及时和准确的信息，提高现场人员效率。

（2）根据整体综合资产信息，增强主动的预防性维护能力。

（3）能够更全面地进行关键元素分析。

（4）实现智能化的客户服务。

综上所述，智能配电网在未来将高度依赖于完整且高度集成的信息，因此，作为信息来源的数据，其实时性和准确性就显得尤为重要。零散的、非集成性的源于传统企业IT系统的信息有可能不能满足智能配电网的需求。无论电网资产的智能化水平多么高，如果没有海量的、高精度的和同步的数据提供必要的基础，如果系统没有能力去选择和集成数据，以及对所需提交的信息进行必要的验证，智能配电网管理就无法依据这些信息做出所需的决策，配电网就不可能实现真正的智能化。强大的数据仓储和广泛的、分散的自治网络管理系统是智能配电网发挥其作用的重要基石。

第三节 智能配电网一体化管理

随着配电设施设备的增多以及现代电力用户对供电连续性和可靠性要求确不断提高，迫切需要提高对各种设备的监控力度和监控数据的综合运用分析能力，提高各个业务系统的协同工作能力。在一体化框架下对智能配电网业务需求进行分析，完成从业务功能到技术功能的映射，探讨一种新型配电网智能运行维护管理方式，以实现对智能配电网及设备生产运行信息的全景监视和分析，构建输、变、配设备一体化运行维护的创新管理模式，从而全面提升生产效率、效益、显著提高供电可靠性，实现资源集约化、组织扁平化、业务专业化、管理精益化的效果。

监测控制电网实时运行状态，分析判断运行中的异常情况，采取有效措施确保电网高效运行，合理制定维护策略等是电网调度运行的实质。智能配电网调度与集控中心，不仅要保证能够监测和控制电网的实时运行，还要保证能够智能分析处理电网事故，同时提高调度运行效率和电网运行的经济性和可靠性。

传统模式下调度和集控人员也分别负责调度管理和运行维护。调度人员向集控中心下达命令；集控人员监视、遥控受控变电站设备；运行维护人员巡视设备，进行现场操作及应急处置等。而调控一体化模式下只有一个调控中心，在管辖范围内设若干运行维护操作站。运行维护和管理时，调控人员监控、遥控电网设备，调度电网，向运行维护操作站下达调度命令，运维人员根据命令巡视设备或进行应急处理等。

目前，国内已有的调控一体化建设项目侧重于技术支持系统的统一，而运行维护的管理层面尚未跟上，或者仅将集控运行人员随着调控系统建设统一合并至调控中心，但在日常管理与业务流上未有全面统一的规划与管理规范。调控一体化模式的运行管理应站在全局生产运行与管理的角度，优化资源与配置，制定管理规范，人员也按照大生产与大运行需求进行整合与配置。

在管理上，建立适应调控一体化发展的调控中心。将集控运行人员与职能归入调控中心，运行维护操作队归变电部门管理。在业务流上，初期可采用调度、集控、操作队三级管理模式。调度、集控、操作队使用同一套技术支持系统，调度与集控人员运行职责分开，集控人员负责原有集控站运行业务，接受调度命令，负责受控变电站设备监视、遥控操作等工作。最终实现调度集控、操作队二级管理模式，缩短管理链条，优化资源与人员配置。由调控人员全面负责电网调度、设备监控、遥控操作等工作。此外，运行管理模式的探索与创新还必须以强大的技术支持系统为支撑，有效衔接调度系统、集控系统、通信系统、"五防"系统、生产信息系统、视频监控系统、无功电压控制系统、保护信息系统等多个系统。

智能配电网运行维护系统构建在一体化框架下，首先从配电网生产管理模式出发，分析各种需求，然后对系统的业务功能进一步实现细化和完善，完成从业务功能到系统功能的映射，明确系统的运行交互架构。

一体化管理的行业业务分析层次可以归结为信息集成、综合展示、事件告警与展示、关键绩效指标、预警与展示、决策分析优化等。在信息集成层，系统通过网络服务器、数据库视图共享和文件共享等方式对各个自动化系统、高级应用数据进行集成。在综合展示层，系统借助地理信息平台及其他可视化手段展示电网的动态、静态状况。在事件告警与展示以及关键绩效指标及预警与展示层，选择主变压器状态分析、高压电缆状态分析和配电网线路状态分析等典型场景进行业务部署。

智能配电网一体化运行维护管理目标如下：

（1）实现配电运维一体化，设备操作、维护同步进行，达到操作、监视一体化，降低设备故障率，及时解决出现的问题，加强操作能力，缩短停送电操作时间，提高检修工作效率、电网设备运行可靠性及安全性。

（2）实现操作人员和维护人员整合，业务上互相补充，通过专题理论、实践培训，提高人员技能素质，培养一岗多能复合型人才，满足配电运维一体化需求。

（3）完成生产组织模式改革，整合原操作班组和运行班组业务，改变传统由操作班组负责设备倒闸操作和运行班组负责设备巡视、维护检修的专业分工负责制的生产组织方式，通过明确职能部门权责分工，整合班组业务，形成运行检修维护一体化的新模式。

（4）实现操作监视一体化，降低设备故障率，加强操作能力，缩短停送电操作时间，提高检修工作效率。

（5）实现设备全寿命周期管理，基于状态检修的动态检修方式，进行配电检修维护人、财、物的集中管理和控制，降低生产成本。

综上，智能电网调控一体化模式扩大了调控维护管理的范围，可以全面准确地掌握设备运行信息，缩短了故障处理时间，有效提高了电网调度的经济性和可靠性，也大大提高了人力资源的综合使用效率。通过先进的调度运行监控系统，其调控中心应具有监测分析、信息发布、遥控校验与操作、数据分流分区处理、故障动态分析判断等功能。基于传统运行模式，智能电网调控一体化建设时，融合了电网调度和运行监控业务，构建了组织合理、资源集约融合、业务流程清晰、运转协同高效的管理和技术体系，有效减少了电网运行管理的中间环节，缩短了电网调度的日常业务流程，加强了电网的应急能力。

参 考 文 献

[1] 刘振亚. 智能电网技术 [M]. 北京：中国电力出版社，2010.

[2] 郭建成，钱静，陈光，等. 智能配电网调度控制系统技术方案 [J]. 电力系统自动化，2015，39（1）：206–212.

[3] 顾瑞婷. 智能配电网通信技术的研究 [D]. 扬州：扬州大学，2014.

[4] 金勇，刘俊勇. 特/超大型城市智能配电网调度高层应用 [J]. 供用电，2011，4.

[5] 吴国沛. 智能配电网技术支持系统的研究与应用 [J]. 电力系统保护与控制，2010，38（21）：162–166.

[6] 辛培哲，李隽，王玉东等. 智能配电网通信技术研究及应用 [J]. 电力系统通信，2010，（11）：14–19.

[7] 毛长涛. 智能用电大规模电能信息采集运维管理技术研究 [D]. 山东：山东大学，2014.

[8] 唐金锐，尹项根. 配电网故障自动定位技术研究综述 [J]. 电力自动化设备，2013，33（5）：7–13.

[9] 蔡建新，刘健. 基于故障投诉的配电网故障定位不精确推理系统 [J]. 中国电机工程学报，2003，23（4）：57–61.

[10] 李天友. 智能配电网自愈功能及其效益评价模型研究 [D]. 北京：华北电力大学，2012.

[11] BORGHETTI A，BOSETTI M，SILVESTRO M D，et al. Continuous wavelet transform for fault location in distribution power networks：definition of mother wavelets inferred from fault originated transients [J]. IEEE Transactions on Power Systems，2008，23（2）：380–388.

[12] 赵驰，智能化变电站运行维护技术研究 [D]. 天津：天津大学，2011.

[13] 吴罡，等. 110kV 智能变电站设计方案初探 [J]. 江苏电机工程，2011，30（2）：31–35.

[14] 宋友文，等. 智能变电站一次设备智能化技术探讨 [J]. 中国电力教育，2012，6.

[15] 庞红梅，等. 110kV 智能变电站技术研究状况 [J]. 电力系统保护与控制，2010，38（6）：146–150.

[16] 王志鹏. 智能变电站一、二次设计——以某 220kV 变电站为例 [D]. 福建：华侨大学，2013.

[17] 李振兴. 智能电网层次化保护构建模式及关键技术研究 [D]. 武汉：华中科技大学，2013.

[18] 王同文，谢民，等. 智能变电站继电保护系统可靠性分析[J]. 电力系统保护与控制. 2015，43（6）：58-66.

[19] 莫峻. 基于智能过程总线技术的继电保护系统可靠性研究[D]. 广西：广西大学，2014.

[20] 樊陈，等. 智能变电站一体化监控系统有关规范解读[J]. 电力系统自动化，2012，36（19）：1-5.

[21] 王景川. 基于智能电网的电力调度数据网运维管理研究[D]. 北京：华北电力大学，2014.

[22] 樊陈，倪益民，等. 智能变电站信息模型的讨论[J]. 电力系统自动化，2012，36（13）：15-19.

[23] 黄华勇. 通信在线监视分析系统在智能变电站中的应用[J]. 电力自动化设备，2011，31（4）：124-127.

[24] 苏春华. 全封闭组合电器 GIS 局部放电在线检测技术的应用[D]. 广东：华南理工大学，2014.

[25] 蒲金雨. 电力电缆局部放电在线检测系统的研制[D]. 哈尔滨：哈尔滨理工大学，2013.

[26] 靳宇. 10kV-SF_6 户外环网柜多参量检测系统研究[D]. 福建：华侨大学，2013.

[27] 邱昌容. 电工设备局部放电及其测试技术[M]. 北京：机械工业出版社，1994.

[28] 韩薇. 智能型环网柜联调测试系统设计[D]. 北京：北京交通大学，2014.

[29] 钟志伟. 浅谈 10kV 环网柜在城市配电网中的应用[J]. 广东电力，2001，14（4）：45-49.

[30] 杨明辉. 环网柜状态监测与故障告警系统的设计与实现[D]. 成都：电子科技大学，2012.

[31] 喻金. 一种箱式变电站及其实时监测系统的设计[D]. 湖南：南华大学，2013.

[32] 林剑文. 10kV 环网柜常见故障与检修措施分析[J]. 企业技术开发，2015，34（9）：82-83.

[33] 魏永乐. 集中式智能环网柜方案[J]. 山东理工大学学报（自然科学版），2014，28（3）：33-36.

[34] 杨军. 10kV 环网柜运维探析[J]. 科技创新与应用，2015（15）.

[35] 张晓斌. 基于 GPRS 通信的智能箱式变电站研究[D]. 西安：西安工业大学，2012.

[36] 刘畅. 输电线路在线监测技术研究[D]. 北京：华北电力大学，2010.

[37] 阮松萍. 法国配电公司配网管理的启示. 南方电网报，2014.

[38] 闫孝峰. 柱上开关设备在配网自动化中的应用[J]. 智能应用.

[39] 朱飞. 10kV 柱上负荷开关装置的现场应用研究[D]. 上海：上海交通大学，2012.